Energieeffizienz durch Erneuerbare Energien

Matthias Günther

Energieeffizienz durch Erneuerbare Energien

Möglichkeiten, Potenziale, Systeme

Matthias Günther
Kassel, Deutschland

ISBN 978-3-658-06752-6 ISBN 978-3-658-06753-3 (eBook)
DOI 10.1007/978-3-658-06753-3

Die Deutsche Nationalbibliothek verzeichnet diese Publikation in der Deutschen Nationalbibliografie; detaillierte bibliografische Daten sind im Internet über http://dnb.d-nb.de abrufbar.

Springer Vieweg

Gedruckt auf säurefreiem und chlorfrei gebleichtem Papier

Springer Fachmedien Wiesbaden ist Teil der Fachverlagsgruppe Springer Science+Business Media
(www.springer.com)

In Erinnerung an Jürgen Schmid

Dieses Buch entstand auf Anregung von Jürgen Schmid. Neben vielen anderen Themen, die ihn als Direktor des Fraunhofer-Instituts für Windenergie und Energiesystemtechnik in Kassel beschäftigten, waren es die Effizienzeffekte regenerativ basierter Energieversorgung, die ihn in den letzten Jahren besonders interessierten. Als er mir eine Stelle als wissenschaftlicher Referent anbot, trug er mir sein Anliegen vor, ihn auch bei der Verfassung von Texten zu diesem Thema zu unterstützen. Nach kürzeren Aufsätzen, die in verschiedenen Kontexten und Medien veröffentlicht wurden, ist dieses Buch als Hauptergebnis dieses Arbeitsauftrags anzusehen.

Nach dem plötzlichen Tod von Jürgen Schmid im Mai 2013 wurde die weitere Arbeit an diesem Buch kontrovers im Institut diskutiert. Dabei war nicht der Kerninhalt des Textes umstritten. Vielmehr wurde befürchtet, das Buch könne Einstellungen fördern, die weder von Jürgen Schmid noch von mir noch vom Institut unterstützt werden. Die Sorge lautete, die Darstellung der enormen Effizienzeffekte, die allein durch die verstärkte Nutzung regenerativer Energiequellen erzielt werden, könnte den Eindruck erwecken, sonstige Anstrengungen, die Effizienz im Energiesystem zu erhöhen, seien überflüssig. Die Nutzung erneuerbarer Energiequellen allein würde als Nebeneffekt und quasi automatisch Ineffizienzen in der Energieversorgung beseitigen. Dabei war klar, dass Jürgen Schmid *selbst* dieser Schluss fern lag. Die Sorge war vielmehr, der Text könne den Schluss den *Lesern* nahelegen. Ich habe im Text versucht, dieser Sorge Rechnung zu tragen und der Schlussfolgerung vorzubeugen. Verabredet wurde mit der neuen Institutsleitung, den Text unter meine alleinige Autorenschaft zu stellen und mir den Hinweis auf seine Entstehungsgeschichte und insbesondere auf die Ideenurheberschaft durch Jürgen Schmid offenzuhalten. Jürgen Schmid selbst hat leider nur die Entstehung des Kernkapitels 5 begleiten können.

Hauptthema des Buchs sind die Effizienzeffekte der Nutzung erneuerbarer Energiequellen. Diese Effekte spiegeln sich nicht in der zentralen Motivationsarchitektur der

Energiewende. Das Interesse an der Nutzung erneuerbarer Energiequellen beruht nicht primär auf der Absicht, die in diesem Buch benannten Effizienzeffekte auszunutzen. Das zentrale Kapitel, das Kapitel 5, bewegt sich daher auf einem Nebenschauplatz der Energiewende. Doch gerade die Tatsache, sich auf einem Nebenschauplatz zu bewegen, liefert ein Argument für die Verfassung dieses Buchs. Denn im Gegensatz zu den Hauptschauplätzen sind es häufig die Nebenschauplätze, die noch nicht systematisch ausgeleuchtet wurden. Die Vermutung liegt nahe, Jürgen Schmid habe – gerade auch in seiner Funktion als Politikberater im Wissenschaftlichen Beirat der Bundesregierung Globale Umweltveränderungen – die Effizienzeffekte der regenerativen Energiegewinnung als zusätzliches Nebenargument für das konsequente Angehen der Energiewende positionieren wollen. Die Umstellung auf eine regenerative Energieversorgung würde schon als solche ganz enorm dazu beitragen, ambitionierte Effizienzziele zu erreichen, die im politischen Diskurs formuliert wurden. Leider ließ der Tod von Jürgen Schmid den Gesprächsfaden reißen, ohne dass ich mir diese Vermutung von ihm hatte bestätigen lassen.

Ich habe mich entschlossen, um das zuerst entstandene Kapitel 5 herum auf einige der zentralen Themen der Transformation des Energieversorgungssystems einzugehen und den Kerngehalt des Buchs somit in den gewohnten und typischen Energiewende-Kontext einzubetten. Dabei habe ich versucht, auch einige sehr grundlegende begriffliche, physikalische und wirtschaftliche Aspekte zu beleuchten. Ich kann sagen, dass ich die Verfassung dieses Texts auch genutzt habe, um die Systematik der Energiewende für mich selbst zu ordnen. Ich hoffe, der Leser kann den Text als Ergebnis eines solchen Ordnungsprozesses anerkennen und möglicherweise für sein eigenes Verständnis zumindest punktuell nutzbar machen. Die thematische Breite der Darstellung brachte es mit sich, dass viele Aspekte nur oberflächlich angerissen werden konnten. Mehr Tiefe haben weder der zeitliche Rahmen der Verfassung dieses Buches noch der Wunsch nach einem leserfreundlichen Umfang erlaubt.

Ich möchte mich besonders auch bei Jürgen Schmids Nachfolger Clemens Hoffmann bedanken, der mir den Freiraum gelassen hat, an der Fertigstellung des Buches zu arbeiten.

Kassel, im März 2014 Matthias Günther

Inhalt

Einleitung

Die Energiewende, die Deutschland vollziehen will, beruht hauptsächlich auf zwei Strategien: dem Ausbau der Nutzung regenerativer Energiequellen und der Erhöhung der energetischen Effizienz des Energieversorgungssystems. Das wesentliche Ziel ist dabei, die Nutzung fossiler und nuklearer Energieressourcen zu reduzieren.

2010 hat die Bundesregierung das „Energiekonzept für eine umweltschonende, zuverlässige und bezahlbare Energieversorgung" präsentiert. Die Energiewende ist nicht erst mit diesem Konzept offizielle Politik geworden, doch sie hat seitdem eine konkretere und verbindlichere Gestalt angenommen. Zum Beispiel spricht sich das Energiekonzept nicht nur allgemein für die Neuformierung des Energieversorgungssystems aus, sondern enthält auch quantitative Zielvorgaben. Zahlen und Fahrpläne werden sowohl für den Ausbau der Nutzung erneuerbarer Energiequellen als auch für die Verringerung des Energiebedarfs angegeben. Unter den quantitativen Zielvorgaben finden sich einige ambitionierte. Und es finden sich auch *erstaunlich* ambitionierte. Zu den erstaunlich mutigen sollte die folgende gehören: Bis 2050 soll der deutsche Primärenergiebedarf *halbiert* werden! Der Primärenergiebedarf ist, vereinfacht formuliert, der Gesamtenergieaufwand, mit dem die Lebensprozesse einer Gesellschaft aufrechterhalten werden. Und dieser Aufwand soll in Deutschland halbiert werden. Wie soll das möglich sein? Soll sich das Land deindustrialisieren? Das wird kaum Ziel der offiziellen Politik sein. Oder sollen die Bürger ihren Energiekonsum radikal reduzieren? Das würde für die meisten eine drastische Änderung ihrer Lebensweise bedeuten. Vor allem einen Einschnitt in den gewohnten Komfort. Doch wie sollte eine solche Änderung des Lebensstils politisch motiviert werden? Genügsamkeit kann schlecht *verordnet* werden. Wenn aber weder Deindustrialisierung noch Komfortverzicht als politische Zielvorgaben plausibel sind, wie kann dann die im Energiekonzept der Bundesregierung festgehaltene Absicht verständlich gemacht werden, den gesamtgesellschaftlichen Energieaufwand zu halbieren?

Es gibt verschiedene Hebel, die in Bewegung gesetzt werden können, um den Energiebedarf zu senken. Zurzeit tauschen wir Glühbirnen gegen Energiesparlampen oder besser noch gegen LEDs aus; viele von uns haben sparsamere Autos als noch vor zehn Jahren;

Häuser werden gedämmt und Dreifachverglasungen werden eingesetzt etc. Damit und mit ähnlichen Maßnahmen mag der Energiebedarf um den einen oder anderen Prozentpunkt gedrückt werden. Doch eine Halbierung? Es fällt schwer sich vorzustellen, dass solche Maßnahmen den Energiebedarf wirklich halbieren könnten. Es müssen schon andere Hebel in Bewegung gesetzt werden, um solch drastische Reduktionen zu realisieren. Doch welche Hebel sollten dies sein?

Ein besonders langer und kräftiger Hebel soll in diesem Buch beschrieben werden: die Nutzung erneuerbarer Energiequellen. Auf den ersten Blick mag die These verwunderlich anmuten, die erneuerbaren Energien hätten *als solche* etwas mit dem Thema der Energieeinsparung zu tun. Bedeutet die Nutzung erneuerbarer Energiequellen nicht einfach die *Substitution* der Nutzung fossiler und nuklearer Energieträger? Wieso sollte es einen Effekt der Energieeinsparung geben, wenn nur die Energiequellen *ersetzt* werden? Benötigen wir *weniger* Energie, nur weil wir sie aus anderen Quellen beziehen? Welcher Zusammenhang sollte da bestehen?

In der Tat gibt es einen solchen Zusammenhang. Der Energieumsatz im Energieversorgungssystem, der energetische Aufwand, der betrieben wird, um die Energieversorgung sicherzustellen, kann drastisch sinken, wenn andere Energiequellen genutzt werden. Die Einspareffekte sind dabei nicht einer Reduktion der Energiedienstleistungen zuzurechnen, sondern der *Effizienz*, mit der letztere erbracht werden. Es handelt sich also um den besonders wünschenswerten Fall einer Energieeinsparung ohne – oder ohne größeren – Komfortverlust seitens der Energiekonsumenten.

Die Art der Gewinnung nutzbarer Energie ist *nicht* neutral hinsichtlich der Effizienz des Energiesystems. Sie ist eine Stellschraube für die Effizienz im Energiesystem, und zwar eine ganz wesentliche. Es ist vor allem die Energiegewinnung aus regenerativen Quellen, die das Potenzial hat, die Effizienz im Energiesystem enorm zu steigern. Das zentrale Kapitel 5 wird dies darlegen. Einige vorbereitende Kapitel führen zu diesem Kapitel hin. Zunächst wird der Energiebegriff selbst erläutert (Kapitel 1). Anschließend werden Motivation und allgemeine strategische Ausrichtung der Energiewende diskutiert (Kapitel 2). Dabei wird herausgestellt, dass eine zunehmende regenerativ basierte Energiegewinnung und die Erhöhung der Energieeffizienz die beiden hauptsächlichen Strategien der Energiewende sein sollten. In den nächsten zwei Kapiteln werden die Themen Energieeffizienz und erneuerbare Energien genauer behandelt (Kapitel 3 und 4). Nach dem zentralen Kapitel 5, in dem unter anderem dargelegt werden wird, dass ein effizientes zukünftiges Energiesystem vorrangig auf regenerativ erzeugtem Strom beruht, werden in Kapitel 6 einige Details eines solchen Energiesystems dargestellt. In Kapitel 7 werden Probleme der Energieeffizienz unter den Bedingungen eines zukünftigen vorrangig regenerativ basierten Energiesystems diskutiert. Einige kurz gehaltene Worte zu den Kosten der Energiewende schließen das Buch ab (Kapitel 8).

Energie in Physik und Wirtschaft

1

Energie ist eine grundlegende physikalische Größe. Gleichzeitig ist Energie ein wichtiges Thema in Politik, Wirtschaft und Ökologie.

1.1 Energie als physikalische Größe

Energie wird oft als die Fähigkeit beschrieben, Arbeit zu verrichten. Die in einem System vorhandene Energie impliziert die Möglichkeit, dass es Arbeit verrichtet. Der Begriff der Arbeit – physischer Arbeit – ist in der allgemeinen Umgangssprache und in der Sprache der Alltagsphysik schärfer umrissen als der der Energie. Daher wird in vielen Kontexten die Rückführung des Begriffs der Energie auf den Begriff der Arbeit als Erklärung akzeptiert.

Die Bestimmung des Energiebegriffs als Fähigkeit, Arbeit zu verrichten, sagt nichts darüber aus, wie diese Fähigkeit instantiiert ist, wie die Zustände aussehen, die ein System befähigen, Arbeit zu verrichten. In der Tat sind diese Zustände sehr verschieden voneinander und lassen sich phänomenologisch gar nicht unter eine Klammer bringen. Energie kann in sehr verschiedenen Formen instantiiert sein, z. B. als die Bewegung eines Körpers oder als seine Lage etwa im Schwerefeld der Erde, sie kann sich in der Temperatur manifestieren, die ein Körper hat, und sie liegt im elektrischen Feld eines Kondensators vor oder in den chemischen Bindungen in einem Material. Energie gibt es u. a. in Form von Bewegungsenergie, Lageenergie, Wärmeenergie bzw. thermischer Energie[1], elektrischer Energie, chemischer Energie. Die Bündelung solch phänomenologisch verschiedener Zustände unter einen Begriff kann nur dadurch motiviert sein, dass die Energiezustände

[1] *Wärme* zur Bezeichnung einer Energieform zu benutzen ist entsprechend den terminologischen Bestimmungen in der Physik nicht richtig. Wärme ist nämlich als Prozessgröße beim Übergang von thermischer Energie von einem Körper auf einen anderen bestimmt, nicht als Zustandsgröße. *Thermische Energie* ist die korrekte Bezeichnung für die Energieform, deren Quantität sich phänomenologisch in der höheren oder niedrigeren Temperatur eines Körpers zeigt.

ein gemeinsames Merkmal jenseits ihrer sehr verschiedenen Realisierung aufweisen. Und als dieses gemeinsame Merkmal wird eben häufig angegeben, dass es sich bei den genannten Zuständen von Bewegung, Lage, Temperatur, Ladungsverteilung, chemischer Bindung etc. um Zustände handelt, die den Systemen erlauben, Arbeit zu verrichten. Durch den Rückgriff auf den anschaulicheren Begriff physischer Arbeit wird der Energiebegriff dabei selbst anschaulicher.

Außer dem verbindenden Merkmal, dass Energiezustände solche Zustände sind, die es einem System erlauben, Arbeit zu verrichten, gibt es noch ein weiteres wichtiges verbindendes Merkmal: Energiezustände können prinzipiell ineinander umgewandelt werden. Wir können daher auch formulieren, dass es plausibel ist, die phänomenologisch so verschiedenen Zustände unter eine gemeinsame Kategorie zu fassen, weil sie ineinander transformierbar sind. Und die Menge dieser ineinander transformierbaren Zustände ist die Menge der Energiezustände. Hinzu kommt, dass Energie zwar von einer Form in eine andere umgewandelt werden kann, dass sie aber in einem abgeschlossenen System[2] nicht entstehen oder verschwinden kann. D. h. wir können noch stärker formulieren, dass die voneinander sehr verschiedenen Energiezustände plausibel unter dem Begriff der Energiezustände zusammengefasst werden können, weil sie gemeinsam eine Erhaltungsgröße bilden.

Energie ist eine Erhaltungsgröße in abgeschlossenen Systemen. Sie kann nicht erzeugt oder vernichtet werden; sie kann nur von einer Form in eine andere gewandelt werden. Außerdem kann sie innerhalb des Systems von einem Teilsystem auf ein anderes übertragen werden.

Nun haben wir zwei voneinander verschiedene Charakterisierungen des Energiebegriffs benannt. Zunächst haben wir Energie als die Fähigkeit vorgestellt, Arbeit zu verrichten. Und dann haben wir Energie als eine Erhaltungsgröße vorgestellt. Tatsächlich sind diese beiden Charakterisierungen nicht unabhängig voneinander: Energie ist eine Erhaltungsgröße; sie kann also nicht entstehen oder verschwinden, sie kann aber von einer Form in eine andere gewandelt und von einem Körper auf einen anderen übertragen werden. Einige dieser Übertragungsprozesse haben aber die Form von Arbeit. Der Zusammenhang lautet also, dass Energie stets so gewandelt werden kann (Energieerhaltung), dass sie in Arbeitsprozessen übertragen werden kann (Energie als Fähigkeit, Arbeit zu verrichten).

Wir werden später sehen, dass die Arbeitsfähigkeit in vielen Fällen eher theoretischer Natur ist und unter realen Bedingungen nicht immer vollständig gegeben ist. So lässt sich thermische Energie unter realen Bedingungen nicht vollständig zur Verrichtung von Arbeit nutzen. Dieser Gesichtspunkt wird im Weiteren noch sehr wichtig werden, doch für die physikalische Kennzeichnung von Energie können wir ihn erst einmal beiseitelassen.

Was ist nun aber Arbeit, bzw. genauer mechanische Arbeit? Arbeit ist die mechanische Übertragung von Energie. Arbeit wird verrichtet, wenn ein Körper mit Kraftaufwand bewegt wird. Dabei wird Energie auf ihn übertragen. Die übertragene Energie kann in

---

[2] Ein System ist genau dann abgeschlossen, wenn es keinen Energieaustausch (und keinen Stoffaustausch) über die Systemgrenzen hinweg gibt.

verschiedenen Formen vorliegen. Sie kann z. B. in Form von Bewegungsenergie, kinetischer Energie, vorliegen. Dies ist dann der Fall, wenn die aufgewandte mechanische Energie zur Beschleunigung des Körpers führt. Sie kann auch als Lageenergie, potentielle Energie, vorliegen, wenn der Körper in eine erhöhte Lage im Schwerefeld der Erde (oder in einem anderen konservativen Kraftfeld[3]) angehoben wird. Sie kann aber auch als thermische Energie vorliegen, wenn der Körper auf einer rauen Unterlage horizontal verschoben wird und sich Unterlage und bewegter Körper durch die zwischen ihnen auftretende Reibung erwärmen. Beschleunigen, anheben, verschieben – dies sind auch im umgangssprachlichen Verständnis des Begriffs physischer Arbeit paradigmatische Fälle von Arbeit.

Der Zusammenhang von Energie und Arbeit ist damit ein Stück klarer geworden: Energie liegt in verschiedenen Formen vor und kann prinzipiell von einer in die andere umgewandelt werden; sie kann außerdem von einem Körper auf einen anderen übertragen werden, wobei *eine* Art der Energieübertragung mechanische Arbeit ist. Arbeit kann nur dann verrichtet werden, wenn Energie vorhanden ist, die übertragen werden kann. Energie ist eine notwendige Bedingung dafür, dass Arbeit verrichtet werden kann.

Nun ist Arbeit nicht die einzige Art der Energieübertragung. Energie kann z. B. auch durch Wärme oder durch Strahlung übertragen werden. Wir können daher die Formulierung, dass Energie die Fähigkeit ist, Arbeit zu verrichten, auch verallgemeinern zu der Aussage, dass Energie die Fähigkeit ist, Energieübergänge zu ermöglichen, und das heißt Arbeit zu verrichten, Wärme abzugeben, Strahlung auszusenden etc. Manchmal wird in diesem verallgemeinerten Sinne formuliert, Energie sei die Fähigkeit, *Wirkungen* hervorzubringen.

1.2 Energie als Lebensgrundlage für Gesellschaften und als Wirtschaftsgut

Die Bestimmung von Energie als Fähigkeit, Wirkungen hervorzubringen – Arbeit zu verrichten, Wärme abzugeben, Strahlung, z. B. Licht, auszusenden –, gibt einen deutlichen Hinweis darauf, warum der Begriff der Energie auch in wirtschaftlichen, politischen und sozialen Kontexten von enormer Bedeutung ist. Jeder Vorgang hängt von vorhandener Energie ab. Energie ist der Treibstoff für jedweden Prozess. Wo Veränderungen geschehen sollen, müssen Wirkungen erzielt werden, ist also Energie nötig. Wo mechanische Arbeit verrichtet werden soll, wird Energie benötigt. Und wo etwas erwärmt oder gekühlt werden soll, Strom fließen oder eine Lampe brennen soll, muss ebenfalls Energie verfügbar sein. Energie ist eine Grundlage für alle Lebensprozesse von Gesellschaften und den Menschen in ihnen. Es ist daher von höchster Priorität für jede Gesellschaft und für jedes einzelne

[3] Konservative Kraftfelder sind Felder, in denen ein Körper beim Durchlaufen eines in sich geschlossenen Weges weder Energie gewinnt noch verliert. Kehrt beispielsweise ein reibungsloses Pendel in einem Gravitationsfeld nach einer Periode an seinen Umkehrpunkt zurück, dann hat es die gleiche Energie (in diesem Fall: die gleiche potenzielle Energie) wie beim vorangehenden Erreichen des gleichen Umkehrpunkts.

ihrer Mitglieder, über einsetzbare Energie zu verfügen – und diese Verfügbarkeit auch sicherzustellen.

Energie ist ein wertvolles Gut. Wie die meisten wertvollen Güter ist Energie auch ein Wirtschaftsgut. Nutzbare Energie wird in modernen Gesellschaften in komplexen Energieversorgungssystemen erzeugt, transportiert, verteilt und verkauft. Ein leistungsfähiges Energiesystem ist heute eine ganz wesentliche Voraussetzung für eine leistungsfähige Gesellschaft. Und für jeden Einzelnen ist eine funktionierende Anbindung an das jeweils gegebene Energiesystem eine Voraussetzung dafür, dass er seine Handlungsmöglichkeiten in dem Maße realisieren kann, wie es in der ihn umgebenden Gesellschaft üblich ist. Probleme bei der Energieversorgung lähmen Gesellschaften und beschneiden Individuen in ihren Handlungsmöglichkeiten.

Energie ist nicht einfach ein Wirtschaftsgut unter anderen, sondern ein besonderes Gut. Sie ist ein besonders grundlegendes Gut. Indem sie eine notwendige Bedingung dafür ist, Arbeit zu verrichten sowie Wärme und Licht zu erzeugen, ist sie eine Basis für das Funktionieren der Wirtschaft insgesamt. Da, allgemeiner noch, Energie eine Grundlage für das Funktionieren von Gesellschaften überhaupt darstellt, ist sie so wertvoll, dass sie in vielen Fällen nicht dem freien Wirtschaftstreiben überantwortet, sondern in einen besonderen öffentlichen Schutzraum gestellt wird. Es gibt ein öffentliches Interesse an einer funktionierenden Energieversorgung. In vielen Ländern wird die Energieversorgung als staatliche Aufgabe angesehen. Und in den Ländern, in denen sie privatisiert ist, wird das Marktgeschehen vergleichsweise stark reglementiert.[4]

Manchmal wird die Energieversorgung zur Aufgabe einer gesamtgesellschaftlichen Daseinsfürsorge gezählt und somit auf eine Bedeutsamkeitsstufe mit der Wasserversorgung, dem Bildungswesen oder dem Gesundheitssektor gesetzt. Allerdings gibt es da auch Unterschiede: Bildungswesen und Gesundheitssektor werden zumindest in großen Teilen des europäischen Kulturraums als öffentliche Aufgabenbereiche angesehen, die der Marktlogik weitgehend entzogen werden müssen. Offensichtlich würde eine stark marktwirtschaftliche Strukturierung von Bildungs- und Gesundheitssektor mit der direkten Umlage der hohen Kosten der entsprechenden Angebote auf die Nachfragenden unmittelbar zu sozioökonomischen Diskriminierungen führen. Die Kosten könnten von einigen getragen werden, von anderen nicht. Eine Finanzierung durch die Gemeinheit verhindert den Ausschluss von Teilen der Gesellschaft von Bildungsangeboten und Gesundheitsdienstleistungen, schützt die Durchlässigkeit der Gesellschaft und verteilt zumindest die finanzielle Komponente von Gesundheitsrisiken auf viele Schultern. In der Energie- und Wasserversorgung hingegen liegt die Notwendigkeit der Vergemeinschaftung der Kosten weniger nahe; und zumindest in Ländern, in denen keine Versorgungsknappheit bezüglich Energie und Wasser vorliegt, besteht weniger die Gefahr der Unterversorgung.

---

[4] Es gibt neben den allgemein gesellschaftspolitischen Motiven aber auch technische Gründe dafür, dass die Energieversorgung stärker öffentlich kontrolliert ist als andere Wirtschaftszweige. Dazu gehört vor allem die Tatsache, dass einige Energieversorgungsstrukturen quasinatürliche Monopole darstellen. Es wird nicht mehrere im gleichen geographischen Raum parallel betriebene und somit konkurrierende Strom- und Gasnetze geben können.

Marktwirtschaftliche Strukturen können daher leichter implementiert werden. In der Tat wurden gerade in Europa in den letzten Jahrzehnten Energie- und Wasserversorgungsaufgaben aus dem öffentlichen Aufgabenbereich herausgelöst und in private – allerdings stark öffentlich kontrollierte – Hände geben. Ziel war dabei die Nutzung wirtschaftlicher Effizienzpotenziale, die regelmäßig bei der Privatisierung von Versorgungsstrukturen gehoben werden können. Den öffentlichen Regelungsmechanismen kommt aber weiterhin die Aufgabe zu, Versorgungssicherheit zu wahren und Missbrauch von Monopolstrukturen vorzubeugen. In Deutschland gibt es inzwischen vereinzelt auch Beispiele der Rekommunalisierung der Energieversorgung.

Da Energie ebenso wie Wasser, Nahrungsmittel und Rohstoffe ein grundlegendes Betriebsmittel nicht nur für die Wirtschaft, sondern für Gesellschaften überhaupt ist, bestimmt die Sicherung des Zugangs zu Energiequellen immer auch politische Beziehungen auch auf höchster Ebene mit. Man denke etwa an die militärisch-politische Präsenz der USA im arabischen Raum, die auf offizieller politischer Ebene in freundschaftlichen Bahnen verlaufende Beziehung zu Saudi-Arabien, die Motive für den Irakkrieg etc. In diesen Fällen ist es der internationale Erdölhandel, der die geopolitischen Beziehungen prägt. Die USA ist bislang der größte Erdölimporteur[5] und gestaltet seine Außenpolitik auch nach Maßgabe der Sicherung des Zugangs zu den entsprechenden Handelsquellen. Rohstoffe, Wasser, Nahrungsmittel und Energie sind derart wichtige Lebensgrundlagen von Gesellschaften, dass es notwendigerweise eine politische Grundaufgabe einer jeden Regierung ist, Bezugsquellen verfügbar zu halten.

[5] Es ist abzusehen, dass die USA diesen Titel bald abgeben werden, da sie ihre Energieimportabhängigkeit durch die zunehmende Nutzung von Schieferöl und -gas allmählich abbauen.

Warum brauchen wir ein neues Energiesystem? 2

Die Energiepolitik arbeitet sich seit einiger Zeit am Begriff der Energiewende ab. Der Terminus *Wende* deutet darauf hin, dass eine generelle Neuorientierung der Energieversorgung ansteht oder dass eine solche zumindest angestrebt wird. Warum bedarf es einer solchen Neuorientierung?

2.1 Energieverbrauch

Wir haben auf die Bedeutsamkeit der Energieversorgung für moderne Gesellschaften und die Menschen in ihnen hingewiesen. In der Tat ist unser gegenwärtiger Lebensstil abhängig wie noch nie zuvor von der Verfügbarkeit großer Mengen nutzbarer Energie. Die Geschichte der Menschheit über die letzten Jahrhunderte hinweg lässt sich gut beschreiben als die Geschichte einer enormen Zunahme des Energiekonsums.

Der gemittelte energetische Grundumsatz eines Menschen beträgt etwa 80 W. Diese Leistung bringt er auf, um seine Lebensfunktionen aufrechtzuerhalten. Bei ansteigender körperlicher Arbeit nimmt der Energieumsatz entsprechend zu. Über einen Zeitraum von einigen Stunden kann ein Mensch eine Leistung von etwa 250 W erbringen. Viel mehr ist über einen längeren Zeitraum nicht möglich. Spitzensportler können für kurze bis sehr kurze Zeiträume (wenige Sekunden) Leistungen abrufen, die eine knappe Größenordnung darüber liegen. Die für die Körperfunktionen benötigte Energie nimmt der Mensch in chemisch gebundener Form über die Nahrung auf. Die biologisch definierten Grenzen menschlicher Leistungsfähigkeit bestimmen dabei die Grenzen des körpergebundenen Energieumsatzes. Doch der Mensch als geschickter Werkzeugbauer ist nicht auf die Grenzen seiner körperlichen Leistungsfähigkeit angewiesen. Er kann seine Wirkungsmöglichkeiten ausdehnen, indem er Technik nutzt – und dabei zur Erreichung seiner Ziele Energie einsetzt, die nicht durch Nahrungsaufnahme und Muskelkraft limitiert ist. Durch Technikeinsatz kann der Energieumsatz in große Höhen gehoben werden. Den verlängerten Technikarm eingerechnet setzt ein Deutscher heute Energie mit einer durchschnittlichen

Leistung von 5400 W um. Dieser Wert ergibt sich, legt man den Primärenergieverbrauch Deutschlands auf die Bevölkerung um. Der Primärenergieverbrauch ist das beste verfügbare Maß für den Energieumsatz einer Gesellschaft. Das uns heute zur Verfügung stehende Energiesystem stellt uns also das knapp Siebzigfache der Energie zur Verfügung, die wir zum unmittelbaren Überleben bräuchten und etwa das Vierzigfache dessen, was wir durch körperlich schwere Arbeit dauerhaft leisten könnten. Das ist viel im Vergleich zu vielen anderen Ländern, bei weitem aber noch kein Spitzenwert: Ein Einwohner von Katar benötigt noch dreimal mehr.

Die Kulturgeschichte des Menschen ist von einem ganz enormen Anstieg des Energiebedarfs (absolut, aber auch pro Kopf) gekennzeichnet. Der Mensch hat zunehmend seinen Aktionsradius und seine Wirkmöglichkeiten ausgeweitet. Die dazu benötigte Energie überstieg in immer deutlicherer Weise die Leistung, die er durch eigene Muskelkraft aufzubringen vermag. Als Energiegrundlage dienten dann nicht mehr die von ihm aufgenommenen Nahrungsmengen, sondern andere Quellen. Eine schon frühzeitig genutzte Möglichkeit war der Einsatz von Arbeitstieren wie Pferden und Ochsen. Später kamen technische Hilfsmittel dazu. Eisenbahnen, Autos und schließlich Flugzeuge machten den Menschen zunehmend räumlich flexibel und Maschinen halfen ihm, Arbeitsprozesse schneller und bequemer auszuführen. Mit der Entwicklung eines energieintensiven Lebensstils mussten zunehmend neue und ergiebigere Energiequellen angezapft werden. In einer gering technisierten Welt nahm der Mensch noch mit den ihm unmittelbar zugänglichen Energiequellen vorlieb. Er nutzte etwa vorhandenes Holz als Brennstoff, veredelte es möglicherweise noch in einer Köhlerei zu Holzkohle. Doch schon bald begann er, sich auch nach entfernteren und weniger leicht zugänglichen Energiequellen umzusehen. Im Mittelalter wurden auf dem Gebiet des heutigen Deutschland nahezu alle Wälder genutzt. Ungenutzt blieben nur Wälder an steileren Hängen oder in den Jagdrevieren des Adels. Irgendwann musste man bemerken, dass die Holzvorräte nur begrenzt zur Verfügung standen und man mit ihnen haushalten musste. Forstwirte betonen heute noch gern, dass der Begriff der Nachhaltigkeit daher in ihren Reihen zuerst in Verwendung kam.[1]

Ähnlich wie dem Energie- und Baurohstoff Holz erging es später fossilen Energierohstoffen. Der besonders hochwertige Energieträger Erdöl wurde seit der zweiten Hälfte des 19. Jahrhunderts zu einem der wichtigsten und am vielfältigsten einsetzbaren Energieträger. Er wurde in zunehmenden Mengen gefördert; viele ergiebige und leicht zugängliche Lagerstätten wurden entdeckt und sukzessive genutzt. Einige dieser Lagerstätten sind inzwischen erschöpft und der weiter gestiegene Bedarf wird durch Lagerstätten bedient, die schwerer zugänglich sind und bei denen die Förderung aufwändiger oder auch gefährlicher ist. Ereignisse wie die Ölplattform-Havarie 2010 im Golf von Mexiko rücken die Risiken ins öffentliche Bewusstsein, die eingegangen werden, um Energierohstoffe aus allen erdenklichen Winkeln der Erde herbeizuschaffen. Schließlich hat der Energiehunger gar dazu geführt, mit der Kernenergie-Nutzung geradezu unglaubliche Großrisiken

[1] Hans Carl von Carlowitz hat 1713 in der Schrift *Silvicultura oeconomica* darauf hingewiesen, dass der Rohstoff Holz sorgsam eingesetzt werden muss, um eine dauerhafte Nutzung nicht zu gefährden.

menschlicher Grundenergieumsatz	80
leichte Arbeit	100
körperlich schwere Arbeit über einige Stunden hinweg	250
Primärenergieleistung pro Einwohner Bangladesh	272
durchschnittliche Leistung eines Radprofis bei großen Rundfahrten	300
Spitzen-Radprofi an Berganstieg (halbe Stunde)	450
kurzzeitige (wenige Sekunden) Spitzenleistung von Profi-Radsprintern	2000
Endenergieleistung pro Einwohner Deutschland	3100
Primärenergieleistung pro Einwohner Deutschland	5400
Primärenergieleistung pro Einwohner Katar	23100

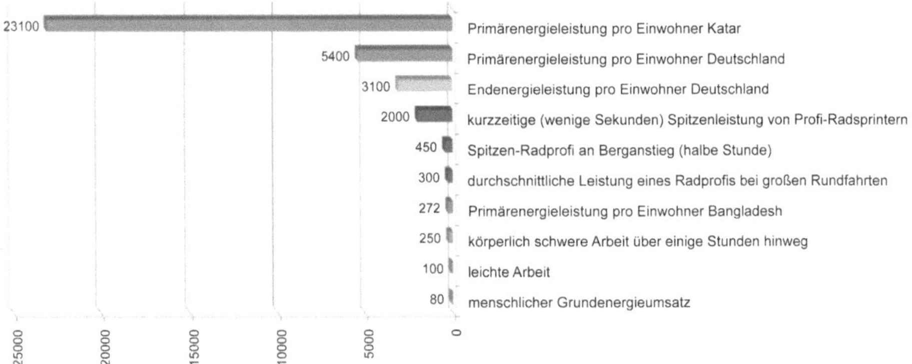

Abb. 1 Primärenergieleistungen pro Kopf in verschiedenen Ländern (rot) im Vergleich zum Energieumsatz eines Menschen (grau) und zu sportlichen Leistungen (violett), in [W] (Grafik: M. Günther)

einzugehen. Der Wunsch nach größeren Wirkungsmöglichkeiten und größeren Aktionsradien ist offensichtlich so mächtig, dass dafür enorme Risiken eingegangen werden.

Der Energiebedarf ist nicht intrinsisch gedeckelt. Es gibt keine sozusagen natürliche Grenze des Energiebedarfs, ab der sich Energie nicht mehr sinnvoll einsetzen ließe. Der Konsum von Nahrungsmitteln etwa hat eine intrinsische Grenze. Ein Mensch kann nur eine bestimmte Menge Nahrungsmittel sinnvoll verbrauchen; ihr Konsum begrenzt den weiteren unmittelbaren Bedarf. Es gibt das Phänomen der *Sättigung*. Beim Energiekonsum gibt es keine oder zumindest keine klare Sättigungsgrenze. Auch mit sehr großen Energiemengen können immer noch Aktivitäten gestaltet werden, die aus subjektiver Bedürfnissicht sinnvoll sein können. Der Handlungsradius wächst ja immer noch ein Stück an, je mehr Energie zum Verbrauch bereitsteht. Energiekonsum hat einen extensiven Charakter. Der tatsächliche Energiekonsum wird durch *äußere* Faktoren begrenzt, insbesondere durch verfügbare finanzielle Mittel. Es liegt in der Natur des intrinsisch nicht begrenzbaren Energiekonsums, dass hinreichend leicht zugängliche und ergiebig verfügbare Quellen auch *genutzt* werden. Es gibt keine Bremse, die quasi automatisch angezogen wird, wenn ein bestimmtes Niveau an Energiekonsum erreicht ist. Wenn in den menschlichen Aktionsbereich Energiequellen fallen, die unter vertretbarem Aufwand genutzt werden können, dann *werden* sie auch genutzt. Handelt es sich dabei um Quellen, die versiegen können, dann bedeutet der extensive Charakter der Energienutzung, dass die Energiewirtschaft krisengefährdet ist. Die Energiewirtschaft hat dann die Tendenz, ihre Grundlage aufzubrauchen. Dass wir gegenwärtig über eine Neugestaltung des Energiesystems nachdenken, hat auch viel mit der extensiven Tendenz der Energienutzung zu tun und mit der Tatsache, dass ein sehr großer Teil der am leichtesten und ökonomischsten nutzbaren Energieressourcen endliche Energierohstoffe sind. Der erreichte Lebensstandard hängt von einer hinreichend zuverlässigen Energieversorgung ab. Doch der immer extensiver gewordene Zugriff auf Energieressourcen lässt die Basis der Energieversorgung erodieren und gefährdet die erreichten Standards.

2.2 Allgemeine Anforderungen an das Energiesystem

Die drei Attribute *umweltschonend*, *zuverlässig* und *bezahlbar*, die im Titel des Energiekonzepts der Bundesregierung von 2010 enthalten sind, bezeichnen die allgemeinen Anforderungen an ein heutiges Energiesystem. Unser gegenwärtiges Energiesystem in Deutschland genügt diesen Anforderungen unterschiedlich gut:

Die *Zuverlässigkeit* ist in Deutschland vergleichsweise sehr hoch. So ist die Nichtverfügbarkeit in der Stromversorgung im internationalen Vergleich sehr gering. Sie lag in den letzten Jahren für die Letztverbraucher im Nieder- und Mittelspannungsbereich bei nur etwa 15 Minuten pro Jahr [19]. Das ist international ein Spitzenwert. Redundanzen im elektrischen Versorgungssystem, sowohl im Hinblick auf die Erzeugungskapazitäten als auch im Hinblick auf die Netzgestaltung, sind der Garant dafür, dass die Stromversorgung nur bei sehr außergewöhnlichen Ereignissen unterbrochen wird. Ebenso ist die Versorgung mit Kraftstoffen für den Verkehrssektor und Brennstoffen für die Wärmeversorgung generell lückenlos.

Die allgemein gegebene Versorgungssicherheit bedeutet aber nicht, dass es nicht auch Gefahren gibt. Berücksichtigt werden muss z. B., dass die Importabhängigkeit Deutschlands im Energiesektor sehr hoch ist. Primärenergierohstoffe im Wert von etwa 90 Mrd. Euro werden jährlich eingeführt. Bei einem Endenergie-Verkaufsvolumen von knapp 250 Mrd. Euro bedeutet dies, dass der Anteil der aus dem Ausland eingekauften Wertschöpfung hoch ist. Die importierte Primärenergie nimmt einen der vordersten Plätze unter den Außenhandelsposten ein und ist somit ein sehr wichtiger wirtschaftlicher Faktor. Zum Vergleich: Das Exportvolumen des gegenwärtig wichtigsten deutschen Exportguts, des Autos, belief sich 2012 auf 190 Mrd. Euro. Diese Summe ist zwar höher als das Importvolumen im Energiebereich, aber die Größenordnung ist die gleiche. Die enorme Importabhängigkeit bringt die Gefahr mit sich, dass internationale Spannungen, Konflikte in anderen Ländern oder etwa Exportreduktionen der Bezugsländer – z. B. zur Schonung von Eigenreserven – die Versorgungssicherheit in Deutschland in Mitleidenschaft ziehen könnten.

Bezahlbarkeit ist in der deutschen Energieversorgung insofern gegeben, dass es keine Massenerscheinung ist, dass Menschen ihre Strom- oder Benzinrechnung nicht zahlen können.[2] Hohe Energierechnungen sind nicht die Ursache für zweifelsohne auch in Deutschland existierende Armut. Ebenso verlagern Industrien nicht im großen Umfang ihre Produktion in andere Länder, um von den dort möglicherweise geringeren Energiepreisen zu profitieren. Entsprechende Drohungen sind zwar regelmäßig zu hören, doch Deutschland ist nicht von einer umfassenden Deindustrialisierung betroffen.[3] Ohnehin genießt die im internationalen Wettbewerb stehende energieintensive deutsche Industrie günstigere Energiepreise, indem sie etwa die zusätzlichen Kosten für die erneuerbaren Energien, die EEG-Umlage, nicht zu tragen braucht. Im internationalen Vergleich sind die Energiepreise für industrielle Verbraucher zwar leicht überdurchschnittlich, aber sie liegen im Bereich dessen, was auch in einigen anderen europäischen Ländern gezahlt wird. Alles in allem sprechen die Daten dafür, dass das Niveau der Energiepreise in Relation zur allgemeinen wirtschaftlichen Stärke des Landes nicht zu hoch ist. Und da es in Deutschland keine umfassenden Subventionen für Energiedienstleistungen gibt, bedeutet dies auch, dass die betriebswirtschaftlichen Kosten der Energieversorgung nicht zu hoch sind.

Dieser Umstand bedeutet noch nicht, dass die volkswirtschaftlich auf Dauer zu erbringenden Kosten nicht hoch sind. Wie jede Aktivität kann auch die Energieerzeugung so genannte externe Kosten verursachen. Externe Kosten spiegeln sich nicht in den betriebswirtschaftlichen Kosten und auch nicht in den Energiepreisen wieder. Es handelt sich um Kosten, die verteilt und möglicherweise zeitverzögert von anderen Akteuren als den gegenwärtigen Energieerzeugern oder -verbrauchern getragen werden müssen. Externe Kosten der Energiewirtschaft können z. B. Veränderungen in der natürlichen Umwelt sein, die volkswirtschaftlich relevant sind. Das prominenteste Beispiel dafür sind die schwer abzusehenden Kosten des Klimawandels, der gerade auch durch die Kohlendioxidemissionen des Energiesektors bedingt ist. Das Kostenrisiko außerhalb der betriebswirtschaftlichen Bilanz darf nicht aus dem Blick geraten, wenn man über die Bezahlbarkeit der Energiedienstleistungen spricht.

Auch wenn die Bezahlbarkeit der Energie generell gegeben ist, so sind die Preise doch schwankungsanfällig. Dies liegt insbesondere daran, dass ein Großteil der bereitgestellten Energie von nicht erneuerbaren und somit endlichen Energierohstoffen abhängt. Deren Preise können stark schwanken, wie nicht erst seit den Ölkrisen der 70er Jahre bekannt ist. Die Preise von Energierohstoffen unterliegen einer Reihe von allgemeinen Risiken. Zum Beispiel kann der Preis endlicher Rohstoffe durch deren Knappheit steigen bzw. durch die zunehmende Knappheit kostengünstig abbaubarer Ressourcen. Oder Lieferausfälle in einigen der wichtigen Exportländer führen zu Preissprüngen. Letztere Gefahr wird dadurch verstärkt, dass die Rohstoffe geographisch sehr ungleich verteilt sind und sich in

---

[2] Allerdings wurde im Jahr 2013 bei etwas mehr als 300000 Endkunden aufgrund nicht gezahlter Rechnungen die Stromversorgung unterbrochen [37].

[3] Das Hauptmotiv für die gegenwärtig starken Auslandsinvestitionen der deutschen Industrie ist die Markterschließung, nicht die Kostensituation [38].

einigen Ländern konzentrieren. Internationale Spannungen oder Krisen in den entsprechenden Ländern können dann große Auswirkungen auf den Weltmarkt der Energierohstoffe haben. So waren es in den 70er Jahren Spannungen im Nahen Osten, die die Ölpreise in die Höhe schnellen ließen und die Ölkrisen verursachten.

Die dritte allgemeine Anforderung an das Energiesystem ist die *Umweltverträglichkeit*. Es ist inzwischen im öffentlichen Bewusstsein fest verankert, dass diese Anforderung gegenwärtig kaum erfüllt wird. Da das Energiesystem weitgehend auf kohlenstoffhaltigen fossilen Energieträgern beruht, bei deren Nutzung, d. h. Verbrennung, das klimarelevante Gas Kohlendioxid entsteht, hat die Energienutzung einen großen Anteil an der gegenwärtigen global ablaufenden Klimaveränderung. Offensichtlich gilt dies nicht nur für Deutschland und dessen Energieversorgungssystem, sondern auch für die allermeisten anderen Länder. Auch die Nutzung der Kernkraft erfüllt die Anforderung der Umweltverträglichkeit kaum, denn mit ihr ist die Erzeugung von Material verbunden, das über extrem lange Zeiträume radioaktiv bleibt und dessen sichere Langzeitlagerung prinzipiell problematisch ist.

2.3 Motive für den Umbau des Energiesystems

Die genannten allgemeinen Anforderungen an ein Energiesystem werden in Deutschland unterschiedlich gut erfüllt. Keine der Anforderungen wird völlig zufriedenstellend erfüllt.

Mineralöl	Steinkohle	Braunkohle	Erdgas	Kernenergie	Wasser- und Windkraft	andere Erneuerbare	Sonstige
33,9	12,6	11,7	20,6	8,8	1,8	9	1,8

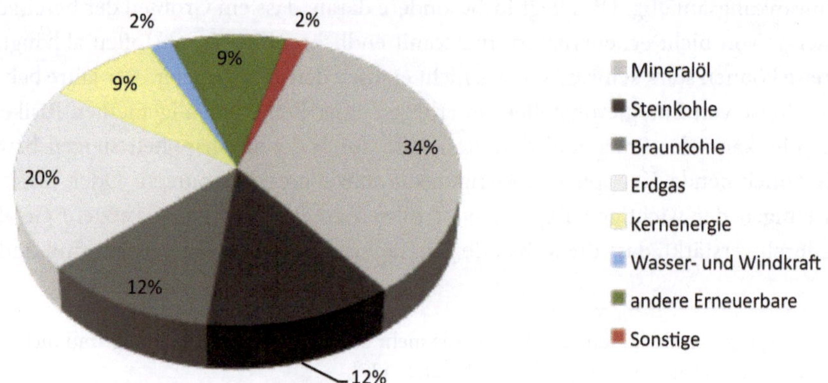

Abb. 2 Primärenergieverbrauch in Deutschland im Jahr 2011 nach Energieträgern (Zahlen: BMWi, Grafik: M.Günther)

Dass dies so ist, hängt vor allem mit der sehr großen Abhängigkeit der Energieversorgung von fossilen Energierohstoffen ab. Abbildung 2 zeigt den Primärenergieverbrauch nach Energieträgern. Die in Grautönen dargestellten Anteile repräsentieren die fossilen Energieträger. Sie summieren sich zu 78 % des gesamten Primärenergieverbrauchs.

Es ist hauptsächlich diese starke Fixierung auf fossile Energieträger, die den Umbau des Energiesystems zur dringenden Aufgabe macht. Die starke Abhängigkeit von fossilen Energieträgern ist in mehreren Hinsichten problematisch: Sie beeinträchtigt die Umweltverträglichkeit des Systems (a); sie führt zu Kostenrisiken (b); und sie schmälert die Zuverlässigkeit des Systems dadurch, dass sie starke Importabhängigkeiten bedingt (c).

a) Fossile Energierohstoffe bestehen aus organischem Material, das das Element Kohlenstoff in mehr oder weniger großen Mengen enthält. Die energetische Nutzung der fossilen Energieträger bedeutet deren Oxidation, wobei mehr oder weniger Kohlendioxid (CO_2) entsteht.

CO_2-Emissionen bei der Verbrennung fossiler Energieträger **Kasten 1**

Bei der Verbrennung fossiler Energieträger entstehen je nach Kohlenstoffgehalt verschiedene Mengen von Kohlendioxid. Die folgende Übersicht zeigt, wie viel Kohlendioxid pro kWh erzeugter Verbrennungswärme bei der Nutzung der wichtigsten fossilen Energieträger emittiert wird.

Erdgas	0,20 kg CO_2/kWh
Heizöl (leicht)	0,27 kg CO_2/kWh
Heizöl (schwer)	0,28 kg CO_2/kWh
Steinkohle	0,34 kg CO_2/kWh
Braunkohle	0,37 kg CO_2/kWh

Unter den nichtnatürlichen, durch kulturelle Aktivitäten bedingten Emittenten von Kohlendioxid ist die Energieversorgung der mit großem Abstand wichtigste. Kohlendioxid ist ein klimarevelantes Gas; sein Vorhandensein in der Atmosphäre trägt zum Treibhauseffekt bei. Der atmosphärische Treibhauseffekt besteht darin, dass längerwellige Strahlung, die von der Erde und den unteren Atmosphärenschichten emittiert wird, die Atmosphäre nicht vollständig nach außen durchdringen kann, sondern durch Absorption in der Atmosphäre gehalten wird. Einige Gase, die in der Atmosphäre enthalten sind, absorbieren Strahlung im infraroten Bereich, also im Bereich der Wärmestrahlung. Dazu gehört z. B. Wasserdampf, aber eben auch Kohlendioxid. Je mehr der absorbierenden Gase in der Atmosphäre enthalten sind, desto stärker wird die Infrarotstrahlung im Erdsystem gehalten, wodurch sich dessen Temperatur erhöht. Das Gleichgewicht zwischen auf die Erde auftreffender Solarstrahlung und von der Erde in den freien Raum ausgehender Strahlung pendelt sich neu ein, indem das Erdsystem auf ein leicht höheres Temperaturniveau gehoben wird. Es gibt verschiedene Treibhausgase, die bei verschiedenen Kulturaktivitäten des Menschen entstehen und in die

Atmosphäre entlassen werden. Dazu gehört neben Kohlendioxid z. B. auch Methan (CH_4) und Lachgas (N_2O). Kohlendioxid besitzt gar kein so hohes Treibhauspotenzial im Vergleich zu einigen anderen Gasen, die der Mensch in die Atmosphäre entlässt. Doch die große Menge Kohlendioxid, die kontinuierlich erzeugt wird, macht es zum wichtigsten vom Menschen beeinflussbaren klimarelevanten Gas, das entsprechend im Zentrum von Klimaschutzüberlegungen steht.[4]

Treibhauspotenzial und Treibhauswirkung **Kasten 2**

Das Treibhauspotenzial eines Gases gibt die Erwärmungswirkung an, die eine bestimmte Menge (Stoffmenge oder Masse) des Gases entfaltet, wenn es in die Atmosphäre entlassen wird. Dabei spielt neben der Absorptionsleistung des Gases auch seine Verweildauer in der Atmosphäre eine Rolle. Das Potenzial wird generell in Relation zu dem von Kohlendioxid angegeben.

Treibhauspotenzial wichtiger vom Menschen in die Atmosphäre entlassener Gase (bezogen auf einen Zeitraum von 100 Jahren und in Bezug auf die Masse, Werte aus [30]):

Kohlendioxid (CO_2)	1
Methan (CH_4)	28
Distickstoffoxid (N_2O)	265
Fluorchlorkohlenwasserstoffe (FCKW)	13900
Fluorkohlenwasserstoffe (FKW)	12400
Schwefelhexafluorid (SF_6)	23500

Die tatsächliche Treibhauswirkung eines Gases in der Atmosphäre hängt von seinem Treibhauspotenzial und von der Menge ab, die in die Atmosphäre eingebracht wurde. Die Wirkung kann zunächst als so genannter Strahlungsantrieb bestimmt werden. Als Strahlungsantrieb wird eine Veränderung im Strahlungshaushalt in der untersten Schicht der Atmosphäre und an der Erdoberfläche und folglich der absorbierten Energie bezeichnet. Positive Werte bedeuten eine Erhöhung des Strahlungseintrags (Solarstrahlung plus atmosphärische Wärmestrahlung).

Strahlungsantrieb von durch den Menschen in die Atmosphäre eingebrachten klimarelevanten Gasen:

Kohlendioxid (CO_2)	1,33 bis 2,03 W/m^2
Methan (CH_4)	0,74 bis 1,20 W/m^2
Distickstoffoxid (N_2O)	0,13 bis 0,21 W/m^2
FCKW und FKW	0,01 bis 0,35 W/m^2
Gesamter anthropogener Strahlungsantrieb (im Vgl. zu 1750)	1,13 bis 3,33 W/m^2

[4] Das wichtigste Treibhausgas in der Atmosphäre ist Wasserdampf. Doch den Gehalt von Wasserdampf kann der Mensch praktisch nicht beeinflussen. Daher kann Wasserdampf in klimapolitischen Überlegungen keine Rolle spielen.

In vielen Gegenden der Erde zeigen die durch menschliche Aktivitäten bedingten Klimaveränderungen inzwischen schon einen spürbaren Einfluss auf die Lebensbedingungen. Man denke an das Abschmelzen von Gletschern in vielen Weltgegenden, an die zunehmende Trockenheit im Mittelmeerraum [41] oder die zunehmenden Starkregenereignisse in Europa [39, 30, Abschnitt 2.6.2.1]. Um die Folgen der Erderwärmung in einem für die Aufrechterhaltung der Lebensbedingungen noch beherrschbaren Rahmen zu halten, wurde in den letzten Jahren häufig eine Erwärmungsgrenze von 2 Kelvin in Bezug auf vorindustrielle Zeiten genannt. Die Anpassungsfähigkeit von Ökosystemen und von Gesellschaften sei bei einer Erwärmung, die über diese Grenze hinausgeht, überfordert. Die Folge seien Umweltrisiken mit möglicherweise erheblichen sozialen, wirtschaftlichen und sicherheitspolitischen Auswirkungen. Eine politische Aufgabe sei es daher, Bedingungen zu schaffen, die es ermöglichen, dass das Klimageschehen innerhalb der 2 Kelvin-Leitplanke verbleibt.[5]

Die 2 Kelvin-Leitplanke **Kasten 3**

Politisch relevant wurde die 2 Kelvin-Leitplanke vor allem durch ein Gutachten des Wissenschaftlichen Beirats der Bundesregierung Globale Umweltveränderungen aus dem Jahr 1995 [32]. Anhaltspunkt für die Verortung der Leitplanke waren die globalen Klimabedingungen in der Entwicklungsgeschichte des Menschen. Die menschliche Zivilisation hat sich bei einer globalen Durchschnittstemperatur zwischen 10,4 °C während der letzten Eiszeit und 16,1 °C während der letzten Warmzeit entwickelt. Für die zukünftige Entwicklung der Zivilisation wurde das anzustrebende Temperaturfenster in beide Richtungen um 0,5 K erweitert, also von 9,9 °C bis 16,6 °C, womit den gewachsenen technischen Fähigkeiten und den damit verbesserten Anpassungsmöglichkeiten Rechnung getragen wird. Vor der Industrialisierung lag die globale Durchschnittstemperatur bei etwa 14,6 °C. Somit ergibt sich eine Differenz von 2 K bis zur Grenze von 16,6 °C. (Vgl. auch [31].)

Berechnungen haben weiterhin ergeben, dass bis zur Mitte des 21. Jh. nur noch etwa 750 Mrd. t Kohlendioxid emittiert werden dürften, um die 2 Kelvin-Leitplanke mit einer guten Wahrscheinlichkeit einzuhalten.[6] Nach der Jahrhundertmitte dürften nur noch sehr geringe Mengen ausgestoßen werden [20]. In den letzten Jahren bewegte sich der jährliche Ausstoß von CO_2 im Bereich von etwa 30 Mrd. t (Abbildung 3). Auch wenn der Ausstoß nur in diesem Bereich bliebe und nicht weiter anstiege, würden von 2012 bis 2050 mit mehr als 1100 Mrd. t weit mehr als die genannten 750 Mrd. t emittiert.

[5] Normalerweise wird von der 2 °C-Leitplanke gesprochen. Da jedoch eine Temperatur*differenz* gemeint ist, hat sich der Verfasser entschieden – wie in der Physik in diesem Falle üblich – die Einheit Kelvin benutzt.

[6] Es wird dabei mit einer Wahrscheinlichkeit von 2/3 gerechnet.

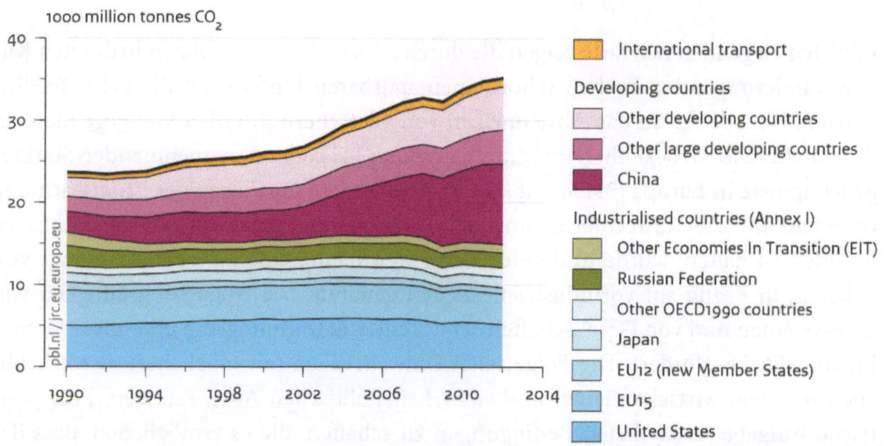

Abb. 3 CO2-Emissionen nach Ländern (Grafik: Mit freundlicher Genehmigung von © PBL Netherlands Environmental Assessment Agency, Report 2013 „Trends in Global CO2-Emissions" [21]. All Rights Reserved.)

Um die 2 K-Leitplanke nicht zu überschreiten, müsste das immer noch anhaltende Wachstum des CO_2-Ausstoßes möglichst schnell abgebremst und in einen Rückgang gewendet werden. Je länger es nicht gelingt, den Ausstoß zu reduzieren, umso stärker müsste anschließend die Reduktion erfolgen, um die genannte Restmenge an emittiertem CO_2 nicht zu überschreiten und somit die 2 K-Leitplanke mit einer guten Wahrscheinlichkeit einzuhalten.

Bislang ist die globale Durchschnittstemperatur um etwa 0,8 K angestiegen. Ein sofortiger Stopp weiterer vom Menschen verursachter Emissionen in die Atmosphäre würde aufgrund der Trägheit des Erdsystems noch zu einem Anstieg um weitere 0,5 K führen. Nach den Entwicklungen der letzten Jahre werden zunehmend Zweifel geäußert, ob die 2 K-Leitplanke überhaupt noch eine sinnvolle politische Vorgabe ist. Denn nötig wäre eine sehr grundlegende Umgestaltung der Wirtschaft, insbesondere der Energiewirtschaft. Vor allem müsste der Wachstumspfad, den die Emissionsmengen immer noch beschreiten, schnell verlassen werden, was aber zumindest für die nächsten Jahre nicht absehbar ist. Auch die Rückführung der Emissionen auf sehr geringe Werte wird einen sehr langen Zeitraum in Anspruch nehmen. Ein möglichst rascher Umbau des Energiesystems ist der größte Hebel, der eingesetzt werden kann, um Emissionen zu reduzieren. Für den Klimaschutz ist es daher eine vorrangige Aufgabe, die starke Abhängigkeit des Energiesektors von fossilen Energierohstoffen zu reduzieren.

b) Die extensive Verwendung fossiler Energierohstoffe hat dazu geführt, dass viele leichter zugängliche Lagerstätten, aus denen Energierohstoffe kostengünstig zur Verfügung gestellt werden konnten, immer weniger ergiebig und zunehmend erschöpft sind. Die anhaltend hohe Nachfrage muss immer mehr auch aus Lagerstätten gedeckt werden, bei denen der Abbau mit höheren Kosten und möglicherweise auch höheren Risiken verbunden ist. Insbesondere bei dem besonders wertvollen Energieträger Erdöl sind die Tendenzen höherer Kosten und höherer Risiken seit einiger Zeit zu beobachten. Ein immer größerer Teil des Öls, das heute gefördert wird, kann nur zu höheren Kosten gefördert werden, z. B. weil aufwändigere Sekundär- oder Tertiärförderung[7] betrieben werden muss oder weil es aus dem Meeresgrund unter erhöhtem Investitionsaufwand gewonnen wird. Höhere Preise auf dem Weltmarkt sind eine unausweichliche Folge. Außerdem steigen die Risiken der Erdölgewinnung, die sicher nicht geringer werden, wenn in Zukunft so genannte unkonventionelle Vorkommen, Ölsande und Ölschiefer, verstärkt genutzt werden.

Eine weitere extensive Nutzung der Ressource Erdöl wird mit weiter steigenden Preisen und steigenden Risiken einhergehen. Dies ist bei anderen Rohstoffen nicht anders. Erdgas wird inzwischen teilweise durch das aufwändigere Fracking gewonnen. Bei Kohle hingegen greift die beschriebene Kostendynamik derzeit bei Weitem noch nicht in ähnlich markanter Weise.[8]

Die instabilen Preise der fossilen Energierohstoffe und ihr großer Beitrag zu den Endenergiepreisen macht diese prinzipiell ebenfalls instabil. Die starke Abhängigkeit der Energieversorgung von fossilen Rohstoffen bedeutet aufgrund der beschriebenen Dynamik daher ein Kostenrisiko. Aufgrund des globalen Charakters des Rohstoffhandels kommt in vielen Fällen noch ein Wechselkursrisiko hinzu, so dass die Energiepreise durch die Abhängigkeit von fossilen Rohstoffen gleich in doppelter Weise von Kostenstrukturen beeinflusst werden, die durch das Energiesystem selbst nicht kontrollierbar sind.

c) Die ungleiche geographische Verteilung der Rohstoffe führt zu starken Handelsabhängigkeiten. Deutschland importiert nahezu drei Viertel der benötigten fossilen Energieträger (2009: 72 % [22]). Etwa zwei Drittel der Primärenergie wird aus dem Ausland bezogen (2011: 68,6 %). In den 50er Jahren konnte Deutschland noch ein Drittel des damals benötigten Erdöls selbst fördern. Heute sind es aufgrund erschöpfter Eigenreserven und angewachsener Nachfrage noch verschwindende 3 % [1]. Deutschland ist in einem sehr starken Maße von Energieimporten abhängig. Einzig Braunkohle für die Stromerzeugung wird in bedeutsamen Mengen im Land bereitgestellt. Da die fossilen

---

[7] Bei der Primärförderung ist der Druck in der Erdöl führenden Schicht hinreichend hoch, um es problemlos aus den Bohrungen zu gewinnen. Sekundärförderung von Erdöl wird betrieben, wenn der Eigendruck abgesunken ist und keine Förderung mehr ohne eine künstliche Erhöhung des Drucks möglich ist. Die künstliche Druckerhöhung wird dadurch erreicht, dass Wasser oder Erdgas in die Erdöl führende Schicht eingepresst wird. Bei der Tertiärförderung schließlich werden weitere thermische und chemische Verfahren angewendet, um weiteres Öl aus den Lagerstätten zu gewinnen.

[8] Manchmal wird die Preisentwicklung bei Erdöl mit dem Begriff von Peak-Oil in Verbindung gebracht. Dabei wird eine Verknappung des Rohstoffs als gegenwärtiger und zukünftig dominanter Preistreiber genannt. Diese Sichtweise scheint dem Verfasser nicht richtig zu sein. Vielmehr sind die Verknappung *günstig abbaubaren* Öls und das Anzapfen von Lagerstätten, bei denen der Abbau kostenaufwändiger ist, mit höheren Preisen korreliert.

Energierohstoffe – und insbesondere der sehr wertvolle Energieträger Erdöl – äußerst ungleich über die Erde verteilt sind, ergeben sich sehr starke asymmetrische Abhängigkeiten. Gerade in letzter Zeit wird die starke Energieabhängigkeit von Russland intensiv diskutiert. Deutschland bezog in den letzten Jahren etwas mehr als ein Drittel des Erdöls aus Russland, beim Erdgas waren es gar nahezu 40 %. Aus diesen beiden Energieträgern werden etwa 55 % des Primärenergiebedarfs abdeckt, so dass reichlich 20 % der Primärenergie aus einem einzigen Land eingeführt wurden.

Die Tatsache, dass der Import von Energierohstoffen Kaufkraft abzieht, ist für Deutschland gegenwärtig weniger von Bedeutung. Denn das Land hat trotz der enormen Aufwendungen für Energierohstoffe eine sehr hohe positive Außenhandelsbilanz. Bei anderen Ländern hingegen, die eine schwache Außenhandelsbilanz aufweisen, kann der Import von Energierohstoffen eine große volkswirtschaftliche Last sein. Es überrascht insofern nicht, dass sich unter den Entwicklungs- und Schwellenländern gerade diejenigen Länder in den letzten Jahren verstärkt um die Entwicklung erneuerbarer Ressourcen kümmern, die wenig eigene fossile Energierohstoffe zur Verfügung haben. Ihnen fällt es nämlich wesentlich schwerer, den großen Negativposten in ihrer Außenhandelsbilanz dauerhaft durch entsprechende Exporterlöse auszugleichen. Darüber hinaus stellen die Schwankungen der Primärenergiepreise für Länder mit ansonsten weniger großen Außenhandelsvolumina eine wesentlich größere Herausforderung dar. Entsprechend wird der politische Diskurs über die Reduktion der fossil basierten Energieerzeugung und die verstärkte Nutzung erneuerbarer Energiequellen in Entwicklungs- und Schwellenländern auch in viel stärkerem Maße aus der Perspektive der volkswirtschaftlichen Kosten geführt. Das Argument der Reduktion der CO_2-Emissionen und der Reduktion von Umweltrisiken spielt in den Überlegungen der politischen Entscheidungsträger häufig kaum eine Rolle. Darin unterscheiden sich die energiepolitischen Debatten in Entwicklungs- und Schwellenländern von denen in den Industrieländern, wo der Umweltaspekt häufiger eine wichtige Rolle spielt.

Die starken Abhängigkeiten von Energieimporten sind aber nicht nur ein mögliches wirtschaftliches Problem. Sie können vielmehr auch machtpolitisch eingesetzt werden. Schließlich wurde die Ölkrise 1973/74 von einigen ölexportierenden Ländern durch Drosselung der Ölförderung bewusst herbeigeführt, um politisch Einfluss zu nehmen. Und selbst wenn es keine politischen Spannungen gibt, selbst wenn Verknappungsstrategien nicht eingesetzt werden, um politische Ziele zu erreichen, ist nicht ausgeschlossen, dass z. B. protektionistische Überlegungen wichtige Exportländer dazu motivieren, die Exporte der Energierohstoffe zu drosseln. Z. B. könnten sie die zunehmend wertvoller werdenden Ressourcen zur eigenen Wohlstandssicherung schützen wollen, anstatt sie zu den jeweils gegebenen Preisen abzugeben. Dabei würden Versorgungskrisen heutzutage weit größere Auswirkungen haben. Denn die Nachfrage ist inzwischen globaler und weit größer geworden; Abhängigkeiten sind gewachsen. Internationale Handelsverflechtungen sind zwar generell positiv, da sie wirtschaftliche Effizienzpotenziale zu heben vermögen und außenpolitisch stabilisierend wirken können. Doch starke Abhängigkeiten, wie sie teilweise im Energiebereich gegeben sind, müssen kritisch beurteilt werden.

Sowohl für die Energiesicherheit als auch für das Offenhalten außenpolitischer Gestaltungsspielräume sollten solche Abhängigkeiten möglichst gering gehalten werden.

Betrachten wir also die Abhängigkeit unseres gegenwärtigen Energiesystems von fossilen Energieträgern, dann stellen wir fest, dass es gewichtige Motive für den Umbau der Energieversorgung gibt: Im Hinblick auf den Klimaschutz ist eine Neustrukturierung notwendig und dringlich; hinsichtlich der Kosten ist das System insbesondere durch die hohe Ölabhängigkeit anfällig; und die Versorgungssicherheit ist durch starke Importabhängigkeiten potenziell gefährdet. Es gibt systeminhärente Risiken, die Motive für den Umbau des Systems sind. Nicht zufällig entsprechen diese Motive den genannten allgemeinen Anforderungen an ein wünschenswertes Energiesystem: Umweltverträglichkeit, Kostenstabilität und Zuverlässigkeit. Das Energiekonzept stellt diese Anforderungen gerade heraus, weil sie nicht selbstverständlich erfüllt sind, sondern ständig angestrebt werden müssen.

Die Abhängigkeit der Energieversorgung von den fossilen Energieträgern hat die Motive für die Energiewende vor Augen geführt. Manchmal wird allerdings die Energiewende vorrangig mit dem Ausstieg aus der Atomenergie in Verbindung gebracht. Das ist zwar nicht völlig falsch, aber es ist irreführend. Die Ersetzung der nuklear bereitgestellten Energie ist vergleichsweise einfach und bedarf als solche keines Systemwechsels. Sowieso ist der Anteil der Kernenergie in der gesamten Energieerzeugung im Vergleich zur fossil basierten Energie gering. Nur knapp acht Prozent der im Jahr 2013 in Deutschland verbrauchten Primärenergie war Kernenergie. Dazu spielt Kernenergie ausschließlich in der Stromversorgung eine Rolle. In der Stromerzeugung sind aber die Substitutionsmöglichkeiten gerade besonders vielfältig. Der Atomausstieg mag in der jüngeren Vergangenheit politisch besonders beachtet und medial je nach Nachrichtenlage besonders präsent gewesen sein. Die Ersetzung der Kernenergie im deutschen Energiesystem ist jedoch die einfachere Übung im Vergleich zu der wesentlich schwerer zu realisierenden Aufgabe, die Abhängigkeit von fossilen Energieträgern zu reduzieren. Der Atomausstieg ist natürlich ein integraler Bestandteil der Energiewende; er ist aber nicht die größte Herausforderung und schon gar nicht definiert er die Energiewende. Der Atomausstieg ist politisch beschlossen und zurzeit kaum kontrovers. Er wird inzwischen von praktisch allen politischen Lagern unterstützt. Mit gutem Grund kann man formulieren, dass er gerade auch deshalb politisch durchsetzbar war, weil er nicht systemgefährdend ist. Die Motive für den Ausstieg sind die Unfallrisiken – die Havarien in Fukushima haben die Gefahren neu ins Bewusstsein gebracht und waren schließlich der Auslöser, den Ausstieg zu beschleunigen –, die Anfälligkeit für terroristische Anschläge, die Proliferationsrisiken, die problematische Langzeitlagerung radioaktiver Abfälle und die Tatsache, dass auch Uran ein endlicher und geographisch ungleich verteilter Rohstoff ist.[9] Die Motive für den Atomausstieg sind letztlich denen analog, die auch der Abkehr von fossilen Energieträgern zu

[9] Es gibt die Idee, Kernkraftwerke auf der Basis des weit häufigeren Materials Thorium zu betreiben. Schwierigkeiten bei der technischen Umsetzung und Sicherheitsbedenken haben jedoch wiederholt dazu geführt, entsprechende Projekte nicht weiter zu verfolgen.

Grunde liegen, d. h. Umweltverträglichkeit, Kostenstabilität und Sicherheit, wenn auch mit anderen Gewichtungen.

2.4 Strategien zum Umbau des Energiesystems

Welche Strategien können angewandt werden, um zu einem Energiesystem zu gelangen, das weit weniger CO_2-Ausstoß verursacht und das die Preis- und Versorgungsrisiken abbaut, die durch die Abhängigkeit von endlichen und geographisch ungleich verteilten Energierohstoffen gegeben sind? Ohne Anspruch auf Vollständigkeit können in einem ersten Ansatz die folgenden vier strategischen Ansätze benannt werden:

- Dekarbonisierung der Energiewirtschaft: verstärkte Nutzung erneuerbarer Energiequellen
- Energieeffizienz: Energieeinsparung durch Reduktion des Energieaufwands für die Erbringung nachgefragter Energiedienstleistungen
- Suffizienz: Energieeinsparung durch Reduktion der nachgefragten Energiedienstleistungen
- Regionalisierung: vorrangige Nutzung regionaler Energiequellen

Diese Ansätze sind jeweils mehr oder weniger auf das eine oder das andere Motiv für die Transformation des Energiesystems ausgerichtet und können recht unabhängig voneinander verfolgt werden. Die folgenden Abschnitte beleuchten die Strategien etwas genauer. Dabei soll auch begründet werden, warum der Autor zumindest für Deutschland die ersten beiden Strategien, die verstärkte Nutzung erneuerbarer Energiequellen und die Erhöhung der Energieeffizienz, für die zentralen Strategien hält, denen sich dann der Hauptteil dieses Buches widmet.

2.4.1 Dekarbonisierung durch die Nutzung erneuerbarer Energiequellen

Ein wirksamer Weg, die Emission klimarelevanter Gase, speziell von CO_2, zu reduzieren, ist die Dekarbonisierung der Energiewirtschaft, d. h. die Abkehr von der Nutzung kohlenstoffhaltiger Energieträger. Wird der Verbrauch von Kohle, Erdöl und Erdgas – möglichst in dieser Prioritätenfolge – reduziert und die Nutzung dieser Energieträger durch die Nutzung anderer, kohlenstofffreier (oder zumindest kohlenstoffneutraler) Energiequellen ersetzt, können die Treibhausgasemissionen wirksam reduziert werden.

Die Dekarbonisierung der Energiewirtschaft, die Reduktion der Kohlenstoffabhängigkeit der Energiegewinnung, ist bislang nur gering fortgeschritten. Der Anteil fossiler Energieträger am Primärenergieverbrauch ist mit 78 % sehr hoch. Allerdings sollte man unterscheiden zwischen den verschiedenen Bereichen der Energieversorgung. In der

Stromerzeugung z. B. wurden in den letzten zwei Jahrzehnten recht deutliche Fortschritte gemacht. Vor allem dank der politischen Förderung der erneuerbaren Energien durch das Erneuerbare-Energien-Gesetz (EEG) wird inzwischen etwa schon ein Viertel des Stroms nahezu kohlenstroffneutral aus erneuerbaren Quellen gewonnen. Dazu haben neben der traditionell bestehenden Wasserkraft an erster Stelle die Windkraft und in jeweils etwas geringerem Maße die Biomasse und die Photovoltaik beigetragen (Abbildung 4).

Bei der Wärmeversorgung gibt es ebenfalls durch den verstärkten Übergang von Ölheizungen zu Gasheizungen, durch den inzwischen wieder verstärkten Einsatz von Bioenergieträgern (Brennholz, Pellets), aber auch durch die zunehmende Installation von elektrischen Wärmepumpen eine Tendenz zur kohlenstoffärmeren Versorgung. Im Mobilitätssektor hingegen ist außer den erreichten Kraftstoffeinsparungen durch effizientere Motoren bislang keine spürbare Tendenz zur Reduktion kohlenstoffhaltiger Kraftstoffe zu beobachten.

Im Stromsektor wäre theoretisch eine Dekarbonisierung auch mit dem Ausbau der Atomenergie möglich. Atomkraftwerke emittieren im Betrieb praktisch kein CO_2, und auch unter Einbeziehung der Vorketten sind die Emissionen gering. Die Dekarbonisierung des Energiesektors sollte jedoch als ein Teilziel innerhalb des umfassenderen Ziels verstanden werden, die negativen Umweltauswirkungen des Energiesystems überhaupt zu minimieren. Da Kernkraft jedoch ebenfalls beträchtliche ökologische Belastungen mit sich bringt, und zwar sowohl durch die Strahlenbelastung durch den Uranabbau als auch durch die über viele Jahrtausende hinweg bestehende potenzielle Gefahr, die mit der Deponierung des radioaktiven Abfalls einhergeht, wird sie zumindest in Deutschland und in vielen anderen Ländern nicht als Technologie der Wahl angesehen. Es ist nicht im Sinne des übergeordneten Ziels der allgemeinen ökologischen Nachhaltigkeit, wenn die Dekarbonisierung auf Kosten anderer Umweltbelastungen vorangetrieben wird.

Außerdem ist nach einer im April 2014 erschienenen Studie eine regenerative Stromerzeugung in Europa heute schon preisgünstiger als eine nuklear basierte. Dies gelte sogar, wenn man die Kosten für Reservekraftwerke berücksichtige, die betriebsbereit gehalten werden müssten [33].

Die Dekarbonisierung des Energiesystems zielt unmittelbar auf die Reduktion seiner Umweltwirkungen. Der Terminus ist gerade so gewählt, darauf hinzudeuten. Gleichzeitig kann aber auch die Importabhängigkeit verringert und somit möglicherweise auch das Risiko von Versorgungsengpässen reduziert werden. Ob Letzteres wirklich der Fall ist, hängt vor allem davon ab, *welche* fossilen Energieträger weniger benötigt werden. Die Einschränkung des Ölbedarfs wäre besonders hilfreich, denn Erdöl wird nahezu vollständig aus dem Ausland eingeführt; eine Reduktion der Nutzung heimischer Braunkohle hingegen kann die gegenwärtige Verstrickung in Abhängigkeiten nicht reduzieren. Auch Kostenrisiken können reduziert werden, indem die Abhängigkeit von Energieträgern mit volatilen und tendenziell steigenden Preisen reduziert wird. Ob diese Potenziale auch wirklich realisiert werden, hängt allerdings davon ab, in welcher Weise nutzbare Energie stattdessen gewonnen wird.

Bruttostromerzeugung [TWh]												
	1990	1991	1992	1993	1994	1995	1996	1997	1998	1999	2000	2001
Wasserkraft	19,7	15,9	18,6	19	20,2	21,6	18,8	19	19	20,7	24,9	23,2
Windkraft	0	0,1	0,3	0,6	0,9	1,5	2	3	4,5	5,5	9,5	10,5
Biomasse	0	0,3	0,3	0,4	0,6	0,7	0,8	0,9	1,1	1,2	1,6	3,3
Hausmüll	0	1,2	1,3	1,3	1,3	1,3	1,3	1,4	1,6	1,7	1,8	1,9
Biomasse + Hausmüll	0	1,5	1,6	1,7	1,9	2	2,1	2,3	2,7	2,9	3,4	5,2
Photovoltaik	0	0	0	0	0	0	0	0	0	0	0	0,1
Bruttostrom-erzeugung	549,9	540,2	538,2	527,1	528,5	536,8	552,7	552,3	557,2	556,3	576,6	586,4
	2002	2003	2004	2005	2006	2007	2008	2009	2010	2011	2012	2013
Wasserkraft	23,7	17,7	20,1	19,6	20	21,2	20,4	19	21	17,7	21,8	20,5
Windkraft	15,8	18,7	25,5	27,2	30,7	39,7	40,6	38,6	37,8	48,9	50,7	53,4
Biomasse	4,5	6,6	8,2	11,1	14,8	19,8	23,1	26,3	29,6	32,8	39,7	42,6
Hausmüll	1,9	2,2	2,3	3,3	3,9	4,5	4,7	4,3	4,7	4,8	5	5,2
Biomasse + Hausmüll	6,4	8,8	10,5	14,4	18,7	24,3	27,8	30,6	34,3	37,6	44,7	47,8
Photovoltaik	0,2	0,3	0,6	1,3	2,2	3,1	4,4	6,6	11,7	19,6	26,4	30
Bruttostrom-erzeugung	586,7	608,8	617,5	622,6	639,6	640,6	640,7	595,6	633	613,1	629,8	633,6

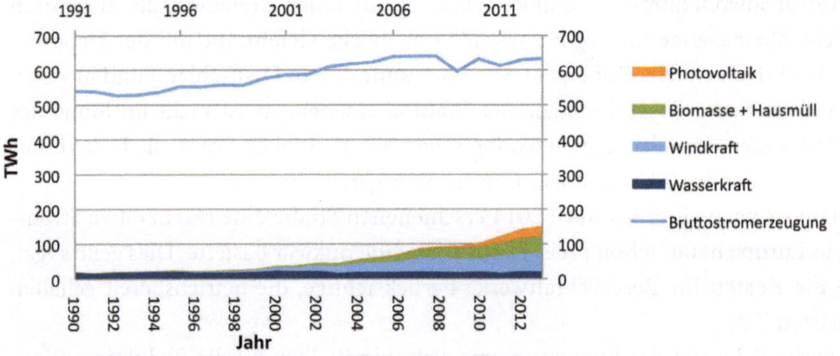

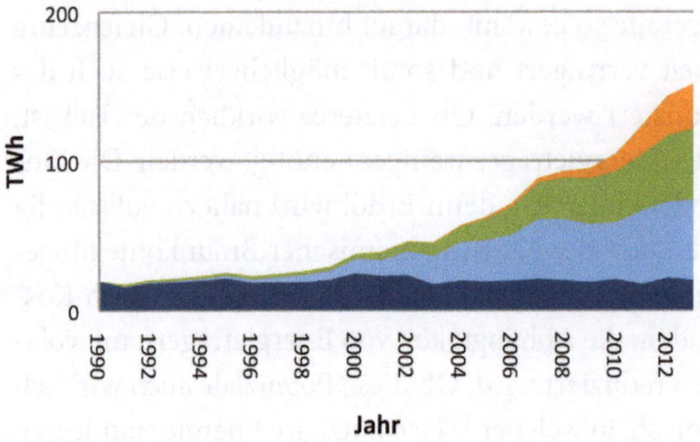

Abb. 4 Beitrag der erneuerbaren Energien zur Stromerzeugung in Deutschland (Daten: AGEB, Grafik: M. Günther)

2.4.2 Energieeffizienz

Die Strategie der Dekarbonisierung läuft darauf hinaus, den Energieaufwand, mit dem eine Gesellschaft ihre Lebensprozesse aufrechterhält, in einer ökologisch verträglicheren Weise zu erbringen. Die Strategie der Effizienzsteigerung hingegen hat das primäre Ziel, den Energieaufwand zu *reduzieren*, mit dem die Energiedienstleistungen erbracht werden. Im Gegensatz zur nachfolgend diskutierten Suffizienzstrategie geht es also nicht darum, auf Energiedienstleistungen zu verzichten, um den Energieaufwand zu reduzieren. Vielmehr sollen gewünschte Dienstleistungen mit einem geringeren Energieaufwand erbracht werden. Die Energieeffizienz einer Energieversorgungslösung bemisst sich daran, wie viel Energie aufgewandt werden muss, um eine spezifische Energiedienstleistung zu erbringen.

Der offensichtliche Reiz der Effizienzstrategie liegt darin, ohne Verzicht auf Dienstleistungen alle drei genannten Motive des Umbaus des Energiesystems gleichzeitig bedienen zu können. Denn Energie, die nicht aufgewandt werden muss, kann weder zum CO_2-Ausstoß beitragen noch ein Kostenrisiko in sich bergen noch in der Gefahr stehen, in einem Versorgungsengpass nicht geliefert werden zu können.

Effizienz ist ein Ziel jeder beliebigen wirtschaftlichen Aktivität, nicht nur der Energieversorgung. Es ist ein dem Wirtschaften inhärentes Grundprinzip, ein gewünschtes Ergebnis mit möglichst geringem Aufwand zu erreichen. Mit gutem Grund kann man es sogar als *das* Prinzip des Wirtschaftens überhaupt bezeichnen. Das Streben nach Effizienz ist also kein Spezifikum des Energiesektors. Im Energiesektor dient aber die Effizienzstrategie nicht nur der Wirtschaftlichkeit, sondern auch der ökologischen Verträglichkeit und der Versorgungssicherheit. Denn geringere Primär- und Endenergieverbräuche bedeuten auch geringere negative ökologische Begleiterscheinungen (vor allem, wenn die verringerten Primärenergieverbräuche fossile oder nukleare Energieträger betreffen) und eine geringere Anfälligkeit bei Versorgungsengpässen.

Anstrengungen zur Verbesserung der Effizienz können an verschiedenen Stellen im Energiesystem ansetzen. So kann der Schritt von der Primärenergie zur Endenergie mehr oder weniger effizient gestaltet werden (Wandlungseffizienz, Transporteffizienz, möglicherweise Speichereffizienz) ebenso wie der Einsatz von Endenergie zur Erzielung des jeweils gewünschten Nutzens, d. h. zur Realisierung der gewünschten Energiedienstleistung (Nutzungseffizienz).

Ein Bespiel zur Erhöhung der Wandlungseffizienz ist die Entwicklung der Gas-und-Dampf-Kraftwerke, die 60 % der im Gas gebundenen und bei der Verbrennung freisetzbaren chemischen Energie in Strom wandeln. Sie wandeln die eingesetzte Primärenergie wesentlich effizienter in die gewünschte Endenergie, den Strom, als Gasturbinen-Kraftwerke, die einen Wirkungsgrad von nur knapp 40 % aufweisen. Ein anderes Beispiel ist die Kraft-Wärme-Kopplung, bei der die in der Stromerzeugung anfallende Abwärme nicht ungenutzt in die Umwelt entlassen wird, sondern bspw. für Heizzwecke genutzt wird, wodurch ein wesentlich größerer Teil der in den Brennstoffen gebundenen chemischen Energie genutzt werden kann.

Ein Beispiel zur Erhöhung der Nutzungseffizienz ist der Einsatz eines leichteren kleineren Autos, mit dem viele Wege ohne nennenswerte Komforteinschränkung erledigt werden können, das aber weniger Kraftstoff verbraucht als ein großer, schwerer Wagen. Ein weiteres Beispiel ist der Umstieg von einem mit Verbrennungsmotor angetriebenen Fahrzeug auf ein Elektrofahrzeug. Ein Elektrofahrzeug kann mit wesentlich weniger Endenergie bewegt werden als ein Fahrzeug mit Verbrennungsmotor. Und schließlich ist auch die Nutzung von Solarkollektoren auf Gebäuden ein Beispiel für die Erhöhung der Nutzungseffizienz. Ersetzen die Solarkollektoren eine brennstoffbasierte Wärmeversorgung, dann sorgen sie dafür, dass weit weniger Endenergie zur Bereitstellung von Raumwärme und Warmwasser benötigt wird. Die thermische Energie selbst muss dann nicht mehr vom Energiesystem bereitgestellt werden. Einzig die Pumpen müssen mit sehr geringem Energieaufwand betrieben werden, um das Wärmeträgerfluid umzuwälzen.

Wandlungseffizienz, Transporteffizienz, Speichereffizienz und Nutzungseffizienz gemeinsam ergeben die Gesamteffizienz. Die Gesamteffizienz ist ein wichtigerer Parameter als Wandlungseffizienz oder Nutzungseffizienz allein. Die Gesamteffizienz bemisst sich daran, wie viel Primärenergie zur Verrichtung nachgefragter Energiedienstleistungen aufgebracht werden muss. Beispielsweise ist die Benutzung eines Elektrofahrzeugs, das die Endenergie sehr effizient in die mechanische Energie des Fahrzeugs umwandelt, nicht wirklich energieeffizient, wenn der Strom in sehr ineffizient arbeitenden Kraftwerken gewonnen wird. Ebenso ist eine Beleuchtung nicht energieeffizient, wenn der genutzte Strom zwar sehr effizient etwa in GuD-Kraftwerken erzeugt wird, die Beleuchtung dann aber über äußerst ineffizient arbeitende Glühbirnen realisiert wird. Effizient ist Energienutzung nur dann, wenn sowohl die Wandlung der Primärenergie in die an den Verbraucher übergebenen Endenergie effizient geschieht als auch die Ausnutzung der Endenergie für die Erzielung der nachgefragten Energiedienstleistungen.

Effizienz ist ebenso für das konventionelle nuklear/fossil basierte Energiesystem wie für ein regenerativ basiertes System wichtig. In beiden Fällen dient sie der Senkung von Kosten, der Erhöhung der Versorgungssicherheit und der Reduktion negativer Umweltauswirkungen. Es gibt zwar Unterschiede, die daher rühren, dass die Rohenergie[10] im konventionellen Energiesystem – Erdöl, Erdgas, Kohle, Uran – im Allgemeinen kostenträchtig sind, während der Rohenergie im regenerativen Energiesystem in vielen Fällen – Solarstrahlung, Wind, Erdwärme – kein kommerzieller Wert zugeordnet werden kann.[11] Doch Effizienz wird auch im regenerativen Energiesystem eine wichtige Rolle spielen.

2.4.3 Suffizienz

Ebenso wie die Effizienzstrategie hat die Suffizienzstrategie – die „Genügsamkeitsstrategie" – den Zweck, den Energieaufwand einer Gesellschaft zu reduzieren. Während jedoch die

[10] Zum Begriff der Rohenergie (in Abgrenzung vom Primärenergiebegriff) siehe Abschnitt 3.2.

[11] Eine wichtige Ausnahme stellt die energetische Biomassenutzung dar.

Effizienzstrategie am Energieaufwand angreift, der nötig ist, um einen gegebenen Nutzen zu erreichen, setzt die Suffizienzstrategie am zu erzielenden Nutzen an. Die Effizienzstrategie nimmt die nachgefragten Energiedienstleistungen als gegeben an und zielt darauf ab, diese mit möglichst geringem Primärenergieaufwand zu befriedigen. Die Suffizienzstrategie hingegen zielt darauf ab, die nachgefragten Energiedienstleistungen selbst zu reduzieren.

Analog der Effizienzstrategie ist die Suffizienzstrategie gleichzeitig dazu geeignet, auf allen drei genannten Problemfeldern der gegenwärtigen Energieversorgung gleichzeitig wirksam zu sein. Denn wiederum gilt: Energie, die nicht nachgefragt wird, braucht nicht bereitgestellt zu werden. Und Energie, die nicht bereitgestellt werden muss, kann nicht zum CO_2-Ausstoß beitragen, trägt kein Kostenrisiko in sich und steht nicht in der Gefahr, in einem Versorgungsengpass nicht geliefert werden zu können. Weniger Energie zu verbrauchen bedeutet, Druck vom Markt und von den Ressourcen zu nehmen, was Kostenstabilität und Versorgungssicherheit erhöht. Und weniger Verbrauch bedeutet weniger Umweltauswirkungen.

Ein wichtiger Unterschied zur Effizienzstrategie ist, dass die Suffizienzstrategie ganz wesentlich auf eine Veränderung von Lebensstilen abzielt. Energie ist eine Grundlage der Handlungsfähigkeit von Individuen und Gesellschaften. Die Absenkung der Nachfrage nach Energiedienstleistungen ist daher prinzipiell korreliert mit der Begrenzung des Aktionsradius von Individuen und Gesellschaften.

2.4.4 Regionalisierung

Die Strategie der verstärkten Nutzung einheimischer Ressourcen kann dazu beitragen, die Versorgungssicherheit zu erhöhen. Eine geringere Abhängigkeit von Außenhandelspartnern kann Risikofaktoren reduzieren. Länder können eine spürbare Reduktion ihrer Importabhängigkeit erreichen oder sogar den Zustand nationaler Energieautarkie. Allerdings gibt es auch eine ganze Reihe von Ländern, bei denen eine vollständige Eigenversorgung kaum mit sinnvollem Aufwand zu stemmen ist. Spricht man von Regionalisierung, so muss dies natürlich nicht notwendigerweise im Sinne von Nationalisierung verstanden werden. Nach einem allgemeineren Verständnis findet Regionalisierung auch dann statt, wenn geographisch *naheliegende* Energiequellen bevorzugt werden, die dann aber auch z. B. in einem Nachbarland liegen können.

Außenpolitisch können Regionalisierungsstrategien zu weniger Abhängigkeiten und somit größerer Souveränität führen. Volkswirtschaftlich können Importquoten reduziert und die interne Wertschöpfung erhöht werden. Außerdem kann die Reduktion der Importabhängigkeit auch ein Weg sein, Preise zu stabilisieren, denn zumindest das Wechselkursrisiko wird geringer. Auf der anderen Seite müssen Regionalisierungstendenzen auch immer daraufhin getestet werden, ob sie die wirtschaftlichen Effizienzeffekte internationaler Zusammenarbeit nicht unterminieren.

2.4.5 Die besondere Bedeutung der erneuerbaren Energien und der Energieeffizienz

Vier Strategien wurden angesprochen, die bei der Umgestaltung des Energiesystems im Sinne einer umweltschonenden, zuverlässigen und bezahlbaren zukünftigen Energieversorgung eine Rolle spielen können. Nun soll begründet werden, warum der Dekarbonisierung des Energiesektors durch die verstärkte Nutzung erneuerbarer Energiequellen und der Erhöhung der Energieeffizienz eine gewisse Priorität gegenüber den anderen beiden zugesprochen werden sollte.

Die Suffizienzstrategie kann nur dann Erfolg haben, wenn eine Änderung von Lebensstilen und Wertvorstellungen erreicht wird. Sie zielt auf eine Abkehr von Konsum- und Mobilitätsorientierung ab. Eine solche Abkehr wäre nichts weniger als eine einschneidende kulturelle Umorientierung für einen großen Teil der Menschen. Politisch ist die Suffizienzstrategie nur sehr eingeschränkt dirigierbar. Konsumverzicht kann in einem freiheitlich und demokratisch verfassten Land nicht verordnet werden. Die Durchsetzung der Suffizienz als handlungsleitende Maxime kann nicht per Dekret geschehen, sondern sie müsste von einer hinreichend großen Anzahl von Menschen freiwillig akzeptiert werden. Vor allem müssten es wirklich viele sein. Denn die Strategie ist nur dann wirksam im Sinne einer spürbaren Reduktion des Energieverbrauchs, wenn der Suffizienzgedanke das Handeln eines hinreichend großen Teils der Gesellschaft mitbestimmt.

Es gibt viele stichhaltige Argumente für die Sinnhaftigkeit einer gewissen Suffizienzorientierung. Dazu gehört die individualpsychologische Einsicht, dass die Zufriedenheit ab einem bestimmten Niveau materieller Absicherung durch weiteren Zugewinn nicht mehr gesteigert wird, ebenso wie die Erfahrung, dass eine übermäßige Orientierung an monetärem Gewinn und materieller Umsatzsteigerung eher als Stressfaktoren wahrgenommen werden denn als Zugewinn an Lebensqualität. Und dazu gehört vor allem auch die globalökonomische Einsicht, dass extensives Wachstum nicht uneingeschränkt weiter als Leitlinie der wirtschaftlichen Entwicklung angesehen werden kann.

Es ist aufgrund dieser Argumente eine wichtige Aufgabe, entsprechende in die Gesellschaft hineinwirkende Bildungsangebote zu verfolgen, die den Kulturwandel weg von der einseitigen Konsum- und Wachstumsideologie hin zu einer Nachhaltigkeitsorientierung befördern. Zumindest in den Industrieländern zeigen sich insbesondere seit den 70er Jahren des letzten Jahrhunderts auch schon Tendenzen eines solchen Kulturwandels [40, Kapitel 2]. Diese Tendenzen haben allerdings bislang noch nicht in allen soziokulturellen Umgebungen Fuß gefasst. Bei aller Plausibilität der genannten Argumente für eine gewisse Suffizienzorientierung ist nicht zu vergessen, dass selbst eine Einsicht in ihre Plausibilität nicht notwendigerweise zu einer lebenspraktischen Suffizienzorientierung führt. Es kommt immer noch darauf an, wie stark die Argumente motivational wirken und wie stark die Motive *gegen* einen hohen persönlichen Energieumsatz in Relation zu den Motiven *für* einen gesteigerten Energiekonsum sind. Möglicherweise findet es jemand vernünftig, seinen Konsum etwa um der Nachhaltigkeit willen einzuschränken, weitet ihn aber bspw. aufgrund sozialen Drucks oder vor dem Hintergrund einer hedonistischen Erlebniskultur doch eher noch aus. Schließlich bucht er doch den nächsten Interkontinentalflug, um seinen Erfahrungshorizont zu erweitern. Selbst wenn also z. B. durch gezielte Bildungsprogramme die Sinnhaftigkeit eines an Nachhaltigkeit orientierten Lebensstils in weiten Teilen der Gesellschaft verstanden wird, ist damit noch nicht sichergestellt, dass diese Einsicht im Handeln effektiv wird. Insbesondere die Dringlichkeit der bedrohlicher werdenden Klimawandel-Problematik verlangt aber nach Maßnahmen, deren rasche Effektivität gesichert ist. Die Effektivität der Suffizienzstrategie im Sinne eines geförderten Kulturwandels ist sehr unsicher.

Noch größere Zweifel an der Effektivität der Suffizienzstrategie erwachsen, analysiert man ihre Erfolgsaussichten in Entwicklungs- und Schwellenländern. Dort zeigen die Menschen oftmals eine ausgeprägtere Konsumorientierung als die Menschen in Ländern, die auf eine längere Wohlstandsgeschichte zurückblicken. Eine Orientierung zum Konsumverzicht um der Nachhaltigkeit willen ist nicht absehbar bei Menschen, die sich gerade erst den Zugang zu bislang unerreichbaren Konsumgütern erkämpft haben oder gar noch um einen solchen Zugang ringen. Außerdem betrachten sich die Menschen in Entwicklungs- und Schwellenländern kaum als Verursacher der globalen Klimaveränderungen. Es ist nicht zu erwarten, dass sie sich als erste in der Verantwortung sehen, wenn es darum geht, klimaverträgliche Handlungsmuster zu etablieren, die sie als Verzicht empfinden. Vielmehr mag ihnen der Verweis auf die besondere Verantwortung der entwickelten Länder naheliegen, deren Treibhausgasemissionen weit höher liegen und deren Wohlstand in der Vergangenheit viel stärker zu der gegenwärtigen Bedrohung beigetragen hat. Vor allem kann aus der Perspektive der Industrieländer, in denen das Suffizienzthema in öffentlichen Debatten immer wieder mitschwingt, ein Konsumverzicht schon gar nicht sinnvoll an Entwicklungs- und Schwellenländer adressiert werden.

Außer der Durchsetzung der Suffizienzorientierung aus Einsicht heraus, sozusagen von *unten*, gibt es noch die Möglichkeit, sie durch die fiskalische Belastung von Konsum, insbesondere des Energieverbrauchs, von *oben* durchzusetzen. Doch sind erfahrungsgemäß in einer Demokratie den zumeist unpopulären Abgabenerhöhungen enge Grenzen gesetzt. Und in der Tat ist es nicht einfach, Maßnahmen dieser Art in sozial ausgewogener Art und Weise zu etablieren. Auch die so genannte Ökosteuer, die in Deutschland 1999 erstmals erhoben und in den nachfolgenden Jahren schrittweise weiterentwickelt wurde, wurde eher zaghaft eingeführt. Die Lenkungswirkung war jedenfalls so gering, dass ein weiteres Wachstum des Energieverbrauchs dadurch nicht verhindert wurde. Die im Jahr 1998 von den Grünen vorgebrachte Idee, den Benzinpreis durch Steuermaßnahmen über einen Zeitraum von 10 Jahren auf 5 Mark pro Liter zu verdreifachen, vergrätzte die Wähler und wurde daher schnell wieder aufgegeben. Die schließlich realisierten Neubesteuerungen fielen gegenüber diesem radikalen Vorschlag weit zurück. Sie taten den Verbrauchern nicht weh, hatten damit keine größeren Verluste an Wählerstimmen zufolge, büßten aber auch die beabsichtigte Lenkungswirkung weitgehend ein.

Eine Suffizienzorientierung ist in den Industrienationen allemal vernünftig. Die Idee des Wachstums kann nicht mehr in gleicher Weise wie früher eine der politischen Leitideen schlechthin sein. Eine zunehmende allgemein verbreitete Suffizienzkultur kann in die Politik hineinwirken und zur Komponente eines auf Nachhaltigkeit orientierten politischen Handelns werden. Es wäre jedoch verfehlt, primär auf eine *Strategie* der Suffizienz zu setzen, um die genannten drei Problemfelder der Energieversorgung zu bearbeiten. Denn Suffizienz lässt sich nicht verordnen. Von der Suffizienzstrategie allein ist keine Lösung der realen und potenziellen Probleme der Energieversorgung zu erwarten.

Auf einem anderen Blatt steht, dass die Konsumneigung bei knapper werdenden Ressourcen von selbst zumindest punktuell nachlässt, da die Kosten für den weiteren Ressourcenverbrauch in die Höhe schnellen und die Preise zunehmend als zu hoch empfunden werden. Dass in Deutschland die heutige junge Generation weniger Auto fährt als frühere Generationen liegt auch daran, dass die Kosten der motorisierten Individualmobilität überdurchschnittlich gewachsen sind. Hinzu kommt, dass das Auto schon lange zu einem etablierten Gebrauchsgegenstand geworden ist und nicht mehr den gleichen Stellenwert als Statussymbol hat, wie dies für weite Teile der Bevölkerung früher der Fall war. Es spricht viel dafür, dass die Welt letztlich auf eine erzwungene Suffizienz durch Kostensteigerung zusteuert. Ein politisches Ziel kann dies jedoch kaum sein. Politisches Ziel muss es vielmehr sein, durch technologischen Wandel Kostenzwängen zu entgehen und Gestaltungsspielräume offen zu halten.

Regionalisierung kann als Strategie zur Preisstabilisierung und zur Versorgungssicherheit verfolgt werden, wenn es regionale Energiequellen gibt, die günstig, zuverlässig und in ausreichender Menge zur Verfügung stehen. Im nationalen Sinne kann ein starker Begriff von Regionalisierung bedeuten, dass ein Land nach Energieautarkie strebt. Viele Länder könnten eine solche Autarkie unter vertretbarem wirtschaftlichem Aufwand erreichen, aber sicher nicht alle. Universell anwendbar ist die Strategie also nicht. In einem allgemeineren Sinne kann Regionalisierung auch als Streben nach möglichst verbrauchernaher Energiegewinnung interpretiert werden. In diesem Sinne wäre es z. B. im Interesse der Regionalisierung, die Windkraft in Deutschland möglichst gleichmäßig über das Land zu verteilen und nicht die Windstromerzeugung im windreichen Norden zu konzentrieren und anschließend über teils lange Transportwege zu den Verbraucherzentren zu bringen. Regionalisierung kann auch den Einschluss von Energiequellen beinhalten, die außerhalb des Staatsgebiets, aber eben in relativer Nähe liegen. Regionalisierung meint vor allem eine tendenziell verteilte und jeweils möglichst verbrauchernahe Energiebereitstellung und steht im Gegensatz zu einer zentralistischen Struktur, bei der große Erzeugungskonglomerate weitreichende Versorgungsaufgaben übernehmen.

Regionalisierung kann eine Erhöhung der Versorgungssicherheit bedeuten, indem Handelsabhängigkeiten reduziert werden. Außerdem können Importkosten vermieden werden ebenso wie Preisrisiken, z. B. durch die Vermeidung von Wechselkursrisiken. Ob diese Potenziale jedoch wirklich gehoben werden können, hängt maßgeblich davon ab, welche regionalen Ressourcen vorhanden sind und mit welchen Kosten sie genutzt werden können. Nicht in jedem Falle wird eine Regionalisierung in einem umfassenden Sinne möglich sein.

Für Deutschland haben Errechnungen ergeben, dass eine nationale Energieautarkie zwar möglich ist, dass sie aber eine große Herausforderung darstellen würde. Möglich wäre sie unter vertretbarem finanziellem Aufwand nur, wenn enorme Effizienzanstrengungen unternommen würden, so dass der Endenergiebedarf etwa halbiert würde. Hinzu kämen umfangreiche technologische Umwälzungen. Z. B. müsste der allergrößte Teil des Mobilitätsaufkommens elektrisch bewältigt werden. Im Stromnetz wäre mit einem hohen Investitionsaufwand etwa für Speichersysteme zu rechnen [9]. Eine Grundvoraussetzung einer nationalen Eigenversorgung wäre die weitgehende Elektrifizierung des gesamten Energiesystems. In den Sektoren, die weiterhin auf die Verwendung von Brennstoffen angewiesen sind, insbesondere Teile des Schwerlastverkehrs und vor allem Schiffs- und Flugverkehr, ist die Versorgung aus einheimischen Mitteln eine besonders große Herausforderung. Entsprechende fossile Brennstoffe sind nicht ausreichend vorhanden, energetisch verwertbare Biomasse ist ebenfalls nur in einem sehr begrenzten Umfang nachhaltig zu gewinnen und andere Bereitstellungswege von synthetischen Brennstoffen sind apparativ sehr aufwändig, technisch teilweise noch nicht ausgereift und haben eine sehr begrenzte energetische Effizienz. Unter den Gesichtspunkten der Versorgungssicherheit und der Kosten- und Preisstabilität ist eine radikale Regionalisierung im Sinne der nationalen Autarkie daher nicht unbedingt eine bevorzugte Option für Deutschland. Dies gilt umso mehr, als es innerhalb Europas weitgehend stabile politische Verhältnisse gibt, die einen verlässlichen wirtschaftlichen Austausch begünstigen. Der Abbau von Handelsbeschränkungen und die Verfügbarkeit der Einheitswährung des Euro sind ebenfalls begünstigende Umstände für internationale Energiekooperationen. Doch auch über den Euroraum hinausgehend können stabile Energiepartnerschaften zum beiderseitigen Nutzen gepflegt werden. Unter dem Gesichtspunkt der Versorgungs- und Preisstabilität ist eine Regionalisierung im radikalen Sinne einer nationalen Energieautarkie für Deutschland keine sinnvolle Strategie. Es gibt keine starken Gründe dafür, die wirtschaftlichen Effizienzpotenziale internationaler Handelsbeziehungen zugunsten einer nationalprotektionistischen Strategie ungenutzt zu lassen.

Da Deutschland relativ wenig fossile Energierohstoffe zur Verfügung hat, würde eine Regionalisierungsstrategie automatisch einen Ausbau der Nutzung erneuerbarer Energiequellen bedeuten. Allerdings hindert der Ausbau internationaler Energiepartnerschaften nicht am gleichzeitigen Ausbau der Nutzung erneuerbarer Energiequellen. Die Tatsache, international vernetzt zu sein, ist zunächst technologieneutral. Insbesondere kann eine Vernetzung auch derart gestaltet werden, dass vorrangig Energie aus erneuerbaren Quellen importiert wird. In diese Richtung gehen etwa die Überlegungen, einen Verbund mit Norwegen anzustreben, um zusätzlich Wasserkraft verfügbar zu machen, oder mit dem Mittelmeerraum, um dort erzeugten Solarstrom auch zur Deckung des europäischen Strombedarfs zu nutzen.

Volkswirtschaftlich kann die Regionalisierungsstrategie sinnvoll sein, um Kaufkraft im Land zu halten, die Importquote zu reduzieren und Arbeitsvolumen im Land zu generieren. Entgegen steht das allgemeine wirtschaftsliberale Argument, der Austausch von Waren und Dienstleistungen über Grenzen hinweg erlaube, wirtschaftliche Effizienzpotenziale zu heben. Denn die Wertschöpfung könne jeweils dort geschehen, wo sie am effizientesten möglich ist. Ob die regionale oder die liberale Strategie volkswirtschaftlich letztlich fruchtbarer ist, hängt von vielen Parametern ab. Eine allgemeine Antwort kann auf diese Frage nicht gegeben werden. In Bezug auf die volkswirtschaftliche Verfassung Deutschlands, das schon jahrelang eine der höchsten Exportüberschüsse in der Welt aufweist, scheint das Ziel einer niedrigeren Importquote makroökonomisch kaum sinnvoll zu sein. Deutschland hat effiziente Wirtschaftsstrukturen und bietet Hochtechnologieprodukte auf dem Weltmarkt an, d. h. es hat offensichtlich die Fähigkeit, importierte Energie u. a. in begehrte Produkte zu veredeln, so dass die Importausgaben und die damit gegebene Nutzung von Kostenvorteilen volkswirtschaftlich gerechtfertigt erscheint. Auch die Arbeitslosigkeit ist inzwischen kaum noch ein strukturelles Problem. Aus deutscher Perspektive gibt es somit kaum volkswirtschaftlich plausible Gründe dafür, die möglichen ökonomischen Effizienzgewinne internationaler Arbeitsteilung einer Regionalisierungsstrategie zu opfern. Sollten nationalprotektionistische Wirtschaftsstrategien im größeren Rahmen wieder verfolgt werden, wäre Deutschland als eines der Länder mit dem größten Exportüberschuss einer der Hauptleidtragenden.

In Deutschland ist das Thema der Regionalisierung recht stark politisiert, da es mit dem Thema der Dezentralität zusammenhängt und Dezentralisierung vor allem als Mittel angesehen wurde, oligopolistische Strukturen in der Energieversorgung aufzubrechen. Wie in jedem Wirtschaftszweig ist es auch in der Energiewirtschaft ein berechtigtes und wichtiges Ziel, Machtkonzentrationen zu vermeiden. Hinzu kommt, dass den großen Energieversorgern lange Zeit zugeschrieben wurde, den Ausbau der erneuerbaren Energien um der Zementierung ihrer Marktstellung willen bremsen zu wollen. Die strategische Entscheidung zwischen einer eher zentralistisch geführten Energieversorgung durch die großen Versorger und einer dezentralen, regional orientierten Energieversorgung wurde daher oftmals im direkten Zusammenhang gesehen mit der Entscheidung zwischen einem fossil/nuklear basierten Energiesystem und einem regenerativ basierten. Dieser Zusammenhang ist heute, da auch die großen Energieversorger die wirtschaftlichen Chancen nutzen wollen, die sich mit dem Ausbau erneuerbarer Energien verbinden, jedoch weit weniger offensichtlich als noch vor Jahren.

Ein wichtiger Gesichtspunkt der Regionalisierungsstrategie – jenseits der volkswirtschaftlichen Diskussion – sind außenpolitische Machtkonstellationen. Internationale Handelsverflechtungen sind wünschenswert und können einen stabilisierenden Effekt haben; doch starke Abhängigkeiten bergen Gefahren in sich und sind daher zumeist nicht gewollt. Es wird eine Aufgabe sein, die bestehenden starken Abhängigkeiten in der Energieversorgung zu reduzieren. Es ist aber eine offene Frage, ob dabei eine zunehmende Regionalisierung oder aber eine Diversifizierung der Bezugsquellen – ohne besondere Berücksichtigung geographischer Nähe – im Vordergrund steht.

Vielversprechende Strategien zur Erreichung der drei Ziele Versorgungssicherheit, Preisstabilität und ökologische Nachhaltigkeit in der Energieversorgung sind vor allem die beiden erstgenannten Strategien, die Strategie der Dekarbonisierung durch Ausbau der Nutzung erneuerbarer Energiequellen und die Strategie der Effizienzsteigerung. Die beiden anderen benannten Strategien sind entweder politisch schwer umsetzbar (Suffizienzstrategie) oder von nur untergeordneter Bedeutung bzw. je nach Interpretation und

Land sogar fragwürdig (Regionalisierungsstrategie). Bevor die Synergieeffekte zwischen der Nutzung erneuerbarer Energiequellen und der Erhöhung der Energieeffizienz diskutiert werden, sollen in den nächsten zwei Kapiteln die beiden grundlegenden Begriffe *Energieeffizienz* und *erneuerbare Energien* näher beleuchtet werden.

Energieeffizienz

3

In der allgemeinsten Lesart bezieht sich der Effizienzbegriff auf das Verhältnis eines Aufwands zu dem mit diesem Aufwand erreichten Nutzen. Effizientes Arbeiten im allgemeinen Sinne heißt, ein Arbeitsergebnis mit geringem Zeit-, Personal- oder Kapitalaufwand zu erbringen. Energieeffizienz bedeutet, eine Energiedienstleistung mit geringem energetischem Aufwand bereitzustellen. Insofern eine Quantifizierung möglich ist, ist das Verhältnis Energieertrag/aufgewandte Energie die Maßzahl für die Effizienz: Je größer der Wert, desto höher die Effizienz.

3.1 Spielarten der Energieeffizienz

Im Energieversorgungssystem wird Energie gewonnen, gewandelt, an Verbraucher übergeben und zum Erbringen von Energiedienstleistungen eingesetzt. Es hat sich durchgesetzt, die Energiemengen, die in dieser Prozesskette verarbeitet werden, in folgender Weise zu gliedern: Aus Primärenergie wird Endenergie gewonnen, die an den Verbraucher übergeben wird und mit deren Einsatz der Verbraucher den angestrebten Nutzen erreicht. Und die aus der Endenergie gewonnene Energie, womit der Verbraucher die Energiedienstleitung unmittelbar realisiert, wird Nutzenergie genannt. Am Beispiel der Prozesskette vom Energieträger Erdgas bis zur Energiedienstleistung elektrischer Beleuchtung: Die Primärenergie ist die chemische Energie des Gases, das aus dem Untergrund gewonnen und an das Kraftwerk geliefert wird; die Endenergie ist der Strom, der an den Kunden übergeben wird und die Nutzenergie ist die in der Strahlung des sichtbaren Lichts enthaltene Energie, das von den elektrischen Lampen emittiert wird. Die einzelnen Schritte in der Kette von der Primärenergie bis zur bezweckten Energiedienstleistung ebenso wie die Gesamtkette können mehr oder weniger effizient sein. Wir unterscheiden zwischen Wandlungseffizienz, Nutzungseffizienz und Gesamteffizienz.

3.1.1 Wandlungseffizienz

Bei der Wandlung von Primärenergie in Sekundärenergieformen fallen in der Regel Verluste durch Energiewandlungsprozesse an. Wird z. B. in einem Gaskraftwerk die im Erdgas gebundene chemische Energie in elektrische Energie gewandelt, dann geht in der entsprechenden Wandlungskette Energie verloren. Sie geht natürlich nicht im physikalischen Sinne verloren, da die Energie selbst stets erhalten bleibt. Sie geht im *energiewirtschaftlichen* Sinne verloren, indem aus einer bestimmten mit dem Gas an das Kraftwerk gelieferten wirtschaftlich verfügbaren Energiemenge nur eine geringere Menge an nutzbarer elektrischer Energie generiert wird. Die Differenz geht verloren als Energie, die in der Umwelt dissipiert wird. Im Gaskraftwerk wird die chemische Energie des Erdgases durch Verbrennung in thermische Energie umgewandelt. Diese wird in der Turbine in mechanische Energie gewandelt, die schließlich im Generator in elektrische Energie gewandelt wird. Energieverluste in dieser Wandlungskette treten hauptsächlich dadurch auf, dass aus allgemeinen physikalischen Gründen die thermische Energie nur zu einem gewissen Teil in mechanische Energie gewandelt werden kann. Weitere Verluste sind z. B. einem begrenzten Turbinenwirkungsgrad oder einem begrenzten Generatorwirkungsgrad geschuldet. Im Hinblick auf diese Verluste spricht man von Wandlungsverlusten; und im Hinblick auf die Effizienz der Wandlung von Primärenergie in Sekundärenergieformen von Wandlungseffizienz.

Zur Wandlungseffizienz kann auch die Effizienz bei Transport der Energie und ihrer Verteilung hinzugezählt werden. Allerdings ist der Effizienzbegriff im engeren Sinne hier nicht immer anwendbar. Wie jeder Transport bedarf auch der Energietransport des Einsatzes von Energie. Strom wird über Leitungen transportiert, Gas wird durch Rohrsysteme geleitet etc. Von Energieverlusten im engeren Sinne ist aber nur zu sprechen, wenn dabei von der transportierten Energie selbst ein Teil verloren geht. Dies ist nicht immer der Fall. Beim Transport von Strom geht ein Teil verloren. Es gibt Transportverluste; insofern könnte man in diesem Fall den Begriff der Transporteffizienz anwenden. Bei Transport und Verteilung von Brennstoffen hingegen, wie zum Beispiel Kohle, wird jedoch Energie eingesetzt, die nicht aus der transportierten Kohle selbst stammt. In diesem Fall lässt sich nicht von Transporteffizienz sprechen. Vielmehr wird ein energetischer Bereitstellungsaufwand betrieben. Letzterer fällt nicht nur beim Transport der Kohle an, sondern auch bei der ursprünglichen Gewinnung des Energieträgers im Tagebau oder im Schacht.

Von Wandlungseffizienz spricht man zumeist im Hinblick auf die Wandlungskette von der Primärenergie bis zur Endenergie. Quantifiziert werden kann sie somit als das Verhältnis der Endenergie zu der ihr zugrunde liegenden Primärenergie.

3.1.2 Nutzungseffizienz

Ein intendierter Nutzen kann mit einem größeren oder einem kleineren Endenergieaufwand erzielt werden. So kann der Einsatz von Energiesparlampen oder LEDs statt

Glühbirnen den Endenergieeinsatz für die Beleuchtung stark verringern. Eine zweckmäßige Gestaltung von Fensterflächen kann den Energieeinsatz zur Beleuchtung etwa eines Büros ebenfalls verringern. Im Hinblick auf die Menge an Endenergie, die ein Verbraucher aufwendet, um einen bestimmten Nutzen zu erzielen, spricht man von Nutzungseffizienz. Die Nutzungseffizienz kann in zwei Hinsichten verringert werden, durch Reduktion von Wandlungsverlusten (a) oder durch Ersetzung energiewirtschaftlich bereitgestellter Energie durch gegebene Umweltenergie (b):

a) Im genannten Beispiel der Beleuchtung kann die Endenergie, der Strom, in verschieden effizienter Weise dazu beitragen, die Energiedienstleistung, die ausreichende Beleuchtung des Büros, zu erbringen. Werden einfache Glühbirnen benutzt, dann werden nur etwa 5 % der aufgewandten elektrischen Energie als Strahlung im sichtbaren Bereich emittiert. Der Rest wird als Wärmestrahlung abgegeben, die zumeist keine Energiedienstleistung erfüllt und somit verlorengeht. Werden hingegen Energiesparlampen oder gar LEDs genutzt, die einen wesentlich höheren Wirkungsgrad haben, dann werden die Wandlungsverluste stark reduziert. Es muss wesentlich weniger elektrische Energie eingesetzt werden, um eine Beleuchtung der gleichen Qualität bereitzustellen.
b) Eine Energiedienstleistung kann auch teilweise durch die Nutzung von Energie erbracht werden, die nicht vom Energiesystem im engeren Sinne bereitgestellt wird, sondern als Umweltenergie gegeben ist. Angewendet auf den Fall der Bürobeleuchtung kann insbesondere eine optimierte Auslegung von Fensterflächen zumindest einen Teil der ansonsten elektrisch zu erbringenden Beleuchtung ersetzen. Der intendierte Zielzustand, ein hinreichend beleuchtetes Büro, kann dann mit geringerem Stromeinsatz erreicht werden, auch wenn die Leuchtmittel selbst nicht ausgetauscht werden. In diesem Fall werden keine Verluste bei der Wandlung von Endenergie in Nutzenergie vermieden. Vielmehr wird der Einsatz von Endenergie, die vom Energiesystem in Form von elektrischem Strom bereitgestellt wird, durch die Nutzung von Tageslicht reduziert, das völlig unabhängig vom Energiesystem gegeben ist. Der wirtschaftlich relevante Energiebedarf wird reduziert.

3.1.3 Gesamteffizienz

Wandlungseffizienz und Nutzungseffizienz sind die beiden großen Stellschrauben, an denen gedreht werden kann, um die Gesamteffizienz im Hinblick auf die Erbringung von Energiedienstleistungen zu erhöhen. Als Maß für die Gesamteffizienz kann entsprechend die Menge an Primärenergie bezeichnet werden, die für die Erbringung einer gegebenen Energiedienstleistung aufgebracht werden muss. Senken lässt sich diese Menge durch die Erhöhung der Effizienz der Wandlung der Primärenergie in Endenergie, durch Erhöhung der

Effizienz der Wandlung der Endenergie in Nutzenergie und durch die Ausnutzung von Umweltenergie für die Erbringung von Energiedienstleistungen.[1]

Im Folgenden sollen die Begriffe von Primärenergie und Endenergie, deren Verständnis für das Thema der Effizienz wesentlich ist, näher erläutert werden.

3.2 Primärenergie

Der Begriff der Primärenergie wird in verschiedener Weise verwendet.[2] Als Primärenergie wird häufig die Energie bezeichnet, die in vorhandenen Energieströmen und -speichern gegeben ist und die die Basis für jegliche Energienutzung darstellt. Nach dieser Begriffsbestimmung wäre Primärenergie etwa die chemisch gebundene Energie im Rohöl, die freisetzbare Kernbindungsenergie im spaltbaren Material, das in Kernkraftwerken eingesetzt wird, die kinetische Energie des Windes, der im Windpark genutzt wird, die Strahlungsenergie, die auf ein Solarmodul fällt, etc.

Der Primärenergiebegriff spielt auch eine wichtige Rolle, wenn der Energieaufwand beziffert werden soll, mit dem bestimmte Aktivitäten betrieben werden oder allgemein das Leben einer Gesellschaft. In diesem Sinne werden regelmäßig Primärenergiestatistiken erhoben. So gibt es jährlich eine Statistik über den Primärenergiebedarf Deutschlands, die den Gesamtenergiebedarf des Landes quantifiziert. Dabei wird jedoch nicht der gerade genannte Primärenergiebegriff benutzt, also nicht der Primärenergiebegriff im Sinne der Energie, die in vorhandenen Energieströmen und -speichern gegeben ist und die die Basis für jegliche Energienutzung darstellt. In der Tat wäre eine Quantifizierung der Primärenergie in diesem Sinne weder ökonomisch noch ökologisch von Interesse. Insbesondere ist es nicht von energiestatistischem Interesse, etwa den Energiehalt der bewegten Luft, die durch einen Windpark strömt, oder die Energie der Solarstrahlung, die auf ein PV-Modul fällt, zu beziffern. Es ist nicht von Interesse, weil sich hinter diesen Energiemengen kein Energieaufwand im energiewirtschaftlichen Sinne verbirgt. Sie stellen keine energiewirtschaftlich relevanten Größen dar. Außerdem sind diese Größen im Allgemeinen auch ökologisch nicht von Belang.

In diesem Sinne ist die Verwendung des Terminus *Primärenergie* alles andere als einheitlich. Einerseits wird er oft in der genannten Bedeutung benutzt, andererseits wird er in statistischen Kontexten in einer anderen Bedeutung verwendet. Welcher Primärenergiebegriff wird für die Primärenergiestatistiken verwendet? Die energiewirtschaftlich

[1] Es gibt noch eine weitere wichtige Dimension der Effizienz im Energiesystem, die man die Bereitstellungseffizienz nennen könnte. Dabei wird der Energieaufwand berücksichtigt, den der Energiesektor selbst verursacht. Beim Abbau fossiler Energierohstoffe wird Energie im beträchtlichen Umfang benötigt, ebenso wie beim Betrieb von Kraftwerken. Bei der Herstellung und in geringerem Maße auch beim Betrieb von PV-Modulen und Windkraftanlagen wird ebenfalls Energie benötigt. Dieser Aspekt, der mit den Begriffen der Grauen Energie bzw. der Kumulierten Energie gefasst wird, wird im Weiteren jedoch nicht diskutiert.

[2] Vgl. zu diesem Abschnitt auch [29].

relevante Energiebilanzierung nimmt ihren Ausgang nicht von den *gegebenen* Energieströmen oder -speichern, auf die alle Nutzenergie zurückgeht, sondern von der nutzbaren Energie der ersten *produzierten* oder *bereitgestellten* Energieträger. Der energiestatistisch relevante Begriff unterscheidet sich entsprechend von dem genannten Begriff darin, dass Primärenergie nicht die Energie in natürlich gegebenen Energieströmen und -speichern ist, sondern die Energie der ersten produzierten oder bereitgestellten Energieträger, die die Basis für alle vom Energieversorgungssystem bereitgestellte Energie bilden. Im Falle fossiler Energieträger ändert sich durch diese Begriffsänderung nichts Wesentliches: Primärenergie ist weiterhin die in der Kohle gebundene chemische Energie, denn die geförderte Kohle ist bereits ein produzierter Energieträger. Im Falle von Windkraftanlagen und PV-Modulen hingegen ist es nun der produzierte Strom, der als Primärenergie zählt, und nicht mehr die kinetische Energie der bewegten Luft oder die Energie der Solarstrahlung. Denn der erste produzierte nutzbare Energieträger ist in beiden Fällen der elektrische Strom.

Der in dieser Weise modifizierte Primärenergiebegriff hat zur Folge, dass Primärenergiemengen dann eine für Energiebilanzierungen relevante Größe darstellen. Der Verbrauch von Primärenergie ist nach diesem Begriff nämlich nun ein energiewirtschaftlich relevanter Vorgang. Schließlich handelt es sich um den Verbrauch eines produzierten, handelbaren und tendenziell knappen Gutes. Wir haben ein Interesse daran, unsere Lebensprozesse mit einem möglichst geringen Einsatz von Primärenergie (entsprechend dieser Definition) zu realisieren. Sowohl die UN Statistikabteilung als auch die Arbeitsgemeinschaft Energiebilanzen in Deutschland benutzen den Primärenergiebegriff in diesem Sinne. Auch wir werden ihn im Weiteren in diesem Sinne verwenden.

Es mag vorkommen, dass die gegebene Verbaldefinition für konkrete Energiewandlungspfade keine klare Entscheidung an die Hand gibt, wenn es darum geht, eine Energieform als die erste bereitgestellte nutzbare Energieform zu identifizieren. Man nehme als Beispiel ein solarthermisches Kraftwerk, bei dem die Strahlungsenergie zunächst in thermische Energie eines Wärmeträgermediums gewandelt wird, bevor sie in mechanische und schließlich elektrische Energie gewandelt wird. Genutzt wird schließlich die elektrische Energie. Doch theoretisch könnte auch schon die thermische Energie genutzt werden. Was zählt dann aber als erstes nutzbares Energieprodukt? Die Definition wäre entsprechend zu verfeinern, um solche Fälle zu entscheiden, bzw. müsste eine Liste angeben werden, in der für verschiedene Energiewandlungspfade jeweils die Primärenergie spezifiziert wäre.

Die gegebene Charakterisierung des Primärenergiebegriffs lässt in gewisser Weise auch offen, wo überhaupt die Grenzen des Energiesystems sind, was also als bereitgestellte Energie zählt und was nicht. Am Beispiel der Wärmegewinnung wird die Problematik der Grenzziehung deutlich: Passiv durch Fensterflächen gewonnene Wärme wird nicht in Energiebilanzen berücksichtigt. Man wird also die Wärme auch nicht als Primärenergie zählen. Das gleiche sollte für Wärme gelten, die etwa in einem Schwimmbad durch die natürlich gegebene Einstrahlung absorbiert wird. Und geschieht die Wärmeaufnahme über einen *neben* dem Becken liegenden einfachen Absorber, dann sollte kein relevanter Unterschied zur Absorption *im* Becken festzustellen sein. Entsprechend sollte möglicherweise auch nicht die Wärme mitgerechnet werden, die über einen Solarkollektor auf einem Hausdach gewonnen wird. Was ist aber z. B. mit der Wärme, die in einem solar gespeisten Wärme*netz* verteilt würde? Handelt es sich dabei um Energie, die durch das Energiesystem geliefert wird? Zählt das Netz zum Energiesystem, dann stellt sich die Frage, warum nicht auch die Einzelanlage oder die kleine Gemeinschaftsanlage dazugehört. Zählt sie nicht dazu, warum sollte dann der Strom dazu gehören, der auf dem gleichen Dach aus einer PV-Anlage gewonnen werden könnte? Es gibt keine offensichtliche scharfe Grenze zwischen genutzter Energie, die aus der Umwelt „unmittelbar" bezogen wird und in energiewirtschaftlich relevanten Energiebilanzierungen nicht auftaucht, und Energie, die durch das Energiesystem zur weiteren Wandlung oder zur direkten Nutzung bereitgestellt wird. Es gibt klare Fälle auf der einen Seite und klare Fälle auf der anderen Seite. Die Umweltwärme, die zumindest im Sommer unsere Häuser auch ohne Heizaufwand warm hält, zählt sicher zur ersten Gruppe, während der Strom, der durch Verteilnetze an die Verbraucher geliefert wird, sicher zur zweiten Gruppe zählt. Doch eine ohne Weiteres sichtbare scharfe Grenze zwischen der Inanspruchnahme des wirtschaftlich relevanten Energiesystems im engeren Sinne und der Nutzung von natürlich gegebenen Energieströmen gibt es nicht. Eine solche Grenze muss erst gezogen werden.

Die AG Energiebilanzen in Deutschland berücksichtigt solar gewonnene Wärme prinzipiell nicht als Bestandteil des Energiesystems, selbst wenn sie in aufwändigen Anlagen gewonnen und möglicherweise noch in ein Netz eingespeist wird. Wir werden uns im Folgenden dieser Entscheidung anschließen. Wählt man dieses Vorgehen, dann besteht die Primärenergie faktisch aus zwei großen Anteilen: dem Energiegehalt von Brennstoffen und der elektrischen Energie (insofern sie nicht aus Brennstoffen gewonnen wird). Alle anderen Energieformen fallen aus dem Bereich der Primärenergie heraus. Als Brennstoffe zählen dabei sowohl chemische Brennstoffe (fossile und Biobrennstoffe), als auch Kernbrennstoffe. Primärenergie ist also z. B. die chemische Energie, die bei der Verbrennung von Kohle, Erdöl, Erdgas, Scheitholz, Biodiesel und Holzpellets frei wird, und die Kernbindungsenergie, die aus Brennstäben im Kernkraftwerk als Wärme freigesetzt wird. Ebenso ist der elektrische Strom Primärenergie, der in Wasserkraftwerken, PV-Modulen und Windkraftanlagen gewonnen wird.[3]

[3] Bei solarthermischen Kraftwerken, bei denen die Energie der Solarstrahlung zunächst in thermische und dann in elektrische Energie gewandelt wird, wird demnach die erzeugte elektrische Energie und nicht die vorgängige thermische Energie als Primärenergie angesehen. Unabhängig von der generellen Entscheidung, solar erzeugte Wärme nicht als Primärenergie zu zählen, ist diese Entscheidung insofern plausibel, als die thermische Energie nur eine energetische Durchgangsstation auf dem Weg zur elektrischen Energie und insofern gar kein Kraftwerksprodukt im engeren Sinne darstellt.

Methoden der Primärenergiebilanzierung **Kasten 4**

Bei der Primärenergiebilanzierung insbesondere erneuerbarer Energien wird oft angegeben, man orientiere sich an der *Substitutionsmethode* oder an der *Wirkungsgradmethode*. Wir wollen daher einen Blick auf diese Methoden werfen. Die beiden Methoden werden i. Allg. parallel als Methoden zur Berechnung des Primärenergiebedarfs präsentiert. Wie wir sehen werden, kann aber nur die Wirkungsgradmethode als Methode zur Berechnung des Primärenergiebedarfs im engeren Sinne angesehen werden.

Bei der **Substitutionsmethode** wird die Gewinnung nutzbarer Energie aus fossilen Energieträgern als Referenzpfad der Energiegewinnung gewählt. Alle anderen Arten der Erzeugung nutzbarer Energie werden derart interpretiert, dass sie die Erzeugung durch fossile Energieträger substituieren.

Nehmen wir z. B. an, dass in einem bestehenden fossilen Kraftwerkspark der durchschnittliche Grad der Wandlung chemisch gebundener Energie in elektrische Energie 50 % beträgt. Aus 2 kWh freigesetzter chemischer, d. h. thermischer Energie wird also 1 kWh elektrische Energie gewonnen. Mit diesem Wandlungsgrad wird dann die Substitutionsleistung alternativer Stromerzeugungstechnologien hinsichtlich der fossilen Primärenergie bestimmt: Für 1 kWh Strom aus einem PV-Modul werden ebenfalls 2 kWh Primärenergie bilanziert, da es die Menge fossiler Primärenergie ist, die aufgebracht werden müsste, würde das PV-Modul nicht betrieben.

Ein Vorteil dieser Methode der Primärenergiebilanzierung liegt in seiner bestechenden Einfachheit. Über die Bestimmung der Primärenergie bei alternativen Wandlungspfaden braucht man sich keine detaillierten Gedanken zu machen. Berechnet wird ja nicht ein tatsächlicher Primärenergiebedarf, sondern ein fiktiver, nämlich der substituierte fossile Primärenergiebedarf. Darin liegt aber gleichzeitig auch eine Einschränkung. Eine Primärenergiebilanzierung, bei der ein fiktiver fossiler Primärenergiebedarf berechnet wird, ist zwar prinzipiell interessant, wenn es um die Substitutionsleistung alternativer Erzeugungstechnologien geht. Doch mit ihr wird eben kein tatsächlicher Primärenergiebedarf berechnet. Es ist gar keine Methode der Primärenergieberechnung im engeren Sinne des Wortes.

Eine weitere Einschränkung der Substitutionsmethode liegt darin, dass sie nicht sinnvoll auf jedes Energiesystem angewendet werden kann, denn sie ist darauf angewiesen, dass die fossil basierte Energiegewinnung als Referenzwandlungspfad ausgezeichnet werden kann. Hat man es aber mit einer stark diversifizierten Energieerzeugung zu tun, dann gibt es für die Idee der Substitution fossil basierter Energie durch alternative Erzeugungstechnologien keine Grundlage mehr. Es ist dann nicht mehr plausibel, von einer Windkraftanlage zu behaupten, die durch sie bereitgestellte Energie ersetze Strom, der sonst durch einen fossil basierten Kraftwerkspark hätte produziert werden müssen.

Bei der **Wirkungsgradmethode** wird für jede Art der Endenergiegewinnung ein eigener Wirkungsgrad angegeben, mit dem die Primärenergie in Endenergie gewandelt wird. Im Gegensatz zur Substitutionsmethode bezieht sie sich also nicht auf einen Referenzwandlungspfad und ist damit prinzipiell universell anwendbar.

Generell wird bei der Erzeugung von Strom aus erneuerbaren Energiequellen, die nicht den Weg über thermische Energie nimmt, der produzierte Strom selbst als Primärenergie betrachtet. Bei Arten der Stromgewinnung durch erneuerbare Energien, bei denen die Wandlung über thermische Energie und den Einsatz von Wärmekraftmaschinen führt (z.B. bei solarthermischen Kraftwerken), wird manchmal ebenfalls der produzierte Strom als Primärenergie gewertet, manchmal aber auch die vorgängig generierte thermische Energie. Für Kernkraftwerke wird zumeist ein pauschaler Wirkungsgrad von 33 % angenommen, der recht gut den mittleren Grad der Wandlung von freigesetzter Kernbindungsenergie in elektrische Energie wiedergibt.
Für die Stromgewinnung zeigt Abbildung 5 im Vergleich, wie die beiden Methoden die Primärenergie für verschiedene Erzeugungsanlagen spezifizieren.

<table>
<tr><th></th><th colspan="2">Primärenergie</th></tr>
<tr><th></th><th>Substitutionsmethode</th><th>Wirkungsgradmethode</th></tr>
<tr><td>Fossil befeuerte Kraftwerke</td><td colspan="2">chemisch gebundene Energie der eingesetzten Brennstoffe</td></tr>
<tr><td>Wasserkraftwerk
Windkraftanlage
Photovoltaik</td><td rowspan="3">Energiegehalt der Brennstoffe, die im fossilen Referenzkraftwerkspark hätten eingesetzt werden müssen, um die gleiche Menge an elektrischer Energie zu generieren</td><td>generierte elektrische Energie</td></tr>
<tr><td>Solarthermisches Kraftwerk</td><td>generierte thermische Energie oder generierte elektrische Energie</td></tr>
<tr><td>Kernkraftwerk</td><td>als Wärme freigesetzte Kernbindungsenergien (meist pauschal als das Dreifache der generierten elektrischen Energie berechnet)</td></tr>
</table>

Abb. 5 Spezifizierung der Primärenergie für verschiedene Technologien zur Stromerzeugung nach der Substitutionsmethode und der Wirkungsgradmethode (Gafik: J. Schmid/M.Günther)

In Primärenergiebilanzierungen wird heute die Wirkungsgradmethode häufiger angewendet. In Deutschland ist sie seit 1995 die offiziell angewandte Methode zur Primärenergieberechnung. Die Methode ist auch kompatibel mit der genannten alternativen Definition des Primärenergiebegriffs. Insbesondere zeigt sich dies darin, dass bei der direkten (nicht über die Station thermischer Energie führenden) Stromgewinnung aus erneuerbaren Energiequellen jeweils der generierte Strom selbst als Primärenergie gewertet wird.

Entsprechend der erläuterten Bestimmung des Primärenergiebegriffs werden wir also im Weiteren den Berechnungsregeln der Wirkungsgradmethode folgen.

Der Primärenergiebegriff hat über die Zeit eine Neudefinition erfahren. Wurde Primärenergie früher normalerweise (und heute häufig immer noch) als die in natürlichen Energieströmen oder -speichern *gegebene* Grundlage jeder im Rahmen des Energieversorgungssystems bereitgestellten nutzbaren Energie bestimmt, ist sie nach der genannten neuen Definition die erste in das Energieversorgungssystem *integrierte* Energieform. Nach der neueren Lesart ist sie die erste *bereitgestellte* Energieform. Das *Primäre* der Primärenergie besteht nicht mehr darin, dass es sich auf die *gegebene* Energiegrundlage bezieht, sondern auf das erste Energie*produkt*, das am Anfang einer beliebig kurzen oder langen Wandlungskette steht. Wie kam es zu dieser Begriffsverschiebung?

Dem ursprünglichen Primärenergiebegriff wurde mehr oder weniger explizit eine Doppelrolle zugedacht. Einerseits bezog er sich auf die *gegebene energetische Grundlage* der Energienutzung, andererseits auf den *grundlegenden Energieaufwand* für die Bereitstellung nutzbarer Energie. Diese Doppelrolle konnte er auch gut ausfüllen, solange die fossil basierte Energienutzung als paradigmatischer Fall der Energienutzung angesehen werden konnte. Die energetische Grundlage, d. h. die chemisch gebundene Energie der Energierohstoffe, die in den Kraftwerken verbrannt werden, beziffert nämlich in gewisser Weise gleichzeitig den Energieaufwand, der betrieben werden muss, um den Strom herzustellen. Denn die Energierohstoffe, deren Energiegehalt genutzt wird, müssen mit einem wirtschaftlich relevanten Aufwand aus einem endlichen Speicher entnommen, aufbereitet und zum Kraftwerk transportiert werden.

Die Situation ändert sich jedoch, sobald die Nutzung erneuerbarer Energiequellen berücksichtigt wird. Dort fallen energetische Grundlage der Energienutzung und Energieaufwand nicht in gleicher Weise zusammen. In vielen Fällen wird die energetische Grundlage der Energiegewinnung, z. B. die Energie der Solarstrahlung, nicht mit einem Aufwand im engeren Sinne bereitgestellt. Indem aber energetische Grundlage und Aufwand für die Bereitstellung nutzbarer Energie nicht mehr zusammenfallen, kann auch der Primärenergiebegriff nicht mehr die Doppelrolle ausfüllen, sich auf beides gleichzeitig zu beziehen. Sollten weiterhin Primärstatistiken erstellt werden, die die Nutzung erneuerbarer Energiequellen berücksichtigen, dann musste ein neuer Primärenergiebegriff geprägt werden. Und sollte der Begriff weiterhin energiestatistische Relevanz besitzen und den grundsätzlichen Energieaufwand beziffern, der für die Energieversorgung betrieben werden muss, dann musste sein Bezug auf die gegebene energetische Grundlage der nutzbaren Energie fallengelassen werden. Er konnte sich dann eben nicht mehr z. B. auf den Wind oder die Solarstrahlung beziehen, sondern er musste sich auf das erste Energieprodukt, den erzeugten Strom, beziehen.

Es ist die Integration der Nutzung erneuerbarer Energiequellen in das Energieversorgungssystem, die eine Neudefinition des Primärenergiebegriffs erzwang. Denn einige wichtige erneuerbare Energiequellen (Solarstrahlung, Wind) sind ohne energieökonomisch relevanten Aufwand gegeben, so dass die Bilanzierung der Quellen selbst energieökonomisch nicht von Interesse ist. Energieökonomisch sinnvoll ist die Bilanzierung der aus diesen Quellen generierten Energieprodukte, auf die der Primärenergiebegriff neu angewandt wurde.

Nun kann argumentiert werden, dass der Bezug auf die energetische Grundlage aller nutzbarer Energie (also auch auf die kinetische Energie bewegter Luft und die Energie der Solarstrahlung), wenn auch für Energiestatistiker weniger interessant, so doch für das Verständnis allgemeiner energieökonomischer und -ökologischer Zusammenhänge wesentlich ist. Der Terminus *Primärenergie* steht nach der alternativen Definition dafür nun nicht mehr zur Verfügung. Der Terminus *Rohenergie* kann verwendet werden, um diese Lücke zu schließen. Rohenergie ist also die in natürlichen Energieströmen und -speichern gegebene Energie, die die Grundlage für alle vom Energieversorgungssystem bereitgestellte nutzbare Energie darstellt. Die mit dem Wind gegebene Energie ist Rohenergie, die von der Windkraftanlage bereitgestellte elektrische Energie ist Primärenergie. Im Bereich chemischer Energieträger fallen Rohenergie und Primärenergie hingegen weitgehend zusammen. Denn für das Rohöl gilt, dass es nicht nur natürlich gegeben ist, sondern auch mit Aufwand gefördert werden muss. Natürlich gegebene Energie und mit energiewirtschaftlichem Aufwand bereitgestellte Energie sind in diesem Falle kongruent.[4]

3.3 Endenergie

Endenergie ist Energie, die dem Verbraucher über das Energiesystem übergeben wird. Es handelt sich z. B. um den Strom, den der Verbraucher aus der Steckdose bezieht oder das Benzin, das er an der Tankstelle erhält. Zwischen Primärenergie und Endenergie können mehr oder weniger lange Wandlungsketten liegen, oder auch ein extrem kurzer Weg – etwa von dem Strom, den ein Wasserkraftwerk bereitstellt, zu dem Strom, der ein nahe am Kraftwerk liegender Verbraucher bezieht. Gewisse Verluste treten immer auf bei der Wandlung von Primärenergie zu Endenergie. Im Falle des Verbrauchers, der Strom aus einem nahe gelegenen Wasserkraftwerk bezieht, werden die Verluste auf dem Weg von der Primärenergie zur Endenergie, die durch Transport und Spannungstransformation auftreten, sehr gering sein. In anderen Fällen, etwa wenn aus der in Kohle gespeicherten Primärenergie Strom gewonnen wird, wird es durch die zusätzlichen Wandlungsschritte größere Verluste geben.

Die Definition der Endenergie ist weniger kontrovers als die Definition der Primärenergie. Allerdings leidet die Bestimmung der Endenergie ebenfalls unter der Unklarheit der Grenzen des Energiesystems. Die solar erzeugte Wärme in einem Gebäude, ob passiv durch Einstrahlung durch Fenster oder Absorption auf der Gebäudehülle oder aktiv unterstützt durch Solarkollektoren auf dem Dach, zählt nicht als Endenergie. Wird die

[4] Im Gegensatz zur Primärenergie ist Rohenergie nicht notwendigerweise handelbar. Auch ist die Sinnhaftigkeit dieses Begriffs nicht davon abhängig, Quantifizierungen zuzulassen.

Solarenergie jedoch auf dem gleichen Dach mittels PV-Modulen genutzt, um Strom ins Netz einzuspeisen, dann wird die so über das Netz verteilte und an Verbraucher übergebene elektrische Energie als Endenergie gezählt. Wie lautet dann aber die Entscheidung bei PV-Strom zum Eigenverbrauch? Es gibt wiederum keine offensichtliche scharfe Grenze zwischen der Nutzung von Energie im Rahmen des Energieversorgungssystems und der Nutzung von Energie, die ohne Inanspruchnahme des Energieversorgungssystems gegebenen natürlichen Energieströmen entnommen wird. Eine solche scharfe Grenzziehung wird für das Weitere allerdings auch nicht benötigt.

Erneuerbare Energien 4

Der zweite Begriff, der die zwei zentralen Strategien für den Aufbau eines umweltschonenden, zuverlässigen und bezahlbaren Energiesystems kennzeichnet, ist der der erneuerbaren Energien.

4.1 Begriffsbestimmung

Im energiewirtschaftlichen Kontext wird das Prädikat der Erneuerbarkeit im Hinblick auf die gegebenen Rohenergieformen, die der Energienutzung zugrunde liegen, benutzt. Die Rohenergieformen können in zwei große Gruppen unterteilt werden, in die erneuerbaren Energien und die nicht erneuerbaren Energien. In der Literatur wird der Begriff der erneuerbaren Energien manchmal auch davon abweichend verwendet. Da ist dann z. B. von *erneuerbarem Strom* [42] oder von *erneuerbarem Methan* [43] die Rede. In diesem Buch wird der Ausdruck hingegen einzig im Hinblick auf die Rohenergieformen verwendet. Das Prädikat *erneuerbar* vererbt sich nicht auf die Produkte, die aus den erneuerbaren Quellen gewonnen werden. *Erneuerbar* ist nicht der Strom, der in einer Wasserkraftanlage erzeugt wird, sondern die potenzielle Energie des Wassers in einem Flussabschnitt, die durch das Abfließen von Wasser in tiefere Flussabschnitte nicht vernichtet wird, sondern aufgrund des permanenten Durchflusses durch das nachfließende Wasser in praktisch gleichem Maße aufgefüllt wird, wie Wasser abfließt.[1]

[1] Ausdrücke wie „erneuerbarer Strom“ sind unglücklich gewählt. Denn es ist praktisch jeder Strom erneuerbar, egal wo er herstammt, aus PV-Anlagen oder aus Kohlekraftwerken. Es ist zu vermuten, dass mit „erneuerbarer Strom“ nicht erneuerbarer Strom – in welcher genauen Deutung dieses Ausdrucks auch immer – gemeint ist, sondern Strom, der aus erneuerbaren Energiequellen stammt. In diesem Falle jedoch werden die Regeln der deutschen Lexikologie missachtet, denn im Ausdruck *erneuerbarer Strom* bezieht sich ja das Adjektiv *erneuerbar* auf den Strom und nicht auf die Energiequelle, aus der der Strom stammt.

Erneuerbar ist Energie, wenn nach der Entnahme von Energie aus einem entsprechenden Reservoir dieses entweder gar nicht geschmälert wird oder wenn es sich in einer hinreichend kurzen Zeit erholt und wieder zur Nutzung bereitsteht. Ein Beispiel für ein Rohenergiereservoir, das bei Nutzung nicht geschmälert wird, ist die auf die Erde auftreffende Solarstrahlung. Ein Beispiel für ein Rohenergiereservoir, das sich nach Energieentnahme hinreichend rasch wieder erholen kann, ist die Biomasse, die sich in gemäßigten Breiten in jährlichen Zyklen erneuert. Als Kriterium dafür, dass eine Zeitspanne, in der sich ein Reservoir erneuert, *hinreichend kurz* ist, kann gelten, dass sie in menschlichen Planungsdimensionen beherrschbar ist. Der jährliche Vegetationsrhythmus ist beherrschbar. Seit Jahrtausenden bezieht der Mensch diesen Rhythmus in seine Planungen ein und organisiert z. B. die Nahrungsmittelbeschaffung nach ihm. Nicht erneuerbar ist entsprechend die Energie eines Reservoirs, das bei Nutzung dauerhaft geschmälert wird. *Dauerhaft* bedeutet dann, dass sich das Reservoir in Zeitspannen, die in menschlichen Planungsdimensionen beherrschbar sind, nicht erholt. Das mit großem Abstand wichtigste Beispiel für nicht erneuerbare Energien sind die Formen chemischer Energie, die in fossilen Energierohstoffen gespeichert sind. Dass es sich um *fossile* Rohstoffe handelt, bedeutet, dass sie sich über einen sehr langen Zeitraum hinweg gebildet haben. Entsprechend benötigt die Formierung neuer Lagerstätten ebenfalls sehr lange Zeiträume.

Erneuerbarkeit ist etwa bei der Solarstrahlung oder beim Wind in dem Sinne gegeben, dass ihre Nutzung am momentanen und zukünftigen Angebot überhaupt nichts ändert. Die Nutzung der Solarstrahlung verändert den gegebenen natürlichen Energiestrom, die Einstrahlung auf der Erde, in keiner Weise. Analoges gilt grosso modo für den Wind ebenso wie für das Wasser in Flüssen und für Meeresströmungen. Diese Energiequellen liegen in Form von Energieströmen vor, deren Nutzung sie nicht unterbricht. Energie strömt immer wieder nach. Fossile Energieträger hingegen sind Energie*speicher*, die sich bei Nutzung durch Entnahme weder unmittelbar noch in kurzem zeitlichem Abstand erneuern.

Bei der Biomasse handelt es sich ebenso wie bei fossilen Energieträgern um chemische Energiespeicher. Darin unterscheidet sie sich in markanter Weise von den erneuerbaren Energiequellen Solarstrahlung und Wind. Die Nutzung des Speichers Biomasse bedeutet im Allgemeinen, dass sich der Speicher erst wieder erholen muss, bis er wieder genutzt werden kann. In besonders augenfälliger Weise ist dies in unseren gemäßigten Breiten der Fall, in denen der Biomassezuwachs zyklisch in Wachstumsperioden geschieht. Ein abgeerntetes Maisfeld wird erst im nächsten Jahr wieder Ertrag bringen. Im Gegensatz zu den fossilen Energieträgern erneuern sich die biogenen Energiespeicher jedoch in überschaubaren und planbaren Zeiträumen. Daher zählt die Biomasse zu den erneuerbaren Energiequellen.

Die Erneuerbarkeit der Biomasse kann jedoch nicht in allen Fällen garantiert werden. Sie hängt von der Fragilität von Ökosystemen und der Art ihrer Nutzung ab. So kann der Entzug von Biomasse in semiariden Gebieten zur Wüstenbildung führen. Und auch unter günstigeren klimatischen Bedingungen kann eine Übernutzung langfristige Erträge schmälern, z. B. durch Bodenverarmung aufgrund des fortgesetzten Nährstoffentzugs.

Biomasse ist also nur dann ein erneuerbarer Energieträger, wenn die Nutzung derart geschieht, dass sich die entnommene Biomasse auch tatsächlich erholen kann.

Bei der Nutzung der Erdwärme ist Erneuerbarkeit in dem Sinne gegeben, dass das thermische Reservoir im Erdinnern sehr groß ist im Vergleich zur thermischen Energie, die vom Menschen entnommen werden kann. Die Wärme im Erdinneren selbst stammt zu einem Teil aus den Entstehungszeiten der Erde und zu einem anderen Teil aus noch andauernden radioaktiven Zerfallsprozessen. Aufgrund Letzterer ist Erdwärme auch in dem Sinne zumindest teilweise erneuerbar, dass sie ständig neu erzeugt wird. Es ist jedoch vor allem die Größe des Reservoirs und die im Vergleich dazu verschwindend geringe Energieentnahme, die die Erdwärme zu einer erneuerbaren Energiequelle macht. Lokal allerdings kann Erdwärme durchaus vorübergehend erschöpflich sein. Erdwärme kann auch *über*nutzt werden. Denn der Wärmetransport im Erdkörper ist sehr begrenzt, und bei intensiver Nutzung kann eine lokale Auskühlung stattfinden. Der natürliche Wärmestrom aus dem Erdinnern beträgt in Gebieten ohne thermische Anomalie in Oberflächennähe im Mittel etwa 0,065 W/m^2 bzw. 65 kW/km^2. Der Betrieb eines Kraftwerks, das Wärmeleistungen im MW-Bereich aus einer begrenzten Fläche bezieht, kann aufgrund dieses sehr begrenzten Wärmestroms zur lokalen Auskühlung führen. Die Herstellung des ursprünglichen thermischen Zustandes kann dann lange Zeiträume in Anspruch nehmen, u. U. mehrere tausend Jahre [2]. Aufgrund dieser langen Zeiträume kann der Status der geothermischen Energiegewinnung als erneuerbare Energie zumindest für Standorte ohne geothermische Anomalien und ohne andere begünstigende Bedingungen – etwa dem Vorhandensein von Aquiferen, deren strömendes Wasser den konduktiven Wärmetransport durch einen konvektiven[2] ergänzt – in Zweifel gezogen werden. Anders ist die Situation an Standorten mit ausgeprägten geothermischen Anomalien. Dort treten hohe Wärmeströme auf, so dass es auch bei einer intensiveren Nutzung nicht zu einer Auskühlung kommt. Ausgeprägte geothermische Anomalien gibt es jedoch nur in Ländern mit erdgeschichtlich junger vulkanischer Aktivität. In Deutschland gibt es nur sehr schwach ausgeprägte geothermische Anomalien.

Die Erneuerbarkeit von Energiequellen ist vor allem von Interesse, weil mit ihr deren Nichterschöpfbarkeit und somit die Möglichkeit einer dauerhaften Nutzung für die Energieversorgung verbunden ist. Erneuerbarkeit ist somit eine wesentliche Dimension der Nachhaltigkeit. Die Nutzung erneuerbarer Energiequellen ist ein Gebot der langfristigen Versorgungssicherheit.

[2] Konvektive Wärmeleitung ist mit Stofftransport verbunden (z. B. der Wärmetransport durch Luftaustausch, der beim Öffnen eines Fensters geschieht, wenn die Außentemperatur von der Innentemperatur verschieden ist), während konduktive Wärmeleitung ohne Stofftransport geschieht (z. B. die Wärmeleitung durch Hauswände, die auch ohne Luftaustausch zum allmählichen Auskühlen eines Gebäudes führen kann).

4.2 Erneuerbare Energiequellen

Alle Arten erneuerbarer Energiequellen, die auf der Erde gegeben sind, beruhen auf einer der folgenden drei grundlegenden Quellen: der von der Sonne emittierten Strahlung, der Erdwärme und der Bewegungsenergie von Erde und Mond.

Die Solarstrahlung, die durch Kernfusionsprozesse in der Sonne erzeugt wird, ist dabei die mit großem Abstand wichtigste Quelle. Die weitaus meisten erneuerbaren Energiequellen, die wir nutzen, werden letztlich aus ihr gespeist. Außer der Solarstrahlung selbst trifft dies insbesondere auch auf die Windenergie, die potenzielle Energie des Wassers in Flüssen, die in der Biomasse gespeicherte chemische Energie und einige andere Energiequellen zu.

Die Erdwärme in tieferen Schichten des Erdkörpers ist eine von der Solarstrahlung unabhängige Quelle. Ein Teil der Wärme im Erdinneren ist Restwärme aus Zeiten der Erdentstehung, als sich die Materie zum Erdkörper komprimierte. Ein weiterer Teil stammt aus dem Frühstadium des Planeten, als bei den über lange Zeiträume noch häufigen kosmischen Kollisionen die Bewegungsenergie der auf der Erde auftreffenden Körper in Wärme umgesetzt wurde. Und schließlich wird ein Teil der vorhandenen Wärme durch atomare Zerfallsprozesse im Erdinneren freigesetzt.

Die Bewegung von Erde und Mond schließlich ist die dritte unabhängig gegebene Energiequelle. Die Gravitationswechselwirkung hauptsächlich zwischen der rotierenden Erde und des umlaufenden Mondes verursacht die Gezeiten im Meer. Einen etwas kleineren Beitrag zur Gezeitenentstehung liefert auch die Gravitationswechselwirkung zwischen der Sonne und der umlaufenden und rotierenden Erde. Die durch die Gravitationswechselwirkung entstehenden zyklischen Höhenvariationen des Meeresspiegels können energetisch genutzt werden.

Erneuerbare Energiequellen **Kasten 5**

Energiegrundlage	**Nutzbare Energiequelle**
Kernfusionsprozesse in der Sonne	• Solarstrahlung • Wind • Potenzielle Energie des Wassers in Flüssen • Biomasse • Meeresströmungen • Wellen • …
Restwärme aus der Erdfrühgeschichte, radioaktive Zerfallsprozesse im Erdkörper	• Erdwärme
Erd- und Mondbewegung	• Gezeiten

4.3 Erneuerbare Energiequellen und Treibhausgas-Emissionen

Die Nutzung erneuerbarer Energiequellen ist ein Gebot der volkswirtschaftlichen Nachhaltigkeit. Erneuern sich die Quellen, dann sind sie praktisch unerschöpflich in der Zeit. Gleichzeitig ist die Nutzung erneuerbarer Energiequellen aber auch ein Gebot der ökologischen Nachhaltigkeit, denn die Nutzung erneuerbarer Energiequellen ist zumeist mit nur sehr geringen Treibhausgas-Emissionen verbunden. Die meisten Arten der Energiegewinnung und –nutzung aus erneuerbaren Quellen kommen ohne Verbrennungsprozesse aus. So fallen in der Stromerzeugung durch Windkraftanlagen, PV-Zellen und Wasserkraftwerke praktisch keine CO_2-Emissionen an. Nur beim Bau der Anlagen werden (gegenwärtig noch) nennenswerte Emissionen erzeugt. Umgelegt auf den Strom, der während der Lebensdauer der Anlagen erzeugt wird, sind die spezifischen Emissionen jedoch sehr gering im Vergleich zu denen, die bei der Verbrennung fossiler Energierohstoffe entstehen.

Spezifische CO_2-Emissionen bei der Stromerzeugung	**Kasten 6**
Windenergie	25 g CO_2/kWh_e
Solarenergie (PV)	75 g CO_2/kWh_e
Wasserkraft	25 g CO_2/kWh_e
Steinkohle	750 – 1100 g CO_2/kWh_e
Braunkohle	850 – 1200 g CO_2/kWh_e
Erdgas (GuD)	425 g CO_2/kWh_e

Etwas komplexer ist die Situation im Falle der energetischen Biomassenutzung. Diese ist nicht unter allen Umständen dem Klimaschutz förderlich. Zunächst gilt, dass bei der energetischen Biomassenutzung kohlenstoffhaltiges Material verbrannt wird, wobei Kohlendioxid freigesetzt wird. Allerdings wird im Idealfall die gleiche Menge Kohlendioxid durch die nachwachsende Biomasse wieder gebunden, so dass der Prozess in diesem Sinne CO_2-neutral sein kann. Trotzdem ist die Emissions-Bilanz der energetischen Biomassenutzung in vielen Fällen schlechter, teils deutlich schlechter als die Nutzung anderer erneuerbarer Energiequellen. Dies ist aus mehreren Gründen der Fall:

- Böden können sehr wichtige Kohlenstoffspeicher sein. Dies trifft insbesondere auf humushaltige und sumpfige Böden zu. Die energetische Biomassenutzung ist jedoch oftmals mit einer Veränderung der Bodenstruktur verbunden. Dies geschieht z. B., wenn Wald oder Grünland in Ackerland gewandelt wird, auf dem dann etwa Mais angebaut wird. Dabei kann der Boden einen Teil seiner Kohlenstoff-Speicherfunktion einbüßen. Insbesondere die Trockenlegung von Sümpfen und die Umwandlung von Wäldern oder Wiesen in Ackerflächen können daher zu einer starken und dauerhaften Freisetzung von Kohlendioxid führen [44, Abschnitt 9.1.2].

- In der Landwirtschaft kann es durch Düngung zu klimarelevanten Emissionen kommen. Wird dem Boden Stickstoff zugeführt, kann Lachgas (N_2O) freigesetzt werden, ein Gas mit dem nahezu dreihundertfachen Treibhauspotenzial von Kohlendioxid [45].
- Bei der Nutzung und Verwertung von Biomasse werden häufig intensiv Maschinen eingesetzt, die normalerweise mit fossil basierten Verbrennungsmotoren betrieben werden.
- Nicht notwendigerweise wird die genutzte Biomasse vollständig durch neue Biomasse ersetzt, so dass ein Nettoverlust an Biomasse entstehen und somit mehr CO_2 freigesetzt als gebunden werden kann. Wird z. B. ein Waldstück komplett energetisch verwertet und in weiterer Zukunft für den Anbau von Energiemais weitergenutzt, dann wird der ursprünglich im Wald gespeicherte Kohlenstoff, der mit der energetischen Verwertung des Holzes als CO_2 in die Atmosphäre entlassen wird, nicht wieder gebunden. Es bleibt dauerhaft ein Emissionsüberschuss bestehen.

Die Tatsache, dass es sich bei der Biomassenutzung i. Allg. zwar um die Nutzung einer erneuerbaren Ressource handelt, sie aber dennoch auch mit Emissionen verbunden sein kann, illustriert, dass Erneuerbarkeit nicht die generelle Nachhaltigkeit der Nutzung einer bestimmten Energiequelle garantiert.[3]

Insgesamt kann es als ein energiewirtschaftlicher Glücksfall bezeichnet werden, dass Erneuerbarkeit und Emissionsarmut in der Regel zusammenfallen. Somit kombinieren sich zwei Spielarten der Nachhaltigkeit. Dies ist der Grund, warum die Nutzung erneuerbarer Energiequellen einen so zentralen Stellenwert beim Design einer „umweltschonenden, zuverlässigen und bezahlbaren Energieversorgung" hat. Zumindest der Erfüllung der ersten zwei der drei Attribute, der Umweltverträglichkeit und der Zuverlässigkeit, ist sie offensichtlich dienlich.

4.4 Erneuerbare Energiequellen und ihre technische Nutzung

Im Folgenden sollen die wesentlichen erneuerbaren Energiequellen benannt und ihre wichtigsten technischen Nutzungsmöglichkeiten kurz vorgestellt werden.

4.4.1 Direkte Nutzung der Solarstrahlung

Die Solarstrahlung übertrifft alle anderen auf der Erde verfügbaren Energiequellen um Größenordnungen. Mit sehr großem Abstand stellt sie die wichtigste Energiequelle für alle menschlichen Aktivitäten dar. Sie wird technisch direkt genutzt (z. B. durch

[3] Dies gilt im Hinblick auf die Biomassenutzung auch noch bzgl. des Schutzes der Biodiversität und der Nahrungsmittel-Versorgungssicherheit. Ein allzu extensiver Anbau von Biomasse zur energetischen Verwertung kann Ökosysteme gefährden und die verfügbaren Flächen für den Nahrungsmittelanbau übermäßig reduzieren.

Solarthermie-Anlagen oder PV-Module) oder indirekt, indem z. B. aus Wind oder Biomasse Nutzenergie gewonnen wird. Fossile Energieträger bestehen aus transformierter Biomasse und sind somit ebenfalls gespeicherte Solarenergie. Für Deutschland, wo kaum Energie aus Gezeiten und Geothermie gewonnen werden kann, ist die Sonne nahezu die ausschließliche regenerative Energiequelle.

Die Energie der Sonne selbst wird durch einen fortgesetzten Fusionsprozess im Innern des Zentralgestirns unseres Sonnensystems bereitgestellt. Dabei wird vorrangig Wasserstoff zu Helium fusioniert. Gegenwärtig besteht die Sonne zu etwa 75 % aus Wasserstoff und zu 23 % aus Helium.[4] Der verbleibende Wasserstoff reicht als Brennstoff für die Kernfusion noch für etwa 7 Mrd. Jahre. Der Anteil schwererer Elemente ist sehr gering. Bei der Fusion von Wasserstoff zu Helium kommt es zu einem Massendefekt, der mit der Freisetzung und Abstrahlung von Energie einhergeht. Pro Sekunde verliert die Sonne eine Masse von etwa 4,3 Mill. Tonnen, was einer Strahlungsleistung von $3{,}8 \cdot 10^{26}$ W entspricht. Die von der Sonne ausgesandte Strahlung kann angenähert als die thermische Strahlung eines Schwarzen Körpers bei etwa 5500 °C beschrieben werden. Die Temperatur der Sonnenoberfläche, die letztlich die in den Raum ausgestrahlte Strahlung emittiert, liegt in diesem Bereich.[5] Aufgrund der hohen Temperatur der Sonnenoberfläche ist die Solarstrahlung eine hochexergetische Energiequelle, die entsprechend vielfältige Nutzungsmöglichkeiten offenlässt.

Exergie **Kasten 7**

Energie ist die Fähigkeit, Arbeit zu verrichten. Arbeit ist die mechanische Übertragung von Energie. Indem Energie eine Fähigkeit ist, ist sie eine Art Potenzial. Ob und in welchem Maße dieses Potenzial jedoch realisiert werden kann, ob also tatsächlich Arbeit verrichtet werden kann, hängt von der Art der Energie ab und der Umgebung, in der die Energie gegeben ist. Besonders wichtig ist die Temperatur der Umgebung. Handelt es sich um mechanische oder elektrische Energie, dann kann das Potenzial vollständig realisiert werden – unabhängig von der Umgebungstemperatur. Handelt es sich hingegen um thermische Energie, dann hängt das Ausmaß, in welchem die gegebene Energie ihr Arbeitspotenzial realisieren kann, sowohl von dem Temperaturniveau ab, auf dem die thermische Energie gegeben ist, als auch von der Umgebungstemperatur. Je größer der Temperaturunterschied, desto größer ist der Anteil des Potenzials, das realisiert werden kann. Läge die Energie auf dem gleichen Temperaturniveau vor, das auch die Umgebung

---

[4] Diese Werte beziehen sich auf die Gewichtsverteilung. Wird statt der Gewichte die Stoffmenge als Maßstab genommen, verändern sich die Zahlenwerte entsprechend.

[5] Die Solarstrahlung wird von Fusionsprozessen im Inneren der Sonne erzeugt. Jedoch wird die dabei frei werdende Strahlung nicht direkt in den freien Raum abgestrahlt, sondern durch unzählige Absorptions- und Reemissionsprozesse transformiert. Nicht die ursprünglich im Innern erzeugte Strahlung, wohl aber die in den Raum abgestrahlte Energie ist der Strahlung eines Schwarzen Körpers bei 5500 °C ähnlich.

aufweist, ließe sich überhaupt keine Arbeit verrichten. Wäre die Umgebungstemperatur hingegen auf dem absoluten Nullpunkt, könnte die gesamte Energie zur Verrichtung von Arbeit genutzt werden.
Der Anteil gegebener Energie, der unter gegebenen Bedingungen tatsächlich in Form von mechanischer Arbeit übertragen werden kann, ist die Exergie. Je höher der exergetische Anteil der Energie ist, desto wertvoller ist sie im Energieversorgungssystem, denn umso mehr Wirkung kann mit ihrem Einsatz erzielt werden. Der verbleibende Teil der Energie, der nicht in Form von mechanischer Arbeit übertragen werden kann, ist die so genannte Anergie. Elektrische Energie ist reine Exergie, sie kann im Prinzip vollständig zur Verrichtung von Arbeit eingesetzt werden. Thermische Energie hingegen ist unter realen Bedingungen immer nur zu einem Teil Exergie. Auch die solare Strahlungsenergie, die die Erdoberfläche erreicht, ist nur zu einem Teil Exergie. Der Anteil schwankt insbesondere in Abhängigkeit vom Direktstrahlungsanteil.
Der Unterschied zwischen den Energieformen hinsichtlich ihrer exergetischen Qualität wird im Folgenden von großer Bedeutung sein.

Auf die Erde trifft Strahlung mit einer Leistung von etwa $1{,}74 \cdot 10^{17}\ \mathrm{W}$. Während die Strahlungsdichte auf der Sonnenoberfläche etwa $63\ \mathrm{MW/m^2}$ beträgt, ist die Strahlung am äußeren Rand der Erdatmosphäre bis auf etwa $1367\ \mathrm{W/m^2}$ verdünnt. Letzterer Wert wird *Solarkonstante* genannt.[6] Die Erde empfängt über ein Jahr etwa $1{,}52 \cdot 10^{18}$ kWh an Strahlungsenergie. Dies ist etwa das 10000fache des jährlichen globalen Primärenergiebedarfs. Die Nutzung der Sonne als Energiequelle ist in diesem Sinne theoretisch mehr als ausreichend, um alle unsere Energieprobleme zu lösen.

Letzteres gilt auch dann noch, wenn man berücksichtigt, dass an der Erdoberfläche weniger Solarstrahlung ankommt, da beim Durchgang durch die Erdatmosphäre ein Teil der Strahlung absorbiert, reflektiert und gestreut wird. Absorption geschieht in spektral selektiver Weise in der Atmosphäre insbesondere durch die Bestandteile Wasserdampf, Ozon, zweiatomigen Sauerstoff und Kohlendioxid. Streuung geschieht sowohl an den Molekülen der Luft selbst als auch an Staubteilchen. Reflexion – letztlich ein Spezialfall der Streuung – geschieht besonders stark an Wolken. In Deutschland beträgt die Jahressumme der auf der Horizontalen auftreffenden Solarstrahlung etwa $1000\ \mathrm{kWh/m^2}$. Die Fläche Deutschlands beträgt etwa $360000\ \mathrm{km^2}$, so dass auf die gesamte Landesfläche jährlich etwa eine Energie von 360000 TWh einstrahlt. Dies entspricht dem nahezu 100-fachen der gegenwärtig jährlich in Deutschland benötigten Primärenergie von etwa 3800 TWh. Eine vollständige Eigenversorgung Deutschlands aus der Energiequelle Sonne ist damit

[6] Die Strahlungsdichte der auf die Erdatmosphäre auftreffenden Solarstrahlung ist nicht wirklich konstant. Insbesondere aufgrund der im jährlichen Rhythmus variierenden Entfernung zwischen Sonne und Erde schwankt sie um etwa 3,3 % zwischen ihrem Minimum, das Anfang Juli am sonnenfernsten Punkt der Erdumlaufbahn erreicht wird, und dem Maximum, das Anfang Januar am sonnennächsten Punkt der Erdumlaufbahn erreicht wird. Variationen treten darüber hinaus auch durch eine leicht variable Sonnenaktivität auf.

prinzipiell möglich. Für die praktische Umsetzbarkeit wird jedoch die Form der Nutzung ein entscheidendes Kriterium sein. So dürfte es schwierig sein, mit einer direkten Nutzung der Solarstrahlung (durch Photovoltaik und Solarthermie) die gesamten 3800 TWh zu ernten. Dabei ist weniger das Problem, dass enorme Kollektorflächen installiert werden müssten, um hinreichend viel von der flächig verteilten Solarenergie aufzufangen (Geht man großzügig von einem durchschnittlichen Wirkungsgrad von 20 % der Solaranlagen aus, dann müssten mindestens 5 % der Landesfläche mit Solarkollektoren belegt werden, um die benötigte Energie zu ernten). Das größere Problem ist, dass eine alleinige Nutzung der täglich und saisonal stark schwankenden Solarstrahlung ein in verschiedenen Zeitebenen stark heterogenes Energieangebot zur Folge hätte. Der Vorschlag eines rein solar basierten Energieversorgungssystems ist für Deutschland von vornherein unplausibel.

Werfen wir einen genaueren Blick auf die möglichen technischen Umsetzungen einer direkten Nutzung der Solarstrahlung.

Solarthermie

Eine direkte Form der Nutzung der Solarstrahlung stellt die Erzeugung thermischer Energie in thermischen Kollektoren dar, welche Strahlung absorbieren und in Wärme umwandeln. Der hohe Exergiegehalt der Solarstrahlung – insbesondere des Direktstrahlungsanteils – kann zur Erzeugung von thermischer Energie eines für die allermeisten praktischen Zwecke mehr als ausreichenden Temperaturspektrums genutzt werden. Die Höhe des apparativen Aufwands, der betrieben werden muss, um die in der Solarstrahlung enthaltene Exergie zu nutzen, ist dabei mit dem erzielbaren Temperaturniveau korreliert. Je höher die angestrebten Temperaturen über den Umgebungstemperaturen liegen, umso mehr apparativer Aufwand muss betrieben werden. Prinzipiell funktioniert ein solarthermisches System derart, dass die Solarstrahlung auf eine Oberfläche trifft, einen Absorber, wo sie absorbiert und in thermische Energie gewandelt wird. Der Absorber erwärmt sich. Die Wärme wird dann in vielen Fällen auf ein Wärmeträgerfluid übertragen, das sie zu dem Ort transportiert, wo sie benötigt oder möglicherweise gespeichert wird.

Da der Absorber gegenüber der Umgebung, normalerweise der Umgebungsluft, aufgeheizt wird, kommt es zu Wärmeverlusten. Das heißt, der Absorber gibt Energie wieder an die Umgebung ab. Dies geschieht insbesondere durch Abstrahlung und Konvektion. Je heißer ein Absorber wird, desto stärker werden die Verluste. Wird ein Absorber von der Solarstrahlung aufgeheizt, dann wird sich mit wachsender Temperatur irgendwann ein Gleichgewichtszustand herausbilden, in dem sich der Energieeintrag durch die Solarstrahlung mit den Energieverlusten die Waage hält. Im Gleichgewichtszustand bleibt die Temperatur des Absorbers auf einem konstanten Wert stehen. Die Gleichgewichtstemperatur wird umso höher liegen, je geringer die Energieverluste sind und je größer der Energieeintrag durch die Solarstrahlung ist. Ein solarthermisches System kann nur unterhalb dieser Gleichgewichtstemperatur betrieben werden.[7] Denn wenn es diese erreicht, kompensieren

[7] Die Temperatur des Absorbers wird permanent unterhalb der Gleichgewichtstemperatur gehalten, indem das Wärmeträgerfluid ständig Energie abtransportiert.

die Verluste den Energieeintrag vollständig. Die beiden Stellschrauben, an denen gedreht werden kann, um die jeweils gewünschte Temperatur zu erhalten, sind also die Steuerung der *thermischen Verluste* und des *solaren Energieeintrags.*

Thermische Verluste durch Konvektion und Abstrahlung können durch thermische Isolierung und durch den Einsatz strahlungsselektiver Oberflächen begrenzt werden. Bezüglich des solaren Strahlungseintrags legt ein erster Gedanke nahe, es handele sich dabei um eine natürlich vorgegebene Größe, die technisch nicht manipuliert werden könne. Dies ist aber nicht der Fall. Natürlich festgelegt ist das solare Strahlungsangebot an einem *Standort.* Nicht festgelegt von der Natur ist aber die Strahlung, die auf den *Absorber* auftrifft – sie kann sehr wohl technisch manipuliert werden. Insbesondere können konzentrierende Systeme benutzt werden – Spiegel- oder Linsensysteme –, mittels derer die Strahlungsdichte am Absorber beträchtlich über die Strahlungsdichte der natürlich gegebenen Einstrahlung gehoben werden kann. Im Bereich der reinen thermischen Anwendungen sind nichtkonzentrierende Systeme für die meisten Anwendungen ausreichend. Die allermeisten solarthermischen Systeme weltweit werden für die Gebäudeheizung und Warmwasserbereitung eingesetzt. Für diese Verwendungen sind keine sehr hohen Temperaturen gefordert, so dass eine Strahlungskonzentration nicht nötig ist.

Ein Beispiel für ein äußerst einfaches solarthermisches System sind Schwimmbadkollektoren, die im einfachsten Fall aus schwarzen Schläuchen ohne jegliche thermische Isolierung bestehen, durch die Wasser läuft. Für die Temperierung eines Schwimmbads reichen Temperaturen aus, die im Bereich von einigen wenigen bis etwa ein Dutzend Kelvin über der Umgebungstemperatur liegen.

Für die Warmwasserbereitung im Haus oder die Heizungsunterstützung sind höhere Temperaturen vonnöten. Genutzt werden Flach- und Röhrenkollektoren, die zumeist in Dächer integriert werden. Im Unterschied zum simplen Schwimmbadkollektor verfügen diese Kollektoren über thermische Isolierungen, wodurch die höheren Temperaturen möglich werden. Flachkollektoren haben einen flächigen Absorber, der mit einer Glasabdeckung versehen ist. Durch die Abdeckung werden konvektive Wärmeverluste stark reduziert. Gleichzeitig werden Abstrahlverluste reduziert, da Glas im infraroten Bereich nahezu undurchlässig ist. Rückseitig ist eine Wärmedämmschicht angebracht. Die Absorber werden außerdem mit einer selektiven Beschichtung versehen, so dass sie im Frequenzbereich der Solarstrahlung, d. h. hauptsächlich des sichtbaren Lichts, einen hohen Absorptionskoeffizienten besitzen, gleichzeitig aber einen sehr geringen Emissionskoeffizienten im langwelligeren Bereich der Wärmestrahlung. Sie absorbieren einen großen Teil der auftreffenden Strahlung, emittieren aber nur wenig Wärmestrahlung. Sie nehmen viel Energie auf und strahlen wenig ab. Flachkollektoren sind für Temperaturen bis in den Bereich von 80 °C geeignet.

Selektive Beschichtung **Kasten 8**

Das Kirchhoff'sche Strahlungsgesetz besagt, dass Absorptions- und Emissionskoeffizient eines Körpers für die Strahlung einer bestimmten Wellenlänge (mit bestimmten Einschränkungen) jeweils gleich sind. Ein Körper, der Strahlung einer bestimmten Wellenlänge gut absorbiert (d. h. nur wenig reflektiert), emittiert auch entsprechend intensiv Strahlung der gleichen Wellenlänge. Absorbiert er also z. B. sichtbares Licht besonders gut, dann glüht er bei entsprechend hoher Temperierung auch besonders hell (ein Schwarzer Körper glüht am hellsten!).

Selektive Beschichtungen, die die Funktion haben, eine hohe Absorption und eine geringe Emission zu ermöglichen, widersprechen nicht der Aussage des Kirchhoff'schen Gesetzes, dass Absorptions- und Emissionsgrad eines Körpers für jede Wellenlänge jeweils gleich sind. Denn Absorptions- und Emissionsgrad können für *verschiedene* Wellenlängen verschieden voneinander sein. Ein Körper kann z. B. sichtbares Licht fast vollständig absorbieren und Wärmestrahlung nahezu komplett reflektieren oder umgekehrt. Das nutzen selektive Beschichtungen aus. Für solarthermische Anwendungen gilt, dass im Spektralbereich der Solarstrahlung, also hauptsächlich bei Wellenlängen zwischen 0,3 und 2 µm, ein möglichst hoher Anteil der Strahlung absorbiert werden soll, während im Bereich der Wärmestrahlung möglichst wenig Energie abgestrahlt werden soll. Bei einer Temperatur von 100 °C liegt der Peak der von einem Schwarzen Körper abgegebenen Strahlung bei einer Wellenlänge von etwa 8 µm, bei 400 °C bei etwa 4 µm. Da sich die Spektralbereiche von Solarstrahlung und Wärmestrahlung in den genannten Temperaturbereichen kaum überlappen, können die jeweils relevanten Absorptions-/Emissionsgrade an einer Oberfläche auch verschieden voneinander sein. Dies ist in Abbildung 6 für eine selektive Beschichtung für Absorber von linienkonzentrierenden solarthermischen Kraftwerken dargestellt. Neben der Reflektivität des Absorbers ist die Verteilung der Spektren der Solarstrahlung und der Schwarzkörper-Strahlung bei 400 °C eingetragen. Die angegebene selektive Oberfläche reflektiert im solaren Spektralbereich sehr schlecht, d. h. sie absorbiert und emittiert sehr gut, und reflektiert im Wärmebereich sehr gut, d. h. sie absorbiert und emittiert sehr schlecht. Somit wird sichergestellt, dass sehr viel kurzwellige Solarstrahlung absorbiert wird und nur sehr wenig Energie in Form von langwelliger Wärmeabstrahlung verloren geht. Der Energieeintrag wird maximiert und die Abstrahlungsverluste werden minimiert.

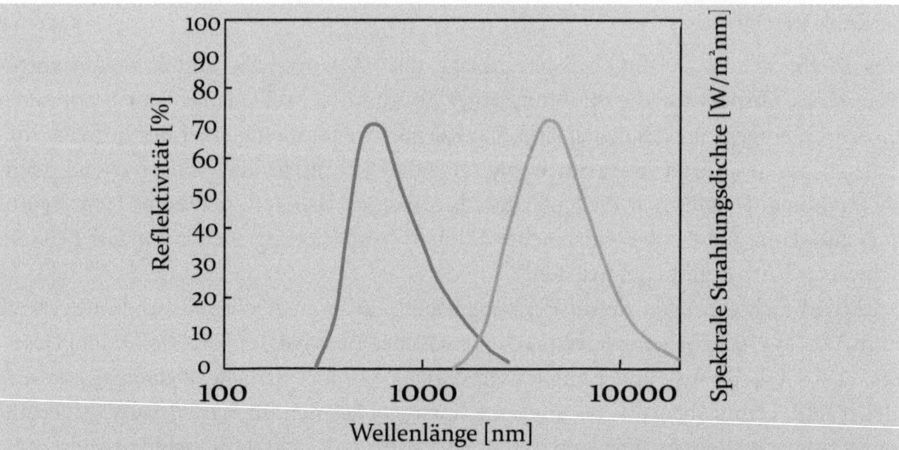

Abb. 6 Abbildung 6: Reflektivität der selektiven Beschichtung eines Absorberrohrs in einem Parabolrinnenkraftwerk (blau), Spektralbereiche der Solarstrahlung (orange) und der Wärmestrahlung bei 400 °C (grün) (Grafik: M.Günther)

Abbildung 6 zeigt, dass es bei einer Absorbertemperatur von 400 °C nur eine sehr geringe Überlappung des Spektrums der vom Absorber emittierten Strahlung mit dem solaren Spektrum gibt. Das ist eine wichtige Voraussetzung dafür, dass eine selektive Beschichtung angewendet werden kann. Je höher die Absorbertemperatur liegt, desto stärker überlappen sich die Spektren. Und das bedeutet, dass eine Selektion von solarer und emittierter Strahlung immer weniger möglich ist. Werden sehr hohe Temperaturen erreicht, sagen wir 1000 °C, kann eine spektrale Selektion kaum noch stattfinden.

Mit Vakuumröhrenkollektoren können höhere Temperaturen erreicht werden als mit Flachkollektoren, indem die thermischen Verluste weiter reduziert werden. Letzteres geschieht hauptsächlich dadurch, dass die Absorber nicht nur durch Glas – in diesem Fall durch ein Glasrohr statt einer flachen Glasscheibe – von der Umwelt getrennt sind, sondern dass gleichzeitig der Raum zwischen Absorber und Glasrohr evakuiert wird. Zwischen Absorber und Glasrohr kann somit kein konvektiver Wärmetransport mehr stattfinden. Ein weiterer wichtiger Vorteil von vielen Röhrenkollektoren ist die Reduktion der Absorberfläche. Beim Flachkollektor nimmt der Absorber praktisch die gesamte Kollektorfläche ein, bei vielen Röhrenkollektoren nur einen Teil. Wenn der Absorber aber weniger Fläche aufweist, dann wird auch weniger Wärme abgestrahlt. Trotz der Reduktion der Absorberfläche kann jedoch nahezu so viel Energie aufgenommen werden, als nähme der Absorber die gesamte Kollektorfläche ein. Denn rückseitig sind Spiegel angebracht, die die Strahlung auf die Absorberrohre lenken. Streng betrachtet sind Vakuumröhrenkollektoren dieser Art eigentlich bereits konzentrierende Systeme. Allerdings ist das Konzentrationsverhältnis so gering, dass sie normalerweise nicht zu den konzentrierenden

Abb. 7 Flachkollektoren (links, Foto: Klaus-UweGerhardt/pixelio.de), Vakuumröhrenkollektor (rechts, Foto: RaBoe/Wikipedia)

Systemen gezählt werden. Vakuumröhrenkollektoren können Temperaturen bis etwa 120 °C bereitstellen (Abbildung 7).

Eine Sonderform sind die so genannten Heat-Pipe-Kollektoren, in deren Röhren eine schon bei niedrigen Temperaturen verdampfende Flüssigkeit enthalten ist. Sie verdampft bei Sonneneinstrahlung und kondensiert an einem Wärmeübertrager, wobei sie Wärme an eine Wärmeträgerflüssigkeit abgibt.

Sollen noch höhere Temperaturen erreicht werden, als dies mit Vakuumröhrenkollektoren möglich ist – etwa für die Gewinnung industrieller Nutzwärme –, muss die genutzte Solarstrahlung konzentriert werden. Einzig auf diese Weise können die höheren thermischen Verluste bei heißeren Absorbern kompensiert werden. Konzentriert werden kann aber nur die *gerichtete* Strahlung, also der Direktstrahlungsanteil der Solarstrahlung. Konzentrierende Systeme sind daher nur eine Option für Standorte, an denen ein gutes Direktstrahlungsangebot herrscht.[8]

Übliche konzentrierende Kollektoren fokussieren die Strahlung auf eine Linie oder auf einen Punkt. Für thermische Anwendungen sind insbesondere linienkonzentrierende Systeme von Bedeutung. So wurden kleinere Fresnelkollektoren zur Erzeugung von Prozesswärme, aber auch für den Betrieb von Absorptionskältemaschinen errichtet. 2013 wurde eine größere Parabolrinnenanlage auf einer sieben Hektar großen Fläche in einem Kupferbergwerk in Chile eingeweiht. In Deutschland werden konzentrierende Systeme aufgrund

8 Praktisch alle solarthermischen Anwendungen funktionieren nur bei direkter Sonneneinstrahlung wirklich gut. Diffuse Strahlung trägt nur sehr gering zur Wärmeerzeugung bei. Konzentrierende Systeme beruhen jedoch *ausschließlich* auf dem Direktstrahlungsanteil.

des geringen Direktstrahlungsanteils in der Solarstrahlung auch weiterhin nur eine marginale Bedeutung haben.

Photovoltaik

Bei der photovoltaischen Nutzung der Solarstrahlung wird Strahlungsenergie direkt in elektrische Energie gewandelt. Der folgende Abschnitt umreißt die physikalischen Grundlagen der photovoltaischen Energiewandlung in gebotener Kürze.

Die photovoltaische Energiewandlung findet in Solarzellen statt, die hauptsächlich aus einem Halbleitermaterial bestehen. Ein Halbleiter ist dadurch charakterisiert, dass er einerseits nicht so gut isoliert wie ein Isolator, andererseits aber auch nicht so gut den Strom leitet wie ein elektrischer Leiter. In einem Isolator sind die Elektronen in den Atomen *gebunden*; sie sind nicht frei beweglich und somit liegen keine freien Ladungsträger vor, die für einen Stromfluss nötig wären. Nach dem Energiebändermodell sind bei einem Isolator Valenzband und Leitungsband deutlich voneinander getrennt. Das Valenzband ist das höchste Energieniveau, das am absoluten Temperaturnullpunkt noch von Elektronen besetzt ist. Das Leitungsband ist das nächsthöhere von den Elektronen besetzbare Energieniveau. Ist die Bandlücke zwischen ihnen so breit, dass Elektronen ohne außergewöhnliche Anregung nicht vom Valenzband in das Leitungsband wechseln können, dann handelt es sich bei dem Material um einen Isolator. Um die Elektronen in das Leitungsband zu heben, müssten sie stärker angeregt werden, als dies unter „normalen" Umständen – also ohne außergewöhnlich hohe Temperaturen, außergewöhnlich starke Felder und außergewöhnliche Strahlungsereignisse – der Fall ist. Bei elektrischen Leitern hingegen ist die Bandlücke nicht vorhanden. Elektronen im Valenzband stehen als freie Ladungsträger zur Verfügung, so dass im Material Strom fließen kann. Die Halbleiter liegen *zwischen* den elektrischen Leitern und den Isolatoren (Abbildung 8). Bei ihnen gibt es wie bei den Isolatoren eine Bandlücke zwischen Valenzband und Leitungsband. Diese Lücke ist jedoch so klein, dass Elektronen sie auch schon bei recht geringer Anregung überspringen können. So erhöht sich die Leitfähigkeit von Halbleitern bei zunehmender Temperatur, da sich bei höherer Temperatur mehr Elektronen im Leitungsband befinden. Auch Lichteinfall kann dazu führen, dass Elektronen angeregt und in das Leitungsband gehoben werden. Letzterer Effekt wird in Solarzellen ausgenutzt. Licht, das in eine Solarzelle einfällt, gibt Energie an Elektronen ab, so dass sich diese aus ihren Bindungen lösen und zu freien Ladungsträgern werden. Gleichzeitig bleiben Fehlstellen zurück, Lücken, in die andere Elektronen einspringen können. Wird ein Elektron aus seiner Position im Kristallgitter gelöst, dann bleibt ein positiv geladener Atomrumpf zurück, der ein anderes Elektron binden kann und somit seine Neutralität wiedererlangt. Dabei hinterlässt das eingesprungene Elektron an einer anderen Stelle im Kristallgitter eine Lücke. Das bedeutet, dass nicht nur die ins Leitungsband gehobenen Elektronen freie Ladungsträger sind, sondern auch die Lücken. Denn auch diese können indirekt wandern, indem Elektronen in sie einspringen und dabei an anderen Stellen Lücken hinterlassen. Das mit großem Abstand häufigste in Solarzellen verwendete Halbleitermaterial ist Silizium.

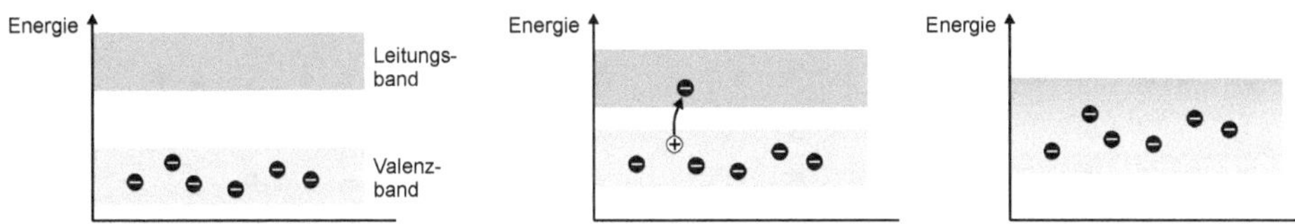

Abb. 8 Energiebändermodell für Isolatoren (links), Halbleiter (Mitte) und elektrische Leiter (rechts) (Grafik: M. Günther)

In einer Solarzelle werden die freien Ladungsträger, freie Elektronen und Lücken, also durch Lichteinfall erzeugt. Das Vorliegen freier Ladungsträger ist eine notwendige Bedingung dafür, dass Solarzellen Spannungsquellen sein können. Es ist jedoch noch keine *hinreichende* Bedingung, denn eine Spannung liegt erst dann vor, wenn die freien Ladungsträger nicht homogen im Halbleitermaterial verteilt sind. Eine Ladungstrennung muss erreicht werden; positive und negative Ladungsträger müssen voneinander getrennt werden bzw. ihre Konzentration muss in verschiedenen Arealen des Halbleiters verschieden sein. Dies kann dadurch erreicht werden, dass ein elektrisches Feld im Halbleiter erzeugt wird.

Ein elektrisches Feld kann hergestellt werden, indem Störstellen in das Halbleitermaterial eingebracht werden. Man spricht dabei von Dotierungen. Dabei werden Atome eines dreiwertigen Elements (typischerweise Bor) oder eines fünfwertigen Elements (typischerweise Phosphor) in sehr geringer Dichte in das Gitter der vierwertigen Siliziumatome eingesetzt.

Werden Atome eines *fünf*wertigen Elements, also etwa Phosphor, eingesetzt, dann werden vier der fünf Valenzelektronen im Halbleiterkristall gebunden, während das fünfte Valenzelektron nur sehr schwach an das Phosphoratom gebunden ist. Es löst sich leicht aus der Bindung und liegt dann als freier Ladungsträger vor. Ein mit fünfwertigen Atomen dotierter Siliziumkristall besitzt daher bei normalen Umgebungsbedingungen frei bewegliche Elektronen. Einen solchen dotierten Kristall, der negative freie Ladungsträger hat, bezeichnet man als n-Halbleiter.

Werden Atome eines *drei*wertigen Elements eingesetzt, etwa Bor, dann werden die drei Valenzelektronen stabil im Halbleiterkristall gebunden. Eine Bindungsmöglichkeit mit einem benachbarten Siliziumatom jedoch bleibt offen. In diese offene Bindungsposition kann ein Elektron von einem Siliziumatom aus der Umgebung springen, wobei an der Stelle, von der das Elektron stammt, dann ein Elektron fehlt, d. h. eine positive Ladung vorliegt. An diese Stelle kann wiederum ein anderes Elektron einspringen, so dass die positive Ladung in Form einer freien Bindungsstelle von einem Atom zum anderen weitergegeben werden kann: Die freie Bindungsstelle, das Loch, ist ein positiver freier Ladungsträger. Einen mit dreiwertigen Atomen dotierten Halbleiterkristall, der positive freie Ladungsträger hat, nennt man einen p-Halbleiter (Abbildung 9).

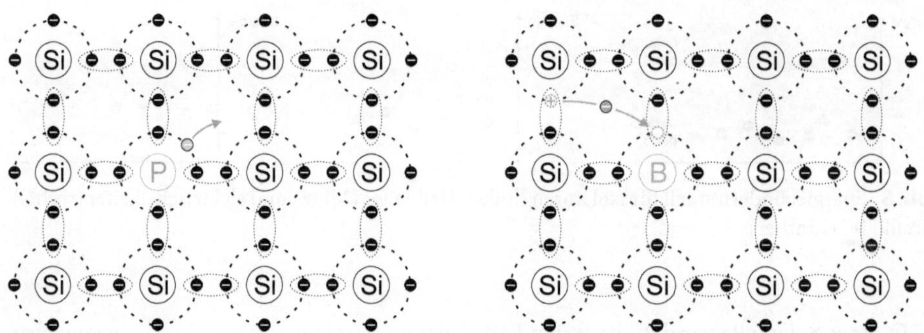

Abb. 9 Mit Phosphor dotierter n-leitender Halbleiter (links), mit Bor dotierter p-leitender Halbleiter (rechts) (Grafik: M. Günther)

Werden ein p-Halbleiter und ein n-Halbleiter zusammengefügt, dann entsteht ein so genannter p-n-Übergang. An einem solchen Übergang bildet sich eine so genannte Raumladungszone aus. Durch Diffusionsprozesse bewegen sich freie Elektronen aus dem n-Halbleiter in den p-Halbleiter. Dabei werden sie im p-leitenden Halbleiter gebunden, indem sie mit den vorhandenen Elektronenlöchern rekombinieren. Dadurch entsteht im p-leitenden Halbleiter ein Elektronenüberschuss; der an den Übergang grenzende Bereich wird negativ aufgeladen. Im n-leitenden Halbleiter hingegen fehlen die Elektronen; es bildet sich eine positiv geladene Zone aus (Abbildung 10).

Die Raumladungszone liefert das elektrische Feld, das den freien Ladungsträgern eine gerichtete Bewegung ermöglicht.

Fällt Licht auf die Solarzelle, dann können Elektronen auf höhere Energieniveaus gehoben werden, so dass sie aus ihren Bindungen herausfallen. Dies geschieht, indem Photonen ihre Energie auf die Elektronen übertragen. Es entstehen freie negative Ladungsträger, die Elektronen, und gleichzeitig auch freie positive Ladungsträger, die Fehlstellen, aus denen die Elektronen herausgetreten sind. Durch die Raumladungszone wirken elektrostatische Kräfte auf die Ladungsträger. Die Elektronen bewegen sich tendenziell in die n-dotierte Halbleiterschicht, da diese Schicht am Übergang positiv geladen ist. Entsprechend häufen sich die Fehlstellen tendenziell in der p-dotierten Halbleiterschicht. Es kommt zu einer Ladungstrennung; zwischen Ober- und Unterseite der PV-Zelle entsteht eine Spannung. Somit kann die Solarzelle als Spannungsquelle dienen. Werden an n-dotierte und p-dotierte Halbleiterschicht Kontakte angebracht und wird der Stromkreis geschlossen, fließt ein Strom vom positiven Rückseitenkontakt zu den negativen Frontkontakten (Abbildung 11).

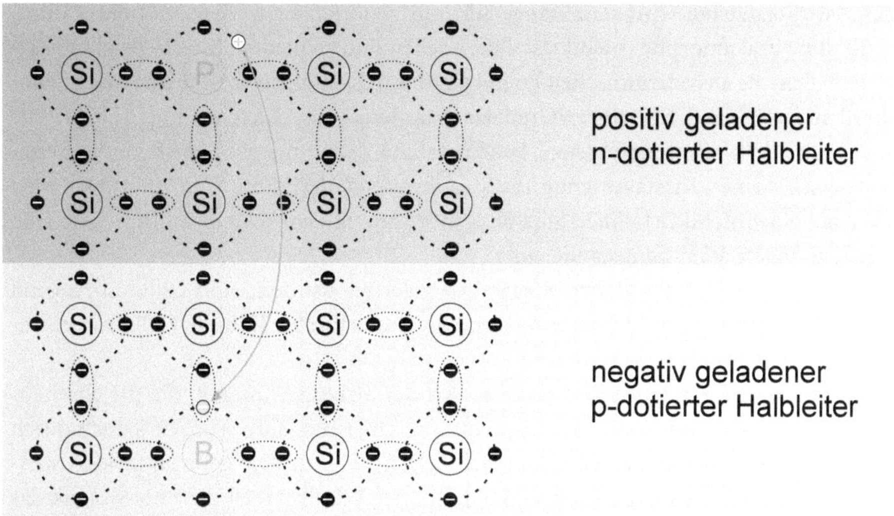

Abb. 10 Ausbildung einer Raumladungszone durch Rekombination an einem p-n-Übergang (Grafik: M. Günther)

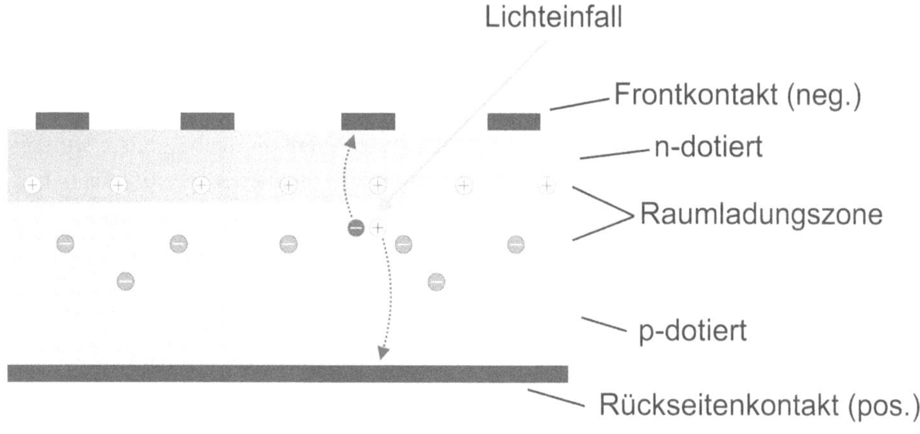

Abb. 11 Struktur einer Photozelle, Erzeugung freier Ladungsträger durch einfallendes Licht und nachfolgende Ladungstrennung (Grafik: M. Günther)

Silizium, das zumeist als Halbleitermaterial benutzt wird, steht praktisch unbegrenzt zur Verfügung. Es ist das zweithäufigste Element in der Erdkruste (nach Sauerstoff) und kommt hauptsächlich in Form von Siliziumdioxid (SiO_2, z. B. in Form von Quarzsand) vor. Unter hohen Temperaturen kann das Silizium in einem Reduktionsprozess gewonnen werden. Für Solarzellen wird sehr reines Silizium benötigt. Es werden monokristalline, polykristalline und amorphe (nichtkristalline) Zellen unterschieden. Monokristalline Zellen, d. h. Zellen, die aus Siliziumscheiben mit einer durchgängigen Kristallstruktur gewonnen werden, erreichen den höchsten Grad der Wandlung von Solarstrahlung in elektrische Energie, sind aber auch am teuersten. Polykristalline Zellen nutzen Scheiben, die Bereiche mit verschiedenen Kristallorientierungen aufweisen (Abbildung 12). Amorphe Zellen bestehen aus einer nichtkristallinen Siliziumschicht. Sie sind am kostengünstigsten, weisen aber auch geringere Wandlungsgrade auf.

Weitere Materialien, aus denen Solarzellen gefertigt wurden, sind Gallium-Arsenid (GaAs), Cadmiumtellurid (CdTe) und Verbindungen aus Kupfer, Indium, Gallium, Schwefel und Selen (CIGS-Solarzelle).

Die Photovoltaik galt lange Zeit als teure Art der Stromgewinnung, die für Nischenanwendungen z. B. in der Raumfahrt sinnvoll war. Über die Jahre wurden jedoch durch Lerneffekte und durch Skaleneffekte der wachsenden PV-Industrie ganz enorme Kostensenkungen erzielt (Abbildung 13). Zusammen mit der Windkraft ist die Photovoltaik das Paradebeispiel für mögliche Kostenreduktionen im Bereich der Nutzung erneuerbarer Energiequellen. Inzwischen wurde auch in Deutschland, wo die solaren Strahlungswerte nur mäßig sind, die Netzparität für speicherlose PV-Systeme erreicht. Der Verbrauch von Strom, der etwa in der PV-Anlage auf dem Dach eines Einfamilienhauses erzeugt wird, ist schon jetzt für den Hausbesitzer häufig günstiger als der Bezug von Strom von einem Stromanbieter.[9] Weitere Kostensenkungen sind in der Zukunft zu erwarten.

Ermöglicht wurden diese Kostensenkungen auch durch die politisch geförderte Entwicklung der PV-Industrie. Gerade Deutschland hat mit einer verlässlichen Einspeisevergütung zu einem großen Teil zu dieser Entwicklung beigetragen. In den letzten zehn Jahren stieg die installierte PV-Leistung in Deutschland rasant an. Insbesondere wurden in den Jahren 2010 bis 2012 jährlich Leistungen installiert, die denen von fünf bis sieben Kernkraftwerken entsprechen (Abbildung 14).

---

[9] Netzparität bedeutet, dass der Strom aus PV-Zellen zu den Kosten erzeugt werden kann, die für den Konsumenten anfallen, wenn er seinen Strom aus dem Netz bezieht. Netzparität ist also der Punkt in der Preisentwicklung, ab dem es für den Stromkunden interessant wird, unabhängig von Unterstützungsprogrammen PV-Strom zu erzeugen und selbst zu verbrauchen.

Abb. 12 Ein Vorteil der Photovoltaik ist die Möglichkeit ihrer Integration in Gebäudeoberflächen. PV-Module aus monokristallinen PV-Zellen auf einem Dach (links, Foto: TR/pixelio.de) und polykristalline Zellen als Fassadenelemente (rechts, Foto: C. Nöhren/pixelio.de)

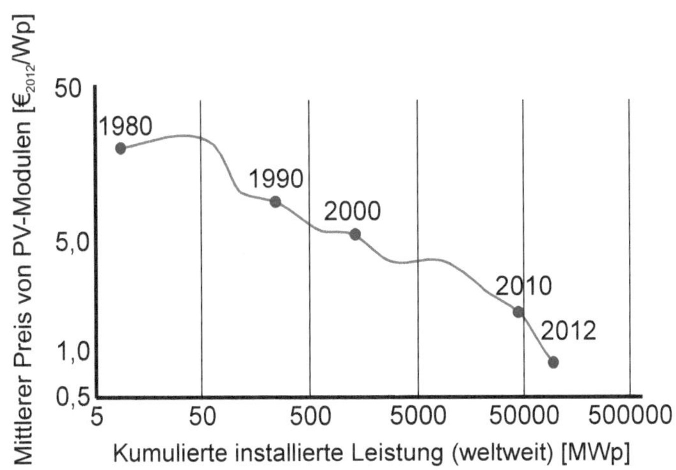

Abb. 13 Entwicklung der Preise für PV-Module (Daten: PSE AG/Fraunhofer ISE, Grafik: M. Günther)

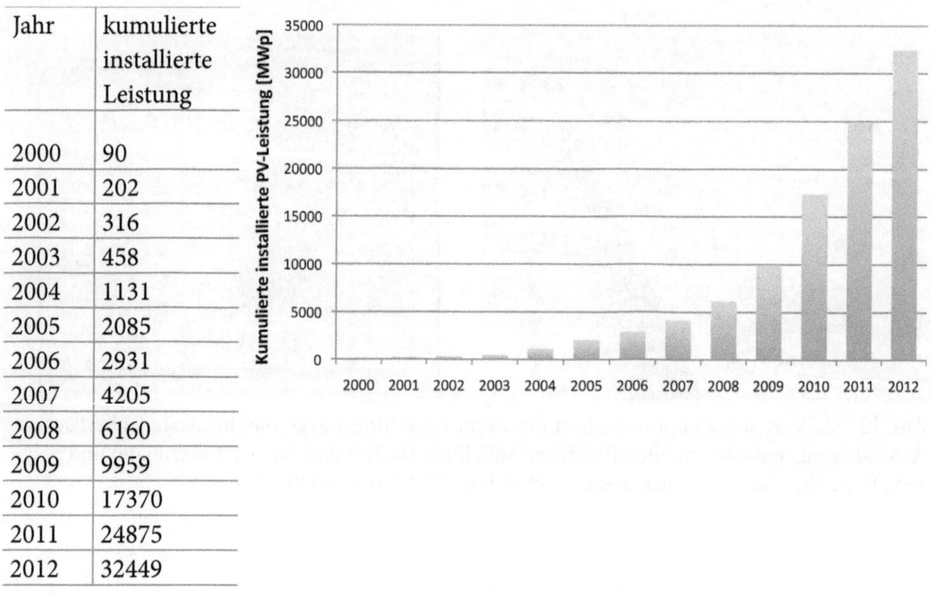

Jahr	kumulierte installierte Leistung
2000	90
2001	202
2002	316
2003	458
2004	1131
2005	2085
2006	2931
2007	4205
2008	6160
2009	9959
2010	17370
2011	24875
2012	32449

Abb. 14 Installierte PV-Leistung in Deutschland (Grafik: M. Günther)

Der Zubau der Photovoltaik wird in Deutschland weiter anhalten, auch wenn die Dynamik der letzten Jahre wohl nicht mehr ganz gehalten werden kann. Weltweit wird der Boom aber erst richtig beginnen. Wie groß das Nachholpotenzial ist, lässt sich daran ablesen, dass Ende 2013 ein Viertel (!) der weltweit installierten PV-Kapazität in Deutschland zu finden war, d. h. in einem Land, das nur ein recht begrenztes Solarstrahlungsangebot aufweist und in dem nur etwas mehr als ein Prozent der Weltbevölkerung lebt. Von den etwa 140 GW weltweit installierter PV-Kapazität waren zu diesem Zeitpunkt reichlich 35 GW in Deutschland installiert.

Solarthermische Kraftwerke

Photovoltaik ist gegenwärtig die dominierende Technik der Wandlung solarer Strahlungsenergie in elektrische Energie. Es ist aber bei weitem nicht der einzige technisch ausgereifte Weg solarer Stromerzeugung. Eine andere Möglichkeit besteht darin, die Strahlung zunächst in Wärme und diese dann in einem konventionellen thermischen Kraftwerksblock mittels Turbinen in mechanische Energie und schließlich mit Generatoren in elektrische Energie zu wandeln. Dies geschieht in solarthermischen Kraftwerken. Die Energiewandlungskette in solchen Kraftwerken ist wesentlich länger als bei der photovoltaischen Stromerzeugung. Während Solarzellen die Strahlungsenergie direkt in elektrische Energie wandeln, wird in einem solarthermischen Kraftwerk die Strahlungsenergie über die Zwischenstationen thermischer Energie und mechanischer Energie in elektrische Energie gewandelt (Abbildung 15).

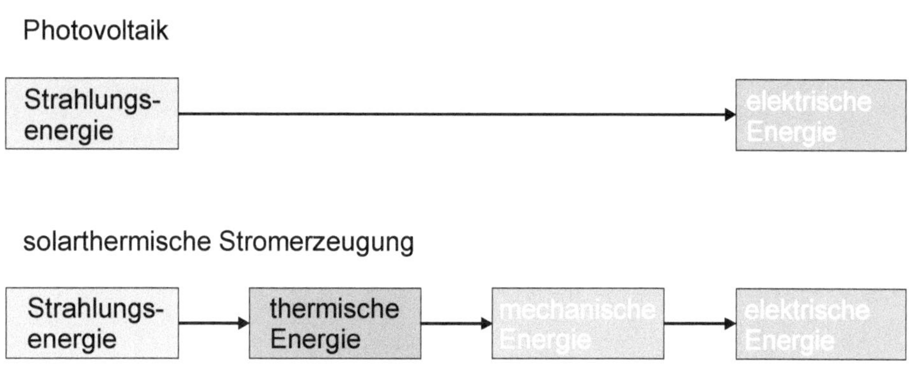

Abb. 15 Energiewandlungsketten in der solaren Stromerzeugung (Grafik: M. Günther)

Eine notwendige Bedingung für den effizienten Betrieb solarthermischer Kraftwerke ist das Erreichen hoher Temperaturen. Denn nur so kann ein Dampfkreislauf effizient betrieben werden. Dabei gilt, dass thermische Energie zu umso größeren Anteilen in mechanische Energie gewandelt werden kann, je höher die Temperaturen sind. Hohe Temperaturen können aber nur erreicht werden, indem die Solarstrahlung konzentriert wird. Solarthermische Kraftwerke haben daher stets konzentrierende Kollektorsysteme. Die konzentrierenden Spiegel sind gleichzeitig die auffälligsten Komponenten der Kraftwerke.[10]

Abbildung 16 illustriert den allgemeinen Zusammenhang von Konzentrationsverhältnissen und den in Kraftwerken erreichbaren Wandlungsgraden. Das Konzentrationsverhältnis ist das Verhältnis der Strahlungsdichte im Brennfleck (bzw. auf der Brennlinie) des optischen Systems zur Strahlungsdichte der einfallenden Solarstrahlung. Zunächst gilt, dass der Wandlungsgrad des Kraftwerks umso höher sein kann, je höher die Temperaturen sind. Gleichzeitig gilt, dass die Temperaturen umso höher sein können, je höher das Konzentrationsverhältnis ist. Das Gesamtsystem ist jedoch nicht am effizientesten, wenn die maximal erreichbaren Temperaturen erzeugt werden. Je höher die Temperaturen getrieben werden, desto größer werden nämlich die thermischen Verluste. Es gibt daher – je nach der Qualität der thermischen Isolierung – für jedes Konzentrationsverhältnis einen optimalen Temperaturbereich. Für diesen optimalen Bereich gilt, dass er umso höher liegt, je größer das Konzentrationsverhältnis ist. Ein hoher Wandlungsgrad in solarthermischen Kraftwerken ist interessant, weil das Solarfeld teuer ist. In der Tat ist es die kostenaufwändigste Komponente der Kraftwerke. Kosten können gesenkt werden, indem ein hoher solar-elektrischer Wandlungsgrad erreicht wird und somit das Solarfeld klein gehalten werden kann.

---

[10] Im Englischen wird häufig der Ausdruck *concentrating solar power* für die solarthermische Stromerzeugung genutzt bzw. *concentrating solar power plant* für solarthermische Kraftwerke (neben *solar thermal power plant*).

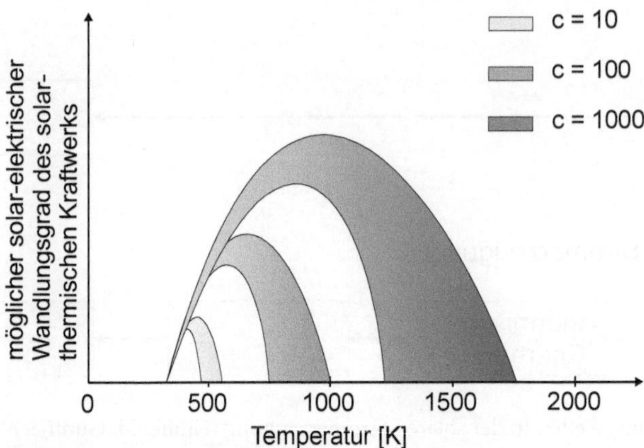

Abb. 16 Abhängigkeit des Wandlungsgrads von solarthermischen Kraftwerken von den Konzentrationsverhältnissen (Grafik: M. Günther)

Absolute Maximaltemperatur in solarthermischen Systemen **Kasten 9**

Wie hoch können die Temperaturen in solarthermischen Anlagen reichen? Eine einfache Überlegung macht klar, dass nicht jede beliebige Temperatur erreicht werden kann, sondern dass es aus physikalischen Gründen eine prinzipielle Grenze geben muss: Nach dem Zweiten Hauptsatz der Thermodynamik gilt, dass Energie nicht ohne weiteres von einem Körper mit einer geringeren Temperatur auf einen Körper höherer Temperatur übergeht. Aus diesem Grund liegt im Bereich von 5500 °C, der Temperatur der Sonnenoberfläche, die absolute Grenze der erreichbaren Absorbertemperaturen. Noch höhere Temperaturen würden bedeuten, dass ein Wärmetransport von einem Körper mit einer niedrigeren Temperatur, der Sonne, auf einen Körper mit einer höheren Temperatur, den Absorber, stattfindet. Dies ist nicht möglich.[11]

Das technisch Machbare liegt allerdings weit unterhalb der 5500 °C. In realisierten Anlagen liegen die Temperaturen immer noch deutlich unterhalb von 1000 °C. Sowieso sind höhere Temperaturen kaum von Interesse. Es gibt für sie kaum Verwendung und die Materialanforderungen an die Komponenten schnellen mit höheren Temperaturen ebenfalls in die Höhe.

[11] Es gibt noch ein weiteres leicht nachzuvollziehendes Argument dafür, dass die in einem konzentrierenden System erreichbaren Temperaturen eine Grenze haben müssen: Für unbegrenzte Temperaturen bräuchte man ein unbegrenztes Konzentrationsverhältnis. D. h. die Solarstrahlung müsste nicht nur in einen Brennfleck, sondern in einem ausdehnungslosen Brenn*punkt* konzentriert werden können. Letzteres wäre aber nur möglich, wenn die Direktstrahlung als exakt parallele Strahlung vorläge. Da die Sonnenscheibe aber eine Ausdehnung hat, ist die Strahlung nicht perfekt parallel und kann somit nicht in einen Punkt gebündelt werden. Die Strahlungskonzentration hat also eine absolute Grenze, und somit können auch die erreichbaren Temperaturen nicht über jeden beliebigen Wert ansteigen.

Konzentriert werden kann nur die gerichtete Strahlung der Sonne, die Direktstrahlung. Ungerichtete, diffuse Strahlung kann nicht konzentriert werden. Im Gegensatz zu Photovoltaikanlagen, die auch diffuse Strahlung nutzbar machen, sind solarthermische Kraftwerke daher auf Standorte angewiesen, an denen es ein ausreichendes Angebot an Direktstrahlung gibt. Solche Standorte liegen hauptsächlich in den so genannten Sonnengürteln der Erde. Die Sonnengürtel sind die ariden Hochdruckgürtel, die jeweils ungefähr zwischen dem 20. und 40. Grad nördlicher und südlicher Breite liegen. Weiter nördlich oder südlich ist das Direktstrahlungsangebot durch ungünstigere Einstrahlwinkel und aufgrund stärkerer Bewölkung zu gering. Auch in weiten Bereich der Tropen, insbesondere im Bereich der innertropischen Konvergenzzone, ist das Direktstrahlungsangebot aufgrund stärkerer Bewölkung zu gering.[12] Die meisten solarthermischen Kraftwerke stehen zurzeit in Südspanien und im Südwesten der USA, weitere wurden insbesondere in Nordafrika und im Nahen Osten gebaut.

Die Strahlungskonzentration wird mit Spiegelsystemen erreicht. Eingesetzt werden können linienkonzentrierende Systeme, die die Solarstrahlung auf eine Linie konzentrieren, und punktkonzentrierende Systeme, die die Strahlung in einen Brennfleck konzentrieren. Linienkonzentrierende Systeme erreichen Strahlungskonzentrationen von etwa 80, punktkonzentrierende Systeme über 1000.[13] Punktkonzentrierende Systeme können entsprechend auch weit höhere Temperaturen erreichen als linienkonzentrierende Systeme. In Parabolrinnenkraftwerken werden zumeist knapp 400 °C erreicht. Dieser Wert wird durch ein synthetisches Öl festgelegt, das in den meisten Fällen als Wärmeträgermedium genutzt wird und die thermische Energie vom Solarfeld zum Kraftwerksblock transportiert. Bei höheren Temperaturen würde das Öl zersetzt. Bei Fresnelkraftwerken und inzwischen auch bei einigen Parabolrinnenkraftwerken wird der Dampf für die Turbine auch direkt in den Receivern im Solarfeld erzeugt. In Turmkraftwerken werden Temperaturen bis nahezu 700 °C erreicht.[14]

Die ideale Form konzentrierender Spiegel ist die Parabel. Strahlung, die parallel zur optischen Achse in eine Parabelform einfällt, wird in einem Brennpunkt auf der optischen Achse fokussiert. Entsprechend werden Parabolrinnen in linienfokussierenden Kraftwerken zur Strahlungskonzentration eingesetzt. Auch werden Parabolspiegel in kleineren Systemen genutzt, um die Strahlung in einem Punkt zu konzentrieren. Es gibt aber auch eine

---

[12] Die innertropische Konvergenzzone ist eine Tiefdruckrinne in der Nähe des Äquators, die durch das Zusammenfließen der nördlichen und südlichen Passatwinde gekennzeichnet ist und durch Luftmassen, die aufsteigen, sich dabei abkühlen und mit Wolken anreichern.

[13] Das Konzentrationsverhältnis gibt das Verhältnis der Strahlungsdichte im linien- oder punktförmigen Fokus zur Direktstrahlungsdichte der auf das Spiegelsystem (genauer: auf der Aperturebene) auftreffenden Solarstrahlung an. Beträgt also die Direktstrahlungsdichte auf der Aperturebene z. B. 1000 W/m^2, dann ist die Strahlungsdichte am Receiver eines linienkonzentrierenden Systems etwa 80 kW/m^2 und am Receiver eines punktkonzentrierenden Systems etwa 1 MW/m^2.

[14] Im Forschungskraftwerk in Jülich bei Aachen werden 680 °C im Receiver erreicht. Kommerzielle Turmkraftwerke in Spanien erreichen 565 °C (mit Salzschmelzen als Wärmeträgermedium) oder auch nur 300 °C (mit Direktverdampfung).

Reihe von Konzentrationsgeometrien, die nicht auf der Parabelform beruhen. Besonders wichtig sind die linienfokussierenden linearen Fresnelsysteme[15] und die punktkonzentrierenden Heliostatenfelder von Solarturmkraftwerken (Abbildung 17).

Im Vergleich zu Photovoltaik-Anlagen sind solarthermische Kraftwerke in den letzten Jahren wirtschaftlich etwas ins Hintertreffen geraten. Einige vor Jahren noch geplante Projekte werden nicht realisiert, da die Stromgestehungskosten nach den deutlichen Kostenreduktionen im PV-Bereich inzwischen vergleichsweise hoch liegen. Solarstrom kann billiger aus PV-Anlagen gewonnen werden. Dies liegt auch daran, dass der Markt für solarthermische Kraftwerke immer recht klein geblieben ist und sich nur diskontinuierlich entwickelt hat. Es gibt nur wenige Anbieter auf dem Markt. Die freien Marktkräfte konnten nicht derart wirksam werden, dass die Kosten hätten nennenswert fallen können. Der kostenträchtigste Teil solarthermischer Kraftwerke, das Kollektorfeld, könnte wesentlich kostengünstiger gebaut werden. Im Vergleich zur Photovoltaik dürften die Kostensenkungspotenziale hinsichtlich der Kraftwerke insgesamt allerdings geringer ausfallen. Denn wichtige Komponenten solarthermischer Kraftwerke sind konventionelle Kraftwerkstechnologie, bei der Lern- und Skaleneffekte kaum noch zu erwarten sind.

Auf der anderen Seite ist zu berücksichtigen, dass solarthermische Kraftwerke im Gegensatz zu PV-Anlagen verhältnismäßig einfach Strom *nach Bedarf* liefern können. Da die Strahlungsenergie zunächst in thermische Energie gewandelt wird, lässt sich ohne großen Zusatzaufwand ein Energiespeicher in das Kraftwerk integrieren. Thermische Energie ist die Energieform, die sich am einfachsten und preiswertesten speichern lässt. Solarthermische Kraftwerke können daher einen wichtigen Beitrag zum stabilen Betrieb von Stromnetzen liefern, indem sie Regelenergie zur Verfügung stellen. Außerdem ermöglicht ihr gezielter Einsatz die Bereitstellung teureren Spitzenlaststroms, was den Nachteil der höheren Stromgestehungskosten relativiert. Ferner ist es recht einfach, ein solarthermisches Kraftwerk zu hybridisieren. Dazu können Brenner eingesetzt werden, die zusätzlich zur solar generierten Wärme Energie aus Brennstoffen bereitstellen. Auch dadurch kann die Stromerzeugung unabhängig von momentan vorhandener Strahlung gemacht werden. Durch die Möglichkeit, thermische Speicher in ein solarthermisches Kraftwerk zu integrieren oder sie in hybridisierter Weise zu betreiben, kann ein entsprechend ausgestattetes solarthermisches Kraftwerk als komplettes Energieversorgungssystem betrachtet werden. Dies ist bei einem wirtschaftlichen Vergleich mit der Photovoltaik zu berücksichtigen.

---

[15] Augustin-Jean Fresnel hat Anfang des 19. Jahrhunderts die nach ihm benannte Fresnel-Linse entwickelt, die die Strahlungskonzentration einer konventionellen Sammellinse dadurch erreicht, dass der Linsenkörper in konzentrische Kreise aufgeteilt wird. Es können dadurch dünnere und leichtere Linsen gebaut werden, die ähnlich konzentrierend wirken wie konventionelle Sammellinsen. In analoger Weise wird bei einem linearen Fresnel-Spiegelsystem die linienkonzentrierende Wirkung einer Parabolrinne dadurch erreicht (bzw. angenähert), dass der Spiegel in schmalere Spiegelstreifen aufgeteilt wird, die in einer Ebene angeordnet sind. Wie auch bei der Fresnel-Linse reduziert dies jedoch die optische Qualität des Systems; die erreichbaren Konzentrationsverhältnisse sind geringer.

Abb. 17 Linienfokussierende Parabolrinne (oben links), punktkonzentrierende Parabolspiegel (oben rechts), linearer Fresnelkollektor (unten links) und Solarturmsystem (unten rechts) (Fotos: Mit freundlicher Genehmigung von © DLR 2014. All Rights Reserved.)

4.4.2 Indirekte Nutzung der Solarstrahlung

Nach dem Blick auf die direkte Nutzung der Solarenergie in Photovoltaik-Anlagen und in solarthermischen Anwendungen sollen nun Formen der indirekten Nutzung der Solarstrahlung betrachtet werden.

Wasserkraft

Die in der Stromerzeugung traditionell und bislang wichtigste Form der indirekten Solarenergienutzung ist die Nutzung der Wasserkraft. Wasserkraftwerke sind eine schon seit langer Zeit etablierte Technologie. Sie stellen gegenwärtig etwa 16 % des global generierten Stroms bereit. Wasserkraft ist damit weltweit noch mit sehr großem Abstand die wichtigste erneuerbare Energiequelle für die Stromerzeugung (gefolgt von der Windenergie mit einem Anteil von etwa 3 %). Die größten Kraftwerke der Welt sind Wasserkraftwerke. Das Kraftwerk am chinesischen Drei-Schluchten-Staudamm hat mit 18 GW die größte installierte Leistung. In vielen Ländern werden weiterhin große Wasserkraftwerke geplant und gebaut. In Europa, insbesondere im dicht besiedelten Mitteleuropa, ist das weitere Ausbaupotenzial stark begrenzt. In Deutschland werden jährlich etwa 21 TWh Strom aus Wasserkraft gewonnen. Dies entspricht reichlich 3 % der gesamten Stromerzeugung.

Inzwischen haben Windkraft, Bioenergie und seit kurzem auch die Photovoltaik die Wasserkraft in Deutschland hinter sich gelassen. Auch weltweit ist abzusehen, dass Wind- und Solarenergie mittelfristig der Wasserkraft den bislang unangefochtenen Spitzenplatz in der Stromerzeugung streitig machen werden. In einigen Ländern wird die Wasserkraft jedoch auch langfristig wichtig sein. In Österreich und der Schweiz etwa werden ungefähr 60 % des Stroms aus Wasserkraft erzeugt, in Norwegen nahezu 99 %. Diese Länder haben aufgrund ihrer gebirgigen Topographie und ausreichender Niederschläge günstige Bedingungen für die Nutzung der Wasserkraft. In den meisten Ländern sind solche Bedingungen jedoch nicht gegeben. Auch für Deutschland kann nur von einem begrenzten nutzbaren Potenzial von etwa 24 TWh pro Jahr ausgegangen werden [26].

Die Leistung von Wasserkraftwerken wird von den beiden Hauptparametern Durchfluss und Fallhöhe bestimmt. Je größer der Durchfluss und je größer die Fallhöhe sind, desto größer kann die Leistung der Kraftwerke sein. Bei großem Gefälle können Wasserkraftwerke mit einem Speichersee ausgestattet werden, so dass sie Energie nach Bedarf liefern können. Außerdem kann in einem Speicherkraftwerk gleichzeitig Pumpbetrieb vorgesehen werden, so dass das Kraftwerk auch als Pumpspeicherkraftwerk betrieben werden kann. Wasserkraftwerke im flacheren Land sind zumeist Laufwasserkraftwerke ohne ausgeprägte Speicherseen. Durch Schwallbetrieb, d. h. durch kurzzeitiges Anstauen des Wassers (über maximal einige Stunden) ist auch bei einigen Laufwasserkraftwerken eine gewisse Steuerung der Leistungsabgabe möglich, so dass in begrenztem Umfang ebenfalls Strom nach Bedarf produziert werden kann.

Abhängig von Druckniveau und Durchfluss werden Peltonturbinen (hoher Druck, geringer Durchfluss), Francisturbinen (mittleres Druckniveau und mittlerer Durchfluss) und Kaplanturbinen (niedriger Druck und großer Durchfluss) eingesetzt.

Große Wasserkraftwerke bedeuten in vielen Fällen einen starken Eingriff in die natürliche Umgebung. Häufig werden große Flächen durch die Speicherbecken überflutet. Das Fließverhalten des Gewässers wird verändert, der Sedimenttransport wird unterbrochen und die Durchgängigkeit für Flusslebewesen wird verringert. Diese und weitere Aspekte müssen bei der Bewertung von Wasserkraftprojekten und bei ihrer technischen Umsetzung berücksichtigt werden.[16] Neben den Einsparungen an CO_2-Emissionen, die möglicherweise mit dem Bau von Wasserkraftwerken erzielt werden, müssen in einer Gesamtbewertung auch andere Auswirkungen auf Umwelt und Landschaft berücksichtigt werden. Großkraftwerke mit ihren teilweise gravierenden Folgen für die natürliche und kulturelle Umgebung werden zunehmend kritisch beurteilt.

Windenergie

Die Nutzung der Windenergie durch Windkraftanlagen hat in den letzten zwei Jahrzehnten eine exemplarische Entwicklung genommen. Nachdem sie in den 90er Jahren mit noch

---

[16] Das Erneuerbare Energien Gesetz (EEG) bindet Tarife für Wasserkraft an die ökologische Qualität des Projekts. Dabei werden u.a. biologische Durchlässigkeit, Mindestabfluss und Uferstruktur berücksichtigt.

Abb. 18 Verschiedene Windturbinen-Typen: Savonius-Rotor als Beispiel für einen Widerstandsläufer (links oben, Foto: Toshihiro Oimatsu/http://de.wikipedia.org/wiki/Savonius-Rotor), Darrieus-Rotor als Beispiel für einen vertikalachsigen Auftriebsläufer (links Mitte, Foto: Hannes Grobe/ http://de.wikipedia.org/wiki/Darrieus-Rotor), vielblättrige horizontalachsige Auftriebsläufer (links unten, Foto: Georg Slickers/http://de.wikipedia.org/wiki/Western-Windrad) und kommerzielle dreiblättrige Windturbine (rechts, Foto: Philipp Hofer/pixelio.de)

recht kleinen Anlagen (im 100 kW-Bereich) in die Mengenproduktion startete und die Stromgestehungskosten noch hoch waren, ist die Technologie nun mit großen Anlagen im Multi-MW-Bereich ausgereift. Inzwischen kann Windstrom auch auf einem sehr günstigen Kostenniveau erzeugt werden. In Deutschland produzieren Windkraftanlagen bereits mehr als 7 % des Stroms, mehr als jede andere Technologie zur Nutzung erneuerbarer Energiequellen.

Heutige kommerzielle Windturbinen sind fast ausschließlich dreiblättrige Auftriebsläufer (Abbildung 18). Diese Bauform ist laufruhig und erreicht hohe Leistungsbeiwerte,

d. h. dem Wind kann ein großer Teil der in ihm enthaltenen kinetischen Energie entzogen werden.[17]

Widerstands- und Auftriebsläufer **Kasten 10**

Widerstands- und Auftriebsläufer unterscheiden sich hinsichtlich der Richtung der antreibenden Kraft in Bezug auf die Windrichtung. Bei Widerstandsläufern entspricht die Richtung der antreibenden Kraft der Windrichtung; bei Auftriebsläufern steht die antreibende Kraft senkrecht zur Windrichtung (Abbildung 19). Auftriebsläufer können höhere Leistungsbeiwerte erreichen und werden in kommerziellen Anwendungen zumeist genutzt.

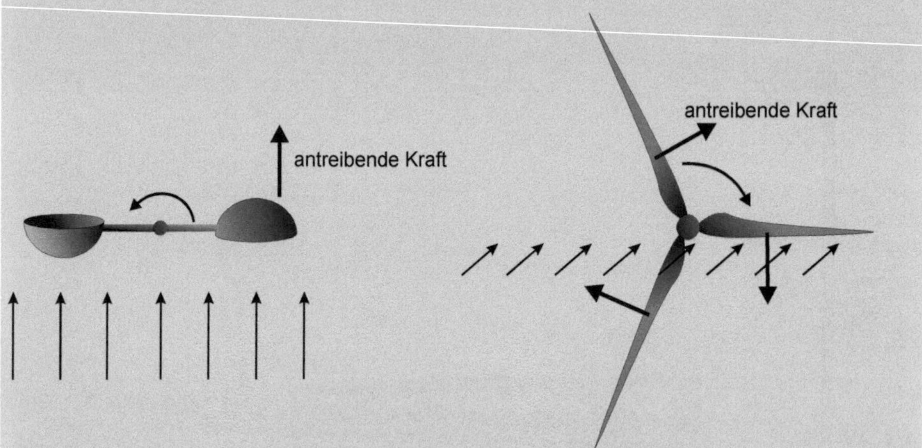

Abb. 19 Beispiel für einen Widerstandsläufer (Schalenkreuzanemometer, links) und einen Auftriebsläufer (kommerzielle Windturbine, rechts) (Grafik: M. Günther)

Die Leistung von bewegter Luft, die senkrecht durch eine Fläche A strömt, beträgt $P_{Wind} = \rho/2 \cdot A \cdot v^3$, wobei ρ die Luftdichte und v die Windgeschwindigkeit ist. Auffällig ist die starke, nämlich kubische Abhängigkeit der Windleistung von der Windgeschwindigkeit: $P_{Wind} \sim v^3$. Dies bedeutet auch, dass die Windgeschwindigkeit für den wirtschaftlichen Betrieb von Windkraftanlagen von herausragender Bedeutung ist. Kleine Veränderungen in der Windgeschwindigkeit bewirken große Veränderungen in der Stromerzeugung. 10 % höhere Windgeschwindigkeiten ermöglichen etwa 30 % höhere Stromerträge. Dabei kann nur ein Teil der im Wind enthaltenen kinetischen Energie genutzt werden. Der theoretisch maximale Leistungsbeiwert beträgt etwa 59 % (Betz'scher Leistungsbeiwert). Große kommerzielle Windkraftanlagen erreichen Leistungsbeiwerte von etwa 50 %, d. h. etwa

[17] Der Leistungsbeiwert ist das Verhältnis der mechanischen Energie, die Rotor der bewegten Luft entnimmt, zur kinetischen Energie der Luft, die durch den Rotorquerschnitt strömt zur.

die Hälfte der kinetischen Energie, die in ungestörter bewegter Luft enthalten ist, die durch eine dem Turbinenquerschnitt entsprechende Fläche strömt, wird an den Generator übergeben.

Die kubische Abhängigkeit der Windleistung von der Windgeschwindigkeit **Kasten 11**

Dass die Leistung proportional zur dritten Potenz der Windgeschwindigkeit ist, wird durch folgende Überlegung leicht verständlich: Die kinetische Energie einer Masse Luft, die durch die Fläche A strömt, ist proportional zum Quadrat der Windgeschwindigkeit:

$$E_{Wind} = mv^2/2.$$

Außerdem gilt, dass die Masse an Luft, die in einer bestimmten Zeit die Fläche durchströmt, selbst proportional zur Windgeschwindigkeit ist:

$$m = A \cdot v \cdot \rho \cdot \Delta t.$$

Die kinetische Energie der Luft, die in der Zeitspanne Δt durch den Querschnitt strömt, ist also proportional zur dritten Potenz der Windgeschwindigkeit:

$$E_{Wind} = mv^2/2 = A \cdot v \cdot \rho \cdot \Delta t \cdot v^2/2 = A \cdot \rho \cdot \Delta t \cdot v^3/2.$$

Entsprechend ist auch die Windleistung proportional zur dritten Potenz der Windgeschwindigkeit:

$$\frac{dE_{Wind}}{dt} = P_{Wind} = \frac{1}{2} \cdot \rho \cdot A \cdot v^3.$$

Windkraftanlagen werden heute überwiegend durch Blattwinkelverstellung geregelt. Bei starkem Wind werden die Blattnasen leicht in den Wind gedreht, so dass die Leistungsentnahme aus dem Wind gedrosselt wird. Man spricht von Pitch-Regelung.[18] Frühere Anlagen wurden auch durch Strömungsabriss geregelt, der bei stärkerem Wind an den – zumeist starren, teils aber auch bewegten – Blättern auftritt. Strömungsabriss bedeutet, dass die im Normalbetrieb am Flügel entlang streichende laminare Strömung in eine turbulente Strömung umschlägt, wobei die antreibende Kraft abrupt in sich zusammenfällt und somit die Leistungsentnahme reduziert wird. Bei dieser Art von Leistungsregelung spricht man von Stall-Regelung, die man entsprechend vorhandener oder nicht vorhandener Möglichkeit der Blattwinkelverstellung noch unterteilen kann in passive und aktive Stall-Regelung.[19]

Windkraftanlagen werden heutzutage zumeist drehzahlvariabel betrieben. Auf diese Weise können die Turbinen bei verschiedenen Windgeschwindigkeiten jeweils im aerodynamischen Bestpunkt gefahren werden, so dass stets hohe Leistungsbeiwerte erreicht werden. Wird die Turbine drehzahlvariabel betrieben, wird auch der Generator

[18] *pitch* (engl.): Anstellwinkel

[19] *stall* (engl.): Strömungsabriss

drehzahlvariabel betrieben. Eingesetzt werden Synchron- und Asynchrongeneratoren. Um die Drehzahlvariabilität sicherzustellen, können die Synchrongeneratoren jedoch nicht direkt ans Netz gekoppelt werden. Sie werden über einen Gleichstromzwischenkreis indirekt angekoppelt. Ebenso werden Asynchrongeneratoren in doppeltgespeister Version eingesetzt, bei der ebenfalls die Drehzahl von der Netzfrequenz abgekoppelt ist. Eine direkte Netzkopplung der Generatoren hingegen, bei denen feste Drehzahlen eingehalten werden müssen, wurde in den 90er Jahren bei den damals noch etwas kleineren Anlagen regelmäßig realisiert.

Gegenwärtig erlebt die Windenergie einen fortgesetzt starken Ausbau. Während sich vor Jahren das Wachstum noch auf Europa konzentrierte, werden inzwischen in weiten Teilen der Welt Windkraftanlagen im größeren Stil installiert. Die gegenwärtig größten Märkte sind China und die USA. In Deutschland sind viele gute Standorte bereits belegt. Die installierte Leistung wächst weiterhin durch Belegung auch weniger guter Standorte oder durch die Ersetzung älterer Anlagen durch neue, größere (so genanntes Repowering). Ein in Deutschland recht neues Feld ist die Windkraftnutzung auf dem Meer. Vorreiter auf diesem Gebiet waren Dänemark, die Niederlande, Schweden und Großbritannien, wo seit etwa 2000 die ersten Offshore-Windparks entstanden. In Deutschland wurde der erste Offshore-Windpark 2010 in Betrieb genommen. Die Windkraftnutzung auf dem Meer hat ein sehr großes Potenzial, allerdings kostet der Windstrom vom Meer deutlich mehr als der Windstrom vom Lande. Daher geht die Tendenz dahin, die ehrgeizigen Offshore-Ausbauziele, die noch vor wenigen Jahren ausgegeben wurden, inzwischen etwas vorsichtiger zu formulieren. Eine verstärkte Nutzung der Offshore-Windkraft wird jedoch langfristig unerlässlich sein, wenn Deutschland sich eines Tages vorrangig aus eigenen Quellen mit Energie versorgen will [36].

Die Windkraft ist neben der Photovoltaik das Paradebeispiel für eine geglückte technologische und wirtschaftliche Entwicklung im Bereich der Nutzung erneuerbarer Energiequellen. In dem kurzen Zeitraum von etwa 30 Jahren sich stetig intensivierenden kommerziellen Einsatzes hat sich die Windkraft zu einer leistungsfähigen und verlässlichen Technologie entwickelt. Besonders eindrucksvoll ist die Entwicklung der Turbinengrößen. Lagen die Leistungen der Turbinen in den 80er Jahren noch im Bereich unter 100 kW (mit Rotordurchmessern zwischen 10 und 20 m), so werden inzwischen Anlagen mit 7,5 MW gebaut (mit Rotordurchmessern von 126 m und mehr). Windkraft ist inzwischen auch wirtschaftlich wettbewerbsfähig geworden. In Deutschland liegen die Stromgestehungskosten an guten Standorten bei etwa 6 €ct/kWh, also etwa im Bereich des Börsenpreises für Strom. Die Entwicklung der Windkraft ist damit ein positives Beispiel dafür, wie die politische Förderung einer Technologie und eines Wirtschaftszweigs zu deren Reife führen kann. Windkraft wird in Deutschland und in vielen anderen Ländern in Zukunft günstigen Strom liefern und dazu beitragen, die Strompreise langfristig zu stabilisieren.

Biomasse

Gegenwärtig stellt die Biomasse global den mengenmäßig wichtigsten erneuerbaren Primärenergieträger dar. Etwa 10 % des globalen Primärenergiebedarfs wird mit Biomasse bedient [26, S. 80]. Auch in Deutschland ist die Biomasse der wichtigste erneuerbare Energieträger. Das gilt zwar nicht für die Stromerzeugung, wohl aber für die Energieversorgung insgesamt. 2012 wurden etwa zwei Drittel der regenerativ basierten Endenergie aus Biomasse erzeugt. Bei einem über 12 % liegenden Beitrag der erneuerbaren Energien zur Endenergiebereitstellung wurden etwas mehr als 8 % der Endenergie aus Biomasse gewonnen. Mit mehr als 40 % entfällt der größte Teil davon auf die Wärmeversorgung.

Als Biomasse gelten Lebewesen bzw. Teile von ihnen (z. B. Maiskolben oder Halmstücke der Zuckerrohrpflanzen) und Substanzen, die von Lebewesen produziert werden (z. B. Gülle). Da es sich bei der Biomasse um einen chemischen Energiespeicher handelt, sind die Verwendungsmöglichkeiten – wie auch bei anderen chemischen Speichern – besonders vielfältig. Sie kann sowohl zur Stromerzeugung als auch zur Wärmebereitstellung oder zur Mobilitätsversorgung eingesetzt werden.

Zur Wärmeversorgung wird etwa Brennholz schon seit Menschengedenken in großem Umfang in einfachen Öfen und Herden oder einfach nur in Drei-Steine-Öfen[20] verwendet. In jüngerer Zeit kamen noch Holzhackschnitzel und Pellets hinzu. Mit der Verteuerung fossiler Brennstoffe haben biogene Brennstoffe auch in Deutschland seit einigen Jahren für den Wärmesektor neue Bedeutung erlangt. Dies ist sowohl dezentral in kleinen Einheiten der Fall als auch im größeren Maßstab in Heizkraftwerken, in denen in Kraft-Wärme-gekoppelten Erzeugungsanlagen Strom und Wärme bereitgestellt wird.

Biogas, das zum größten Teil aus Methan und Kohlendioxid besteht, wird durch Vergärung aus Gülle, Pflanzensilage und anderer Biomasse in Biogasanlagen erzeugt. Zumeist wird das Gas zur Erzeugung von elektrischem Strom und Nutzwärme in einem Blockheizkraftwerk genutzt. Es kann aber nach entsprechender Aufbereitung auch als Erdgasersatz ins Gasnetz eingespeist werden. Auch eine Nutzung als Kraftstoff in Fahrzeugen mit Erdgasantrieb ist möglich. Synthetisches Erdgas aus Biomasse kann auch durch Pyrolyse[21], nachfolgende Methanisierung und Aufbereitung gewonnen werden.

Flüssige Biokraftstoffe existieren vor allem als Bioethanol, das aus zucker- oder stärkehaltigen Pflanzenbestandteilen durch Vergärung gewonnen wird, und als Biodiesel, das durch Umesterung aus Pflanzenölen produziert wird. Im Gegensatz zu diesen manchmal *Biokraftstoffe der ersten Generation* genannten Kraftstoffen verwenden die *Biokraftstoffe der zweiten Generation* ganze Pflanzen zur Kraftstoffproduktion. Die entsprechenden Verfahren für Letztere werden jedoch noch nicht im industriellen Maßstab angewendet. Bioethanol hingegen wird in einigen Ländern, insbesondere in den USA und in Brasilien, im großen Maßstab produziert. In etwas geringerem Maße wird Biodiesel hergestellt. Deutschland ist dabei mit an der Spitze.

Biomasse ist ein wertvoller Energieträger, da er erneuerbar ist, gleichzeitig aber als chemischer Energiespeicher vielfältig im Energiesystem einsetzbar ist. Insbesondere kann sie

---

[20] Drei-Steine-Öfen nennt man einfache Feuerstellen, bei denen der zu erwärmende Topf auf Steine gestellt wird, zwischen denen Holz verbrannt wird.

[21] Pyrolyse ist ein Prozess thermo-chemischer Zersetzung, bei dem größere Moleküle unter hohen Temperaturen in kleinere aufgespalten werden.

auch Verwendung finden, um Strom nach Bedarf zu erzeugen. Somit kann sie eine wichtige stabilisierende Funktion in einem Energiesystem übernehmen, in dem die Stromerzeugung vorrangig auf den fluktuierenden Quellen Sonne und Wind beruht. Biomasse ist aber gleichzeitig ein wertvolles Naturgut, das nicht unbegrenzt zur Verfügung steht und schon gar nicht unbegrenzt für die Energieversorgung genutzt werden kann. In den meisten Ländern wird die Biomasse kein Hauptstandbein der Energieversorgung sein können. Die natürlichen Bedingungen lassen in vielen Ländern keine Biomasseerzeugung zu, die auch nur annähernd ausreichend wäre, die Energieversorgung sicherzustellen. Und eine massive energetische Nutzung vorhandener Biomasse steht im Konkurrenzverhältnis zum Anbau von Nahrungsmitteln und zum Schutz von Ökosystemen. Konflikte sind gerade in den letzten Jahren verstärkt ins öffentliche Bewusstsein getreten. Ein Beispiel ist die Zerstörung großer Teile des indonesischen Regenwalds für den Anbau von Ölpalmen.[22] Wie erwähnt ist darüber hinaus eine Einsparung von Treibhausgasen durch die energetische Nutzung der Biomasse nicht immer garantiert. In vielen Fällen ist sie gering oder sogar inexistent.

Umgebungswärme

Umgebungswärme ist Wärme, die durch die Sonneneinstrahlung natürlich bereitgestellt wird. Träger der Umgebungswärme sind hauptsächlich die Umgebungsluft, oberflächennahe Bodenschichten und Wasservorkommen. Technisch vermittelt kann Umgebungswärme durch Wärmepumpen genutzt werden. Dabei haben Boden und Wasser gegenüber der Luft den Vorteil größerer thermischer Trägheit. In der Heizperiode weist die Umgebungsluft häufig sehr tiefe Temperaturen auf, was den Betrieb von Wärmepumpen weniger effizient macht. Das Erdreich hingegen unterliegt ab einer Tiefe von etwa 10 m keinen jahreszeitlichen Temperaturschwankungen mehr.

4.4.3 Nutzung der Erdwärme

Eine erneuerbare Energiequelle, die nicht von der Sonne abhängt, ist die Erdwärme. Die Erde gibt einen beständigen Wärmestrom mit einer Leistungsdichte von durchschnittlich 0,065 W/m^2 ab. Erdwärme kann sowohl für die thermische Nutzung als auch für die Stromerzeugung verfügbar gemacht werden. Dabei ist die Grenze zwischen der Nutzung der Erdwärme im strengen Sinne, d. h. der Wärme, die aus dem Erdkörper kommt, und der Nutzung von solarer Wärme, die in den oberflächennächsten Schichten der Erde gespeichert ist, fließend. Erd*kollektoren*, die in einer Tiefe von ein bis zwei Metern für den Betrieb von Wärmepumpen verlegt werden, nutzen fast ausschließlich solare Energie, die das Erdreich von der Oberfläche her erwärmt. Erd*sonden* hingegen, die im Allgemeinen in

[22] Dabei muss berücksichtigt werden, dass der weitaus größte Teil der Palmölproduktion nicht energetischen Zwecken dient. Palmöl ist ein Rohstoff für eine große Menge von Produkten. Wird nun aber zusätzlich Palmöl als Primärenergieträger verstärkt in den Blick genommen, dann wächst der Druck auf die Ökosysteme weiter an.

Tiefen bis zu 100 Metern reichen, nutzen schon in starkem Maße die Erdwärme im engeren Sinne. Werden hohe Temperaturen benötigt, etwa für die Erzeugung von Strom, dann kann einzig die eigentliche Erwärme genutzt werden, da die solar erzeugte Bodenwärme keine hinreichend hohen Temperaturen erreicht.

Die thermische Nutzung der Erdwärme kann direkt geschehen oder indirekt über den Einsatz von Wärmepumpen. Eine direkte thermische Nutzung wird z. B. häufig in Thermalbädern realisiert. Besonders in Ländern mit vulkanischer Aktivität kann das dazu benötigte Thermalwasser häufig sehr oberflächennah entnommen werden. Aber auch in Deutschland, etwa in Wiesbaden oder in Baden-Baden, tritt Thermalwasser auf nutzbaren Temperaturniveaus selbstständig an die Oberfläche. In Wiesbaden wurden Projekte zur Nutzung des Thermalwassers in Heizungssystemen realisiert. Einige andere Thermalbäder in Deutschland benötigen mehr oder weniger tiefe Bohrungen, um an hinreichend warmes Wasser zu gelangen. So hat die Kurhessen-Therme in Kassel eine fast 700 m tiefe Bohrung. Durch tiefe Bohrungen wird auch eine Reihe von Heizwerken mit Warmwasser versorgt.

Häufiger als die direkte Nutzung der Erdwärme ist in Deutschland die indirekte Nutzung mittels Wärmepumpen. Das oberflächennah anzutreffende Temperaturniveau reicht in Deutschland in aller Regel nicht an die Temperaturniveaus heran, die etwa zu Heizzwecken benötigt werden. Um aufwendige tiefe Bohrungen zu vermeiden, können Wärmepumpen unter Aufwendung zusätzlicher Energie dafür sorgen, höhere Temperaturen zu erreichen.

Stromerzeugung aus Erdwärme bedarf hoher Temperaturen, um die thermische Energie effizient in mechanische und schließlich elektrische Energie umwandeln zu können, dass ein wirtschaftlicher Betrieb eines Kraftwerks möglich ist. Die Wärmekraftmaschine in einem Geothermiekraftwerk kann einen Wasserdampfkreisprozess realisieren oder aber als ORC-Anlage ausgelegt sein.[23] Oberflächennah liegen hinreichend hohe Temperaturen nur in Gebieten mit ausgeprägten geothermischen Anomalien vor. Solche oberflächennahen Hochenthalpie-Lagerstätten gibt es nur in Gegenden mit jüngerer vulkanischer Aktivität. Sind, wie in Deutschland, keine ausgeprägten geothermischen Anomalien gegeben, müssen die hohen Temperaturen durch mehr oder weniger tiefe Bohrungen erschlossen werden. Relativ günstige Bedingungen sind in Deutschland dafür im Oberrheingraben, im Voralpen-Molassebecken[24] und in der norddeutschen Tiefebene gegeben, wo schwach ausgeprägte thermische Anomalien vorliegen. So wird z. B. im Geothermie-Projekt Unterhaching aus Aquiferen in 3500 m Tiefe Wasser an die Oberfläche gepumpt, aus dem der Dampf zur Stromerzeugung gewonnen wird. Liegen solche Aquifere nicht vor, können

[23] ORC (Organic Rankine Cycle) ist ein Dampfprozess, der andere Arbeitsmedien als Wasser benutzt. Dabei werden organische Substanzen eingesetzt, die eine niedrigere Verdampfungstemperatur aufweisen als Wasser. Dies hat den Vorteil, dass auch geringere Temperaturen genutzt werden können, um eine Dampfturbine zu betreiben. Ein Beispiel für eine solche Anlage ist das Geothermiekraftwerk Neustadt-Glewe in der norddeutschen Tiefebene.

[24] Molasse ist Material, das im Gebirge abgetragen wird und sich im Vorland ablagert.

tiefe Erdwärmesonden Verwendung finden oder das so genannte Hot-Dry-Rock-Verfahren angewandt werden.

Erdwärmesonden können durch ihre begrenzte Wärmeübertragungsfläche nur eine begrenzte thermische Leistung bereitstellen. Tiefe Sonden wurden in Deutschland im Rahmen von Forschungsprojekten realisiert. Für höhere Leistungen kann das Hot-Dry-Rock-Verfahren Anwendung finden. Dabei wird Wasser unter hohem Druck in die Tiefe gepumpt, wodurch Risse im Gestein aufgebrochen werden. Durch diese Risse fließt das Wasser und erhitzt sich dabei. Durch eine zweite Bohrung wird das erhitzte Wasser wieder an die Oberfläche befördert.

Oberflächennahe Hochenthalpie-Lagerstätten liegen in Europa insbesondere in Island vor. Island liegt auf dem Mittelatlantischen Rücken, der die Grenze zwischen der Nordamerikanischen und der Eurasischen Platte bildet und in dem ständig geschmolzenes Gesteinsmaterial aus dem Erdinnern an die Oberfläche drängt. Island erzeugt mehr als ein Viertel seiner elektrischen Energie aus Erdwärme. Länder mit umfangreicherer geothermischer Stromerzeugung neben Island sind die USA, die Philippinen, Indonesien und Neuseeland.

4.4.4 Nutzung der Meeresenergie

Meeresenergie liegt etwa in Form der Energie der Wellen, der Strömungen und der Gezeiten vor. Diese Formen der Meeresenergie sind teils solar getrieben, teils durch die Bewegung der Himmelskörper. Wellen werden letztlich durch den solaren Strahlungseintrag in das Erdsystem verursacht, die Gezeiten durch die Bewegung von Erde und Mond, und Strömungen entweder durch die Solarstrahlung (über Unterschiede in der Temperatur oder im Salzgehalt) oder durch die Gezeiten und somit durch die Bewegung von Erde und Mond.

Die Potenziale der Meeresenergie sind sehr groß; sie werden jedoch bislang nur in sehr geringem Umfang genutzt. Es gibt einige wenige kommerzielle Gezeitenkraftwerke. Kommerzielle Meeresströmungskraftwerke sind noch nicht in Betrieb und auch für Wellenkraftwerke bestehen bislang nur Forschungsanlagen.

Die bislang gebauten Gezeitenkraftwerke wurden mit Staudämmen in Meeresbuchten oder Flussmündungen realisiert. An den Staudämmen stellt sich periodisch schwankend ein Wasserspiegelunterschied ein, der über die Durchleitung des Wassers durch Turbinen genutzt wird. Bereits 1966 wurde in Frankreich in der Mündung des Flusses Rance in den Atlantik ein Gezeitenkraftwerk mit einer Leistung von 240 MW in Betrieb genommen.

Zu Wellenkraftwerken gibt es verschiedene konstruktive Vorschläge, von denen ein Teil in Prototypen realisiert wurde. Sie funktionieren nach verschiedenen Prinzipien. Eine Möglichkeit ist, die Wellen zur Erzeugung von oszillierenden Wassersäulen in Kammern zu nutzen, so dass Luft abwechselnd aus der Kammer ausgestoßen und in sie hineingesogen und dabei eine Turbine angetrieben wird (Abbildung 20).

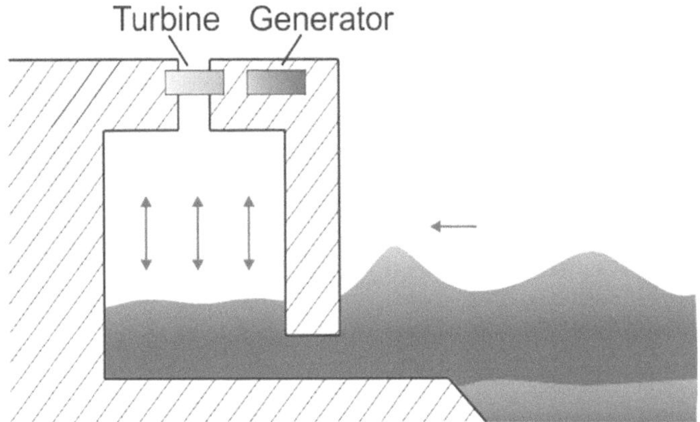

Abb. 20 Schematischer Aufbau eines Wellenkraftwerks mit oszillierender Wassersäule (Grafik: M. Günther)

Eine weitere Möglichkeit besteht in der Verwendung von Auftriebskörpern, die die Wellenbewegung mitvollziehen. Die dabei entstehende Bewegung wird für den Betrieb von Generatoren genutzt. Bekannt geworden ist insbesondere das Pelamis-Projekt, bei dem beweglich miteinander verbundene Stahlröhren durch die Wellen in Bewegung versetzt werden. Auch Bojen mit Hydraulikzylindern wurden vorgeschlagen.

Schließlich gibt es Rampen als Wellenkonzentratoren, bei denen Wellen durch v-förmige Kanäle auf einen kleinen Raum konzentriert werden, was dazu führt, dass sie eine größere Höhe erreichen. Das in die Höhe transportierte Wasser fließt anschließend zurück ins Meer und treibt dabei eine Turbine an (Abbildung 21).

Meeresströmungskraftwerke können so konzipiert werden, dass Turbinen frei in die Meeresströmung gestellt werden. Die als Prototypen realisierten Turbinen sind einer Windturbine ähnlich, einige haben aber statt drei nur zwei Blätter. Da Wasser etwa tausendmal dichter ist als Luft und die Leistung eines Fluidstroms proportional zur Dichte des Fluids ist, können auch aus wesentlich geringeren Fließgeschwindigkeiten und mit wesentlich geringeren Turbinendurchmessern beträchtliche Energiemengen gewonnen werden. Erste kommerzielle Projekte sind in Planung.

Ob die Meeresenergie mittelfristig in größerem Umfang genutzt wird, ist vor allem eine Frage, die sich am Erfolg der anderen Nutzungsformen erneuerbarer Energien entscheidet. Die noch recht teure Meeresenergie mag auch auf mittlere Sicht nur sehr begrenzte Anwendungsmöglichkeiten finden, da zunächst in Solaranlagen und Windkraftanlagen mit geringeren Stromgestehungskosten investiert wird. Langfristig jedoch, wenn hohe Anteile regenerativer Energieversorgung erreicht werden, kann die Nutzung der Meeresenergie besonders in Küstenländern mit geringen sonstigen verfügbaren Energiequellen wichtig werden.

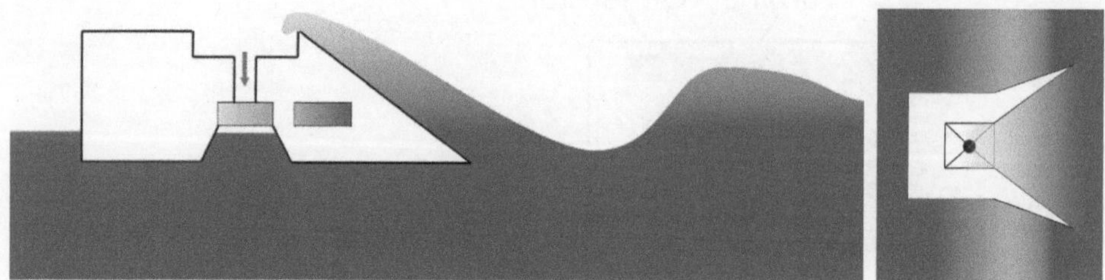

Abb. 21 Schematischer Aufbau eines Wellenkraftwerks, das mit v-förmigen konzentrierenden Rampen arbeitet, Querschnitt (links) und Draufsicht (rechts) (Grafik: M. Günther)

5 Effizienzgewinne durch erneuerbare Energien

Das Kernkapitel dieses Buches behandelt die Effizienzeffekte der Nutzung erneuerbarer Energien.[1]

Entsprechend der beschriebenen Eigenschaften der Dekarbonisierungs- und der Effizienzstrategie sind es politisch weithin anerkannte Ziele, die Nutzung erneuerbarer Energien auszubauen und die Energieeffizienz zu erhöhen. In vielen Ländern haben die Regierungen entsprechende Zielmarken ausgegeben. Auch in Deutschland hat die Bundesregierung Zielvorstellungen zum Ausbau der erneuerbaren Energien und zur Reduktion des Energieverbrauchs in Zahlen gegossen. Dabei wird für 2050 ein Anteil der Endenergie aus erneuerbaren Energien von 60 % genannt und ein Anteil an der Stromerzeugung von 80 %. Gegenwärtig ist Deutschland beim Endenergieanteil bei etwa 13 % angekommen, bei der Stromerzeugung bei etwa einem Viertel. Gerade die regenerativ basierte Stromerzeugung hat in den letzten Jahren eine sehr dynamische Entwicklung genommen. Hohe Anteile regenerativ erzeugten Stroms im Versorgungssystem zu erreichen, erscheint vor diesem Hintergrund prinzipiell möglich. Den Endenergieanteil in die genannte Höhe zu bringen erscheint schon wesentlich schwieriger. Zumindest sind gravierendere technologische Neuorientierungen in der Wärmeversorgung und im Mobilitätsbereich – wir kommen darauf zurück – eine Voraussetzung, dies zu erreichen. Vollends ambitioniert aber erscheint die Vorgabe, den Primärenergiebedarf bis 2050 *auf die Hälfte* zu reduzieren. Wie soll dies in einem Land möglich sein, das sich weiterhin als Industrieland verstehen will?

[1] Teile dieses Kapitels gehen auf die gemeinsam mit Jürgen Schmid verfasste Veröffentlichung [34] zurück.

Zielsetzungen im Energiekonzept der Bundesregierung **Kasten 12**

Erneuerbare Energien

	2020	2030	2040	2050
Beitrag zur Endenergieerzeugung	18 %	30 %	45 %	60 %
Beitrag zur Stromerzeugung	35 %	50 %	65 %	80 %

Effizienz

	2020	2050
Primärenergiebedarf, Vergleich zu 2008	-20 %	**-50 %**
Endenergiebedarf Mobilität, Vergleich zu 2008	-10 %	-40 %
Primärenergiebedarf Gebäude		-80 %

Treibhausgasemissionen im Energiesektor

	2020	2030	2040	2050
Emissionen Vergleich zu 1990	-40 %	-550 %	-70 %	-80 % bis -95 % (je nach Szenario)

Dieses Kapitel wird darlegen, dass und wie es möglich ist, eine solch ambitionierte Primärenergieeinsparung zu erreichen, ohne das Land zu deindustrialisieren und ohne der Bevölkerung eine breit angelegte Suffizienz-Kur aufzuerlegen. Der entscheidende Punkt: Der Ausbau der erneuerbaren Energien *selbst* bedeutet schon einen enormen Effizienzgewinn.

Für beide Ziele, die Nutzung der erneuerbaren Energien auszubauen und die Energieeffizienz zu erhöhen, gibt es jeweils gute Gründe. Insbesondere können beide Ziele zunächst unabhängig voneinander betrachtet werden; keines ist im anderen enthalten oder auf das andere zurückführbar. Es gibt zwischen ihnen aber interessante Wechselbeziehungen. Die beiden Ziele sind nicht nur kompatibel miteinander und dienen gleichzeitig dem übergeordneten Ziel, eine nachhaltige Energieversorgung zu ermöglichen, sondern sie verhalten sich *synergetisch* zueinander: Der Ausbau der erneuerbaren Energien kann zu bedeutenden Effizienzgewinnen im Energiesystem führen. Insbesondere kann die *direkte Stromerzeugung* aus erneuerbaren Energiequellen die Effizienz im Energiesystem beträchtlich erhöhen, ebenso wie die *Nutzung von solarer und Umweltwärme* den Verbrauch an Primärenergie signifikant reduzieren kann.

5.1 Effizienzgewinne durch direkte Stromerzeugung

Elektrischer Strom ist eine sehr wertvolle Energieform. Strom ist prinzipiell vollständig in andere Energieformen umwandelbar, im Gegensatz insbesondere zu thermischer Energie oder zu chemischer Energie, die nur begrenzt in andere Energieformen umwandelbar sind. Außerdem ist er leicht und verlustarm über lange Strecken transportierbar. Durch Leitungen mit einer vergleichsweise kleinen Querschnittsfläche kann Energie mit einer enormen Leistung transportiert werden. Und Übertragungsweiten von Tausenden von Kilometern sind prinzipiell kein Problem. Verlustarme und technisch vergleichsweise einfach zu realisierende Transport- und Verteilungsprozesse und ebensolche Wandlungsprozesse haben dazu geführt, dass unser heutiges Energiesystem zu einem großen und weiter wachsenden Teil auf elektrischem Strom beruht.

Wie der folgende Abschnitt zeigt, kann die weitere Elektrifizierung des Energiesystems ein Weg sein, gleichzeitig den Anteil der erneuerbaren Energien an der Energieversorgung und die Energieeffizienz zu erhöhen. Dies ist besonders dann möglich, wenn der Strom in einer bestimmten Weise, nämlich *direkt* erzeugt wird.

5.1.1 Direkte Stromerzeugung

Weltweit wird der größte Teil des Stroms in thermischen Kraftwerken erzeugt. In Deutschland werden etwa 60 % des Stroms in fossil befeuerten Kraftwerken generiert und ein abnehmender Anteil in Kernkraftwerken, in Frankreich liegt der Anteil aus Kernkraftwerken bei fast 80 %. In fossil befeuerten Kraftwerken ebenso wie in Kernkraftwerken wird die elektrische Energie über die Zwischenstation thermischer Energie gewonnen. Die thermische Energie wird in Wärmekraftmaschinen, insbesondere in Gas- und Dampfturbinen, in mechanische Energie gewandelt, die schließlich mittels Generatoren in elektrische Energie umgesetzt wird. Thermische Energie kann jedoch nicht vollständig in mechanische Energie überführt werden. Die einer Wärmekraftmaschine zugeführte thermische Energie kann nur zu einem Teil in mechanische Energie gewandelt werden, während der andere Teil wieder als Wärme auf einem niedrigeren Temperaturniveau abgeben wird.

Wärmekraftmaschinen **Kasten 13**

Wärmekraftmaschinen sind Maschinen, die thermodynamische Kreisprozesse realisieren, in denen thermische Energie in mechanische Energie gewandelt wird. Das allgemeine Energieflussschema ist in Abbildung 22 dargestellt. Die thermische Energie (Wärme) Q_H wird aus einem Reservoir mit hoher Temperatur T_H entnommen, teils in mechanische Energie W gewandelt und teils als thermische Energie Q_T auf einem niedrigeren Temperaturniveau T_T abgegeben.

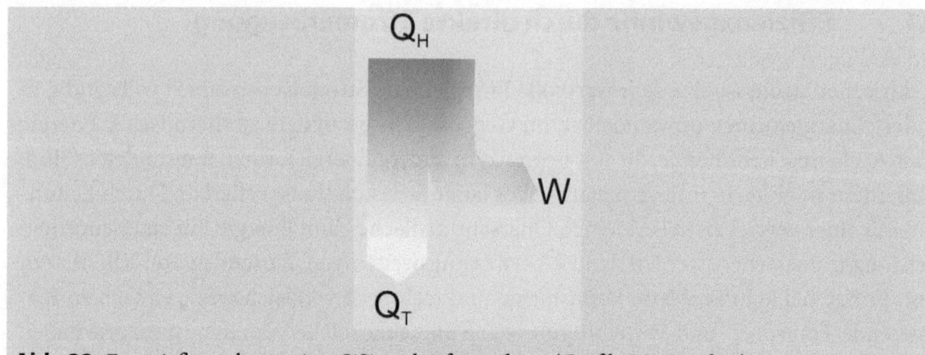

Abb. 22 Energieflussschema einer Wärmekraftmaschine (Grafik: M. Günther)

Ein wichtiges Beispiel ist der in vielen thermischen Kraftwerken realisierte Dampfkreislauf, bei dem Wasser erhitzt und unter hohem Druck verdampft, in der Turbine entspannt, danach kondensiert und erneut erhitzt wird. Generell wird in Wärmekraftmaschinen ein Arbeitsfluid unter niedrigen Temperaturen komprimiert und anschließend unter hohen Temperaturen entspannt. Die mechanische Arbeit, die bei der Entspannung bei hohen Temperaturen geleistet wird, ist dabei größer als die Arbeit, die bei der Kompression bei niedrigen Temperaturen aufgewandt wird, so dass insgesamt mechanische Arbeit gewonnen wird. Die gewonnene mechanische Energie entstammt der zugeführten thermischen Energie. Es ist jedoch aus allgemeinen physikalischen Gründen nicht möglich, die aufgewandte thermische Energie *vollständig* in mechanische Energie zu wandeln. Wärmekraftmaschinen produzieren stets auch *Abwärme*, die dem Teil der zugeführten thermischen Energie entspricht, die nicht in mechanische Energie gewandelt wird.

Wie viel thermische Energie in mechanische Energie umgewandelt werden kann, wie hoch also der Wirkungsgrad einer Wärmekraftmaschine nach den physikalischen Gesetzen maximal sein kann, bemisst sich an den Temperaturniveaus, auf denen Wärme zu- und abgeführt wird. Wird thermische Energie auf dem hohen Temperaturniveau T_H zugeführt und auf dem niedrigen Temperaturniveau T_T abgeführt, dann beträgt der maximal erreichbare Wirkungsgrad bei der Umwandlung thermischer Energie in mechanische Energie $\eta_{max} = 1 - T_T/T_H$ (Temperaturwerte nach der Kelvin-Skala). Dieser maximal erreichbare Wirkungsgrad, auch Carnot-Wirkungsgrad genannt, hängt also von dem Wert des Quotienten T_T/T_H ab. Je kleiner dieser Quotient ist, desto höher kann der Wirkungsgrad einer Wärmekraftmaschine sein. Der Quotient ist aber umso kleiner, je niedriger T_T und je höher T_H liegt. In der Praxis ist das untere Temperaturniveau T_T im Allgemeinen durch die Temperatur der Umgebung nach unten hin begrenzt. Die Umgebung kann dabei die Umgebungsluft sein, aber auch vorhandene Wasserkörper, die Kühlwasser liefern. T_T ist somit normalerweise kein technisch verfügbarer Parameter. Das obere Temperaturniveau T_H hingegen ist im Allgemeinen technisch verfügbar. Der prinzipiell erreichbare Wirkungsgrad von Wärmekraftmaschinen kann also hauptsächlich über das obere

Temperaturniveau T_H beeinflusst werden, d. h. über das Temperaturniveau, auf dem die Wärme zugeführt wird. Je höher diese Temperatur ist, desto höher kann der Wirkungsgrad sein. Gerade bei fossil befeuerten Kraftwerken war und ist das Erreichen hoher Temperaturen daher einer der wesentlichen Antriebe weiterer Entwicklungen.

Kohlekraftwerke erreichen heute Temperaturen bis etwa 600 °C = 873K, was bei einer Kondensatortemperatur von 20 °C = 293K einen theoretisch maximal möglichen Wirkungsgrad von $\eta_{max} = 1 - 293/873 = 66\ \%$ bedeutet. GuD-Kraftwerke, die Gasturbinen mit Dampfturbinen in der Weise miteinander kombinieren, dass die immer noch recht hohen Temperaturen der Gasturbinen-Abwärme für den Betrieb der nachgeschalteten Dampfturbinen nutzbar gemacht werden, kommen aufgrund der weit höheren Eingangstemperaturen, die bis zu 1500 °C [3] oder gar 1600 °C [4] reichen, auch zu höheren Wirkungsgraden. Mit einer Kondensatortemperatur von ebenfalls 20 °C könnten theoretisch maximale Wirkungsgrade von 84 % erreicht werden. Die tatsächlichen Wirkungsgrade der genannten Kraftwerkstypen liegen jedoch aufgrund weiterer Verluste einiges unter diesen theoretischen Maximalwirkungsgraden. Sehr gute Kohlekraftwerke erreichen 45 %, sehr gute GuD-Kraftwerke 60 %. Der Durchschnitt der existierenden Anlagen liegt unter diesen Werten. Die Werte für Kernkraftwerkwerke liegen noch einmal darunter.[2]

In Bezug auf das technisch Machbare haben die verschiedenen Kraftwerkstypen schon sehr hohe Wirkungsgrade erreicht. Physikalisch vermeidbare Verluste sind nach einer langen Geschichte großer Optimierungsanstrengungen nur noch sehr gering. Den größten Anteil haben heute die physikalisch unvermeidbaren Abwärmeverluste bei der Wandlung thermischer Energie in mechanische Energie, die einen guten Teil der eingesetzten Primärenergie aufzehren.

Eine naheliegende Möglichkeit, die eingesetzte Primärenergie besser zu nutzen, mit anderen Worten die Energieeffizienz in den Wandlungsprozessen zu erhöhen, ist die Nutzung der anfallenden Abwärme z. B. für Heizzwecke, d. h. Kraft-Wärme-Kopplung (KWK, Abbildung 23).

---

2 Die meisten Kernkraftwerke erreichen Dampftemperaturen von nur etwa 330 °C, womit sich ein theoretisch maximal möglicher Wirkungsgrad von 51 % ergibt. Es gibt auch Kernkraftwerke, die mit höheren Temperaturen arbeiten. Wirtschaftlich sind aber eher die Kraftwerke mit niedrigeren Wirkungsgraden. Da anders als bei fossilen Kraftwerken die Brennstoffkosten bei Kernkraftwerken nur recht gering zu den Stromgestehungskosten beitragen und da es außerdem für den Brennstoff weniger alternative wirtschaftliche Verwendungen gibt, ist ein geringerer Wirkungsgrad bei Kernkraftwerken im Hinblick auf Wirtschaftlichkeit und Ressourceneffizienz weniger kritisch als bei fossil befeuerten Kraftwerken. In Energiestatistiken wird für Kernkraftwerke zumeist ein pauschaler Wirkungsgrad von 33 % angenommen.

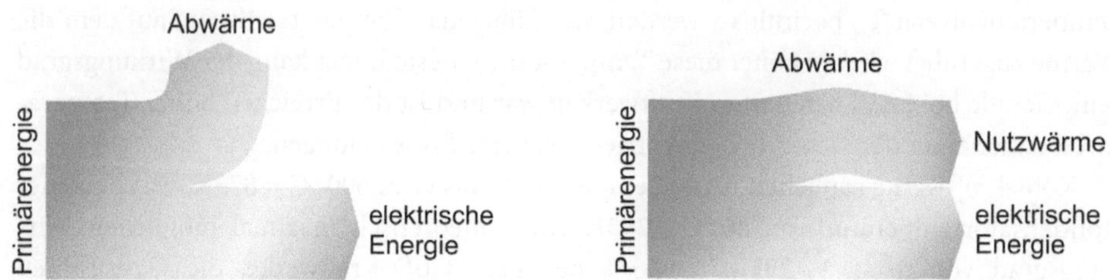

Abb. 23 Bessere Primärenergieausnutzung durch Kraft-Wärme-Kopplung (rechts) (Grafik: J. Schmid/ M. Günther)

KWK kann nicht in jedem beliebigen Kraftwerk angewendet werden. Eine Voraussetzung für KWK ist, dass genügend Wärmeabnehmer in unmittelbarer Nähe vorhanden sind. Denn im Gegensatz zum elektrischen Strom kann Wärme nicht verlust- und aufwandsarm über große Entfernungen transportiert werden. KWK-Anlagen können daher auch nicht jede beliebige Größe haben, da die anfallenden Wärmemengen bei sehr großen Kraftwerken nicht mehr kraftwerksnah verwertet werden können. Ein weiteres Problem liegt darin, dass auch bei vorhandenen Wärmeabnehmern Wärme- und Strombedarf nicht unbedingt zeitlich koordiniert sind. Für einen effizienten Betrieb der KWK ist es vorteilhaft, wenn die Bedarfe parallel anfallen, so dass keine Zwischenspeicherung z. B. der thermischen Energie nötig wird.

Zu beachten ist auch, dass die Auskopplung von Wärme aus einem Kraftwerk mit einer Verringerung seines elektrischen Wirkungsgrads verbunden ist. Bei den großen Kondensationskraftwerken liegen die Temperaturen am Turbinenaustritt so niedrig, dass der austretende Dampf nicht mehr für thermische Zwecke genutzt werden kann. Denn mit dem Ziel, die Kraftwerke mit einem hohen elektrischen Wirkungsgrad zu betreiben, wird der Dampf in der Turbine so weit entspannt, dass seine Temperatur in die Nähe der Umgebungstemperatur reicht. Damit geht die Möglichkeit verloren, den Dampf nachträglich für thermische Zwecke einzusetzen. Für KWK ist es daher bei Kondensationskraftwerken notwendig, entweder die Turbinenaustrittstemperaturen zu erhöhen oder einen Teil des Dampfes für die thermische Nutzung aus einer Turbinenstufe zu entnehmen. Beides führt zu einer Reduktion des elektrischen Wirkungsgrads des Kraftwerks.

Letzteres bedeutet nicht, dass KWK nicht doch energetisch vorteilhaft sein kann. Denn die Gesamtausnutzung der eingesetzten Primärenergie kann trotz der Reduktion des elektrischen Wirkungsgrads immer noch ansteigen. Es muss aber jeweils überprüft werden, ob die bessere Gesamtausnutzung der Primärenergie die Einbußen an elektrischem Wirkungsgrad und die zusätzlichen Investitionen tatsächlich rechtfertigt. Bei Gasturbinenkraftwerken, bei denen die Abgase mit sehr hoher Temperatur die Turbine verlassen, ist die Situation etwas anders. Eine thermische Nutzung der Abgase kann nachgeschaltet werden, ohne dass der elektrische Wirkungsgrad des Kraftwerks verringert wird.

Eine radikalere Möglichkeit, die Wandlungseffizienz in der Stromerzeugung zu erhöhen, liegt in der vollständigen *Vermeidung* von Abwärme. Dies kann erreicht werden, indem Wandlungspfade gewählt werden, bei denen keine Primärenergie über die Zwischenstation thermischer Energie in elektrische Energie gewandelt wird, bei denen also keine Primärenergie für den Betrieb von Wärmekraftmaschinen eingesetzt wird. Man spricht in diesem Fall von *direkter* Stromerzeugung.

Direkte Stromerzeugung wird bei etlichen Formen der regenerativen Stromerzeugung realisiert, etwa in Wasserkraftwerken, in Photovoltaik-Anlagen und in Windkraftanlagen. In diesen Erzeugungsanlagen geht keine aufgewandte Primärenergie als Abwärme verloren. Das Attribut *direkt* ist nicht nur gewählt um anzuzeigen, dass die Energiewandlung nicht den Weg über die thermische Energie nimmt, sondern auch um anzudeuten, dass in diesen Fällen überhaupt keine Wandlungsverluste zu registrieren sind. Wie kann es aber sein, dass überhaupt keine Verluste auftreten? Haben PV-Anlagen nicht einen sehr begrenzten Wandlungsgrad? Und wandeln Windkraftanlagen nicht auch nur einen Teil der kinetischen Energie in elektrische Energie?

Die Aussage, dass keine Verluste auftreten, ist natürlich korreliert mit der Entscheidung, bei der direkten Stromerzeugung den erzeugten Strom als Primärenergie zu zählen und nicht etwa die Energie der Solarstrahlung oder die kinetische Energie der bewegten Luft (vgl. Kapitel 3.2). Die Energie der Solarstrahlung oder die kinetische Energie der Luft stellen – im Gegensatz etwa zu der chemischen Energie der Kohle – keine energiewirtschaftlich relevanten Größen dar und sollten daher nicht in die energiewirtschaftlich definierte Kategorie der Primärenergie fallen. Im Weiteren wird deutlich, warum der Definition des Primärbegriffs etwas mehr Raum im Text eingeräumt wurde. Es hängt nämlich ganz wesentlich an dieser Begriffsbestimmung, dass bei der Umstellung der Erzeugung von Strom in fossil und nuklear befeuerten Kraftwerken auf die direkte Erzeugung ein Primärenergie-Einspareffekt erzielt wird. Nicht nur wird bei dieser Umstellung der *fossil/nukleare* Primärenergiebedarf reduziert, sondern der Primärenergiebedarf *überhaupt*. Die Verluste, die bei der Erzeugung über Wärmekraftmaschinen auftreten, fallen bei der direkten Stromerzeugung weg und nur die erzeugte elektrische Energie selbst geht als Primärenergie in die Statistik ein. Die Erzeugung einer bestimmten Menge Strom ist mit einem wesentlich geringeren Primärenergieaufwand verbunden. Abbildung 24 illustriert den Effekt.

Abb. 24 Primärenergiebedarf für die Erzeugung einer festen Menge Strom mittels eines fossil/nuklearen Kraftwerksparks (links) und mittels direkter Stromerzeugung (rechts) (Grafik: J. Schmid/M. Günther)

Bei einer zunehmenden Umstellung des deutschen Kraftwerksparks auf direkte Stromerzeugung kann sich daher der Primärenergiebedarf enorm verringern.

Nach diesem allgemeinen Aufriss lohnt sich ein Blick ins Detail. Betrachtet werden sollen die verschiedenen Wandlungspfade zur Stromgewinnung und der entsprechende Primärenergiebedarf zur Bereitstellung von 1 kWh elektrischer Energie (Abbildung 25). Bei Kernkraftwerken werden etwa 3 kWh an Primärenergie benötigt (per Konvention wird in Statistiken mit diesem gerundeten pauschalen Wert gerechnet). Bei Kohlekraftwerken sind es etwa 2,4 kWh. Bei Gas-und-Dampf-Kombikraftwerken, die Wirkungsgrade von bis zu 60 % erreichen, werden noch etwa 1,7 kWh benötigt. Bei der direkten Stromerzeugung durch Wasserkraftwerke, Windkraftanlagen, Photovoltaikanlagen oder solarthermische Kraftwerke erscheint nur die 1 kWh Strom selbst in der Bilanz. Die Primärenergie ist bei letzteren Erzeugungsanlagen in Abbildung 25 mit der gleichen Farbe unterlegt wie die elektrische Energie, da eben die generierte elektrische Energie selbst als Primärenergie zählt. Am Ende der Übersicht ist schließlich noch der Primärenergiebedarf dargestellt, der im deutschen Kraftwerksmix durchschnittlich für die Erzeugung von 1 kWh elektrischer Energie anfällt.[3]

Mit einem verstärkten Ausbau der direkten Stromerzeugung und einer Reduktion der Stromerzeugung in thermischen Kraftwerken kann also der Primärenergieaufwand für die Stromerzeugung ganz wesentlich gesenkt werden. Abbildung 26 stellt die Entwicklung des durchschnittlichen Primärenergiebedarfs für die Erzeugung von 1 kWh Strom grafisch dar, wenn die direkte Stromerzeugung von einem Anteil von 15 % bis zur vollständigen Deckung des gesamten Strombedarfs ausgebaut wird. Die Darstellung beginnt bei 15 %, da dies in den letzten Jahren, also 2012 und 2013, in Deutschland der Anteil der direkten Stromerzeugung an der gesamten generierten elektrischen Energie war (bei einem Anteil der Stromerzeugung aus erneuerbaren Quellen von 22 %; die Differenz betrifft die Stromerzeugung aus Biomasse, die nicht zur direkten Stromerzeugung zählt aufgrund der dabei involvierten Verbrennung der als Primärenergieträger geltenden Biomasse). In der Abbildung ist außerdem der Wert von 80 % markiert, der die Zielmarke des Energiekonzepts der Bundesregierung für den Anteil erneuerbarer Energien im Jahr 2050 darstellt. Eine Zielmarke für den Ausbau der direkten Stromerzeugung gibt es freilich nicht. Ohnehin wird in Deutschland ein wachsender Anteil des regenerativ erzeugten Stroms direkt erzeugt werden, da – im Land gewonnene oder auch importierte – Wind- und Solarenergie

[3] Solarthermische Kraftwerke zählen hier ebenfalls zur direkten Stromerzeugung, obwohl sie Wärmekraftmaschinen enthalten, die ebenfalls Abwärme erzeugen. Der Unterschied zu fossil oder nuklear befeuerten Kraftwerken besteht jedoch darin, dass dabei keine Primärenergie verlorengeht. Denn die thermische Energie, die in der in solarthermischen Kraftwerken realisierten Energiewandlungskette auftritt, ist eine bloße Durchgangsstation auf dem Weg zur elektrischen Energie, die das erste handelbare Energieprodukt darstellt und somit als Primärenergie zählt. Wandlungsverluste, die auf dem Weg von der Rohenergie (Solarstrahlung) zur Primärenergie (Strom) anfallen, sind keine Energieverluste im energiewirtschaftlich relevanten Sinne, denn die Rohenergie ist kein kommerzielles Gut.

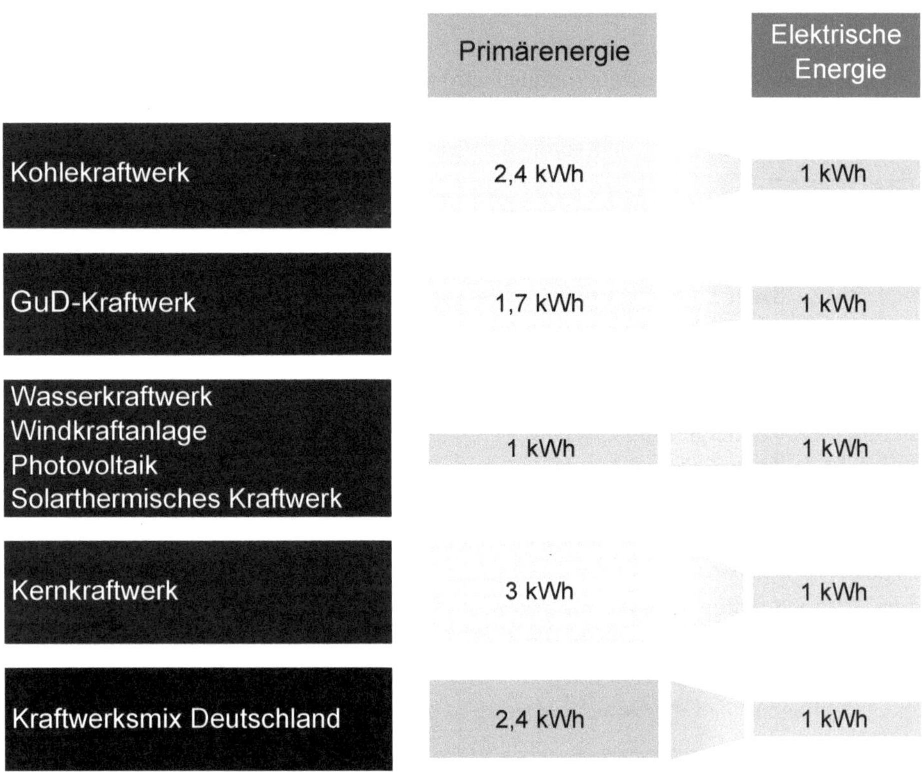

Abb. 25 Primärenergiebedarf für die Erzeugung von 1 kWh elektrischer Energie für verschiedene Wandlungspfade und für den Kraftwerksmix in Deutschland (Grafik: J. Schmid/M. Günther)

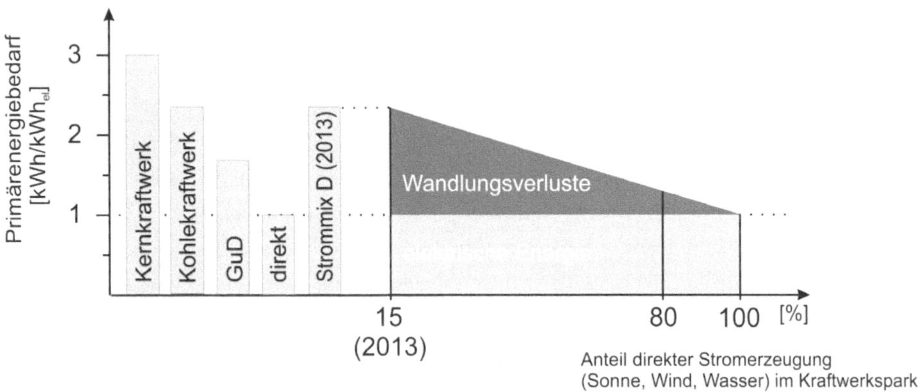

Abb. 26 Primärenergiebedarf bei verschiedenen Arten der Stromerzeugung; Entwicklung des Primärenergiebedarfs bei zunehmender Umstellung auf direkte Stromerzeugung (Grafik: J. Schmid/M. Günther)

weit stärker wachsen werden als die Bioenergie, für die kaum noch mit Wachstum zu rechnen ist.

Der Ausbau der erneuerbaren Energien wird also insofern eine höhere Energieeffizienz nach sich ziehen, dass die zunehmende direkte Stromerzeugung die Wandlungseffizienz im Stromsektor erhöht und sich somit der Primärenergiebedarf für die Erzeugung des Stroms reduziert.

Eine bloße petitio principii? **Kasten 14**

Ein kritischer Leser könnte einwenden, die Aussage, direkte Stromerzeugung reduziere den Primärenergiebedarf, beruhe auf einem rein rechnerischen bzw. definitorischen Trick. Die Ersetzung fossiler und nuklearer Stromerzeugung durch regenerative Stromerzeugung reduziere den Primärenergiebedarf (und nicht nur den Bedarf an *fossiler und nuklearer* Primärenergie) nur deshalb, weil man vorher den Primärenergiebegriff passend definiert habe. Es handele sich um eine einfache *petitio principii*: Der Primärenergiebegriff bzw. die Regeln der Primärenergieberechnung würden derart bestimmt, dass der beschriebene Einspareffekt eintreten müsse. Dieser Einwand kann aber entkräftet werden.

Es ist natürlich richtig, dass die Einspareffekte festgestellt werden können, weil der Primärenergiebegriff in einer bestimmten Art definiert wurde. Würde er anders bestimmt, dann wären die Einspareffekte möglicherweise nicht darstellbar. Würde man ihn z. B. derart definieren, dass die Rohenergie – u. a. die in der Solarstrahlung und im Wind enthaltene Energie – quantifiziert würde (und nicht die erzeugte elektrische Energie), dann wäre, je nach anzulegenden Berechnungsregeln, möglicherweise keine Primärenergieeinsparung oder gar ein Mehraufwand an Primärenergie zu verzeichnen, wenn Kohlekraftwerke durch Solarkraftwerke ersetzt werden. Die Feststellung, dass Primärenergie eingespart wird, ist selbstverständlich abhängig von der in 3.2 genannten Definition des Primärenergiebegriffs.

Doch dies bedeutet nicht, dass es sich um eine *petitio principii* handelt. Eine solche wäre es nur dann, wenn die Definition *mit dem Ziel* gewählt worden wäre, den Einspareffekt zu erzielen. Dann wären die Aussagen über die Einspareffekte in der Tat inhaltslos, weil definitorisch wahr. Doch die Begründungen, die in 3.2 für die Wahl des dort erläuterten Primärenergiebegriffs genannt wurden, sind völlig unabhängig von den Einspareffekten. Die Gründe für die Wahl dieses Begriffs liegen vielmehr in der Suche nach einem energiewirtschaftlich sinnvollen Primärenergiebegriff. Der Einspareffekt ist eine *Folge* dieser definitorischen Entscheidung, nicht aber ihre *Motivation*. Daher sind die Aussagen, die wir über die Primärenergieeinsparung durch direkte Stromerzeugung treffen, nicht zirkulär, sondern tatsächlich informativ.

Zahlen: Stromerzeugung **Kasten 15**

Der Primärenergiebedarf in Deutschland liegt gegenwärtig bei etwa 3800 TWh. Die Bruttostromerzeugung liegt bei etwa 600 TWh [5]. Bei einem durchschnittlichen Primärenergiefaktor von 2,4 liegt der Primärenergieaufwand für die Stromerzeugung bei etwa 1440 TWh. Eine vollständige Umstellung auf direkte Stromerzeugung würde somit eine Einsparung von bis zu 840 TWh bzw. 22 % des Gesamt-Primärenergiebedarfs bedeuten. Schon aufgrund der auch langfristig im Strommix enthaltenen Bioenergie ist eine 100 %ige direkte Stromerzeugung nicht zu erwarten. Aber zumindest als theoretisches Einsparpotential können wir die genannte Zahl festhalten.

5.1.2 Effizienzgewinne durch die Elektrifizierung der Mobilitäts- und Wärmeversorgung

Die Elektrifizierung von Energieversorgungsbereichen beinhaltet ein großes Effizienzpotenzial. Allerdings ist nicht jede Elektrifizierung schon effizienzsteigernd. So kann z. B. im Wärmesektor die Umstellung einer Öl- oder Gasheizung auf eine einfache Widerstandsheizung – d. h. einen Heizkörper, in dem elektrische Energie in elektrischen Widerständen direkt in Wärme gewandelt wird – höchst ineffizient sein. Wird der Strom nämlich in einem Kohlekraftwerk gewonnen, dann werden erst 2,4 kWh in der Kohle gebundene Primärenergie benötigt, um 1 kWh Strom zu produzieren, der dann in der Widerstandsheizung in 1 kWh thermische Energie gewandelt wird. Aus 2,4 kWh Primärenergie wird also 1 kWh Wärme generiert. Offensichtlich wäre es wesentlich effizienter, die Kohle direkt an dem Ort zu verbrennen, wo die Wärme benötigt wird. Denn dann erhielte man die gewünschte 1 kWh Wärme aus nur 1 kWh Primärenergie, statt 2,4 kWh Primärenergie zu verbrauchen. In Norwegen hingegen ist die Situation anders, da praktisch der gesamte Strom aus Wasserkraft stammt. Es treten keine Wandlungsverluste bei der Generierung des Stroms auf, so dass aus 1 kWh Primärenergie, nämlich dem Strom selbst, auch 1 kWh Wärme generiert werden können.[4] Doch selbst unter diesen privilegierten Umständen gibt es keinen Effizienzgewinn gegenüber der direkten Verbrennung von Kohle oder Öl.

Aber Elektrifizierung *kann* ein Weg sein, die Effizienz im Energiesystem insgesamt zu erhöhen. Im Folgenden soll dies für die Mobilitäts- und die Wärmeversorgung genauer beleuchtet werden.

Mobilität

Der mittlere Wirkungsgrad von Verbrennungsmotoren in Kraftfahrzeugen liegt im Bereich von etwa 25 %. Nur dieser Anteil der chemischen Energie der Kraftstoffe wird in mechanische Nutzenergie gewandelt. Verbrennungsmotoren sind Wärmekraftmaschinen, die den erläuterten physikalisch festgelegten Wirkungsgradgrenzen bei der

[4] Tatsächlich ist die Elektroheizung die häufigste Heizungsart in Norwegen. Der Pro-Kopf-Stromverbrauch ist entsprechend auch fast viermal so hoch wie in Deutschland.

thermisch-mechanischen Energiewandlung unterliegen. Gegenüber den im Kraftwerk betriebenen Wärmekraftmaschinen haben sie darüber hinaus den Nachteil, dass sie weniger optimiert betrieben werden können. Ein Kraftwerk kann leichter in der Nähe des Punktes gefahren werden, an dem es seinen höchsten Wirkungsgrad erreicht. Ein Verbrennungsmotor im Auto hingegen wird gerade beim Anfahren häufig in sehr ungünstigen Drehzahlbereichen gefahren. Der mittlere Wirkungsgrad eines Automotors liegt schon daher weit unterhalb des Wirkungsgrads von Kraftwerken.[5]

Elektromotoren hingegen haben einen Wirkungsgrad von 90 % und mehr. Die Differenz zwischen dem Wirkungsgrad von Verbrennungsmotoren und dem von Elektromotoren deutet darauf hin, dass es ein enormes Potential für die Erhöhung der Energieeffizienz im Mobilitätssektor gibt, wenn Verbrennungsmotoren durch Elektromotoren ersetzt werden. Wie stark dieses Potential zum Tragen kommt, hängt aber maßgeblich davon ab, wie die benötigte elektrische Energie erzeugt wird. Wird sie in einem fossil/nuklearen Kraftwerkspark erzeugt, in dem Abwärmeverluste die Ausnutzung der Primärenergie begrenzen, dann wird bei der Ersetzung der Verbrennungsmotoren durch Elektromotoren nur eine geringe oder gar keine Reduktion des Primärenergieaufwands erreicht. Ausgehend vom deutschen Kraftwerksmix, also von einem Primärenergieaufwand von 2,4 kWh pro 1 kWh Strom und von einem gemeinsamen Wirkungsgrad von Batteriespeicherung und Elektromotor von 80 %, werden etwa 3 kWh Primärenergie pro 1 kWh generierter mechanischer Energie aufgewendet. Dies ist nur geringfügig weniger als die 4 kWh Primärenergie, die nötig sind, wird 1 kWh mechanische Energie mittels eines Verbrennungsmotors mit einem mittleren Wirkungsgrad von 25 % erzeugt.

Wird die benötigte elektrische Energie nun aber nicht über Wärmekraftmaschinen, sondern direkt erzeugt, dann lassen sich sehr große Effizienzgewinne durch die Ersetzung von Verbrennungsmotoren durch Elektromotoren erzielen. Denn in diesem Fall zählt die elektrische Energie selbst als Primärenergie. Ein Elektrofahrzeug benötigt dann nur noch etwa ein Drittel der Primärenergie, die ein Fahrzeug mit Verbrennungsmotor benötigt, um die gleiche mechanische Nutzenergie bereitzustellen.[6] Abbildung 27 illustriert den Primärenergiebedarf in den drei genannten Energiewandlungsszenarien im Mobilitätsbereich, also bei Generierung der mechanischen Energie durch Verbrennungsmotoren, durch Elektromotoren mit Strom aus dem gegenwärtigen deutschen Kraftwerksmix sowie durch Elektromotoren auf der Grundlage direkt erzeugten Stroms.

Wird der Strom direkt erzeugt, kann im Mobilitätssektor über den Einsatz von Elektromotoren die Energieeffizienz ganz enorm um etwa den Faktor 3 gesteigert werden. Die Nutzung erneuerbarer Energiequellen kann die Effizienz somit auch im Mobilitätsbereich in Form der Verwendung direkt erzeugten Stroms deutlich erhöhen.

---

[5] Ein weiterer Grund ist der Größennachteil: Kleinere Wärmekraftmaschinen haben gegenüber größeren prinzipiell einen Effizienznachteil. Die effizientesten fossil befeuerten Kraftwerke sind Großkraftwerke.

[6] In der Rechnung gibt es allerdings Unbekannte. Insbesondere ist das Gewicht zukünftiger Fahrzeuge ein wichtiger Parameter.

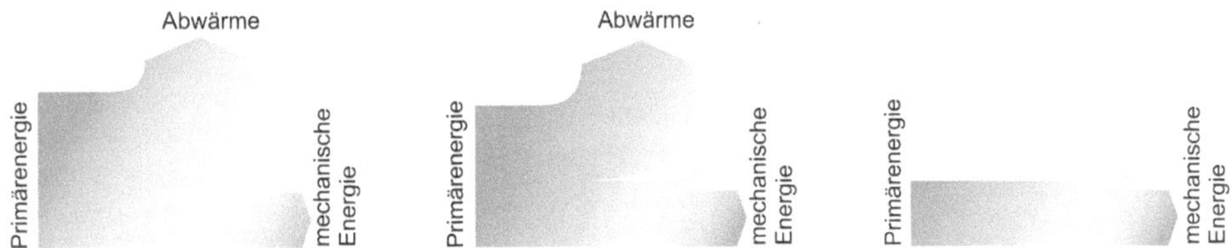

Abb. 27 Primärenergiebedarf für Mobilität bei Einsatz von Verbrennungsmotoren (links), bei Einsatz von Elektromotoren und der Bereitstellung des Stroms durch den gegenwärtigen Kraftwerkspark (Mitte) und bei Einsatz von Elektromotoren und direkter Stromerzeugung (rechts) (Grafik: J. Schmid/M. Günther)

Es ist nicht davon auszugehen, dass der gesamte Mobilitätsbereich elektrifiziert werden kann. Gütertransporte werden zumindest teilweise auch längerfristig auf Verbrennungsantrieben beruhen, Schiffs- und Flugverkehr erst recht. Der Individualmobilität steht – bei allen noch zu bewältigenden technischen Problemen – der Übergang zur Elektromobilität am ehesten offen, da er prinzipiell mittels batteriebetriebener Fahrzeuge ohne größere infrastrukturelle Investitionen realisiert werden kann. Da die motorisierte Individualmobilität in Deutschland den größten Teil der im Mobilitätssektor verbrauchten Primärenergie benötigt, etwa das Doppelte der im Güterverkehr benötigten Primärenergie[7], stellt er gleichzeitig den größten Hebel zur Erhöhung der Energieeffizienz im Mobilitätssektor dar. Für den Güterverkehr gibt es hauptsächlich zwei Ansätze, wie ein gradueller Umstieg auf elektrisch betriebene Transportmittel erreicht werden kann: die Verlagerung von Gütertransporten von der Straße auf die Schiene und der zumindest selektive Einsatz von elektrisch betriebenen Fahrzeugen auch auf der Straße. Letzteres könnte insbesondere durch Oberleitungs-Lkws realisiert werden, die zumindest auf wichtigen Autobahnen bei entsprechender Nachrüstung mit Oberleitungen Einsatz finden könnten.

In Anlehnung an Abbildung 26 lässt sich für Elektrofahrzeuge die Entwicklung des Primärenergiebedarfs bei einem Übergang des Kraftwerksparks von den gegenwärtigen 15 % direkter Stromerzeugung zu angenommenen 80 % und schließlich 100 % darstellen. Dies ist in Abbildung 28 geschehen, wo außerdem der Primärenergiebedarf für die Elektromobilität bei verschiedenen Arten der Stromerzeugung dargestellt ist. Ganz links ist zum Vergleich der Primärenergiebedarf bei Einsatz von Verbrennungsmotoren dargestellt.

Ein zusätzlicher Effizienzvorteil von Elektrofahrzeugen kann sich auch daraus ergeben, dass relativ einfach Rückspeisegewinne beim Bremsen erzielt werden können. Das Bremsen wird dabei teilweise von einem zugeschalteten Generator übernommen, der die kinetische Energie des Fahrzeugs in elektrische Energie zurückwandelt (rekuperatives Bremsen), die in den Fahrzeugakkus gespeichert wird. Rekuperatives Bremsen ist auch mechanisch durch Schwungmassen möglich und insofern unabhängig vom Typ des Antriebsaggregats. Die elektrische Version ist jedoch mit weniger Mehraufwand und Mehrgewicht realisierbar.

[7] Zahlen zum Güterverkehr, siehe [33, Abschnitt 4.2.1.2].

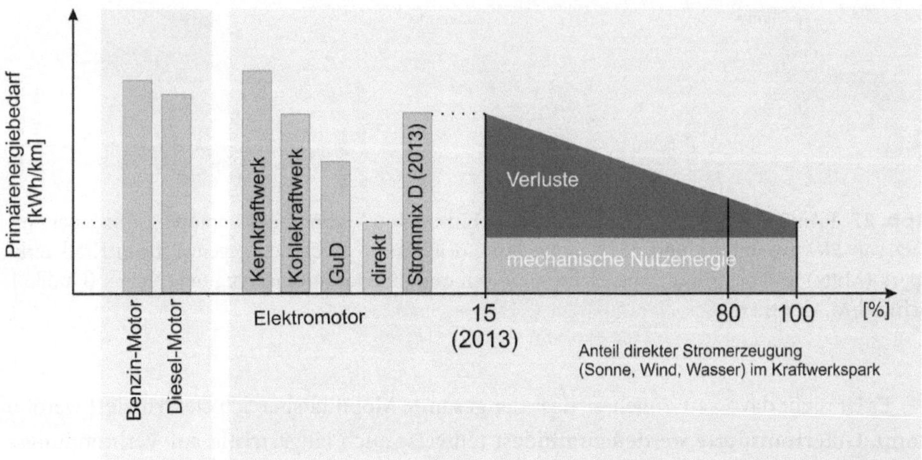

Abb. 28 Primärenergiebedarf pro Fahrkilometer bei Verbrennungsmotoren und bei Elektromotoren unter Berücksichtigung verschiedener Arten der Stromerzeugung; Entwicklung des Primärenergiebedarfs für den Einsatz von Elektromotoren bei zunehmender Umstellung auf direkte Stromerzeugung (Grafik: J. Schmid/M. Günther)

Wie schnell und in welchem Maße sich die Elektromobilität durchsetzt, die bei entsprechender Bereitstellung der elektrischen Energie energetisch besonders effizient sein kann, wird von vielen Faktoren abhängen (aktuelle Elektrofahrzeuge sind in Abbildung 29 gezeigt). Insbesondere ist die Entwicklung der Batterietechnik wichtig. Hohe Energiedichten und somit potentiell große Reichweiten bei begrenztem Batteriegewicht sollten ebenso erreicht werden wie günstigere Kosten und hohe Zyklenzahlen bei geringem Kapazitätsverlust. Ebenso werden immer wieder Sicherheitsaspekte diskutiert, auch wenn die Batterietechnik in dieser Hinsicht den Vergleich mit Benzintanks, die besonders bei Unfällen entzündungsgefährdet sind, nicht zu scheuen braucht. Eine andere Frage ist, ob das Elektroauto die gegenwärtig noch verbreitete Funktion des Autos als Universaltransportmittel eins zu eins übernehmen wird oder ob es eine spezifischere und abgegrenztere Rolle in einem komplexeren Mobilitätskonzept übernimmt, in dem andere Verkehrsmittel – Zug, Bus, Fahrrad – wichtigere komplementäre Funktionen haben. Vielleicht wird sich mit dem Umstieg auf die Elektromobilität die Struktur der Mobilitätsversorgung viel grundlegender verändern, als dass nur ein Motor durch einen anderen ausgetauscht wird [46].

Abb.29 Noch sind elektrisch betriebene Fahrzeuge die Ausnahme auf den Straßen. Hier der BMW i3, der Stromos von German E-Cars und der Renault ZOE (Fotos: M. Günther).

Reichweitenverlängerung und Hybridisierung **Kasten 16**

Die gegenwärtig noch recht begrenzten Reichweiten batteriebetriebener Fahrzeuge können durch den Einbau von *Reichweitenverlängerern* kompensiert werden. Dabei wird zusätzlich zum Elektromotor ein Verbrennungsmotor eingesetzt; dieser treibt einen Generator an, der die Batterie im Bedarfsfall nachlädt. Der Verbrennungsmotor treibt das Auto also nicht direkt an, sondern indirekt über den Elektromotor. Man spricht von einem *seriellen* Hybridantrieb. Dass der Verbrennungsmotor nicht direkt das Auto antreibt, hat zunächst den Nachteil, dass weitere Energiewandlungsschritte in die Prozesskette eingefügt werden, die zusätzliche Wandlungsverluste mit sich bringen. Dieser Nachteil wird aber durch Effizienzgewinne ausgeglichen, die sich daraus ergeben, dass der Verbrennungsmotor stets im Bestpunkt und damit mit einer höheren Effizienz (bis etwa 37 %) gefahren werden kann. Ein direkt genutzter Verbrennungsmotor hingegen wird immer auch in Drehzahlbereichen betrieben, in denen er einen geringen Wirkungsgrad aufweist. Die höhere Effizienz im Betrieb des Verbrennungsmotors als Reichweitenverlängerer überkompensiert die Verluste der zusätzlichen Energiewandlungsschritte.
Außer dem seriellen Hybridantrieb gibt es weitere strukturell davon verschiedene Hybridlösungen. Beim *parallelen* Hybridantrieb sind sowohl Elektro- als auch Verbrennungsmotor auf den Antriebsstrang geschaltet, so dass je nach Betriebsart einer von beiden oder beide gemeinsam die mechanische Energie für den Antrieb liefern. Ein *leistungsverzweigender* Hybridantrieb, auch Mischhybridantrieb genannt, koppelt serielle und parallele Struktur miteinander. Das bedeutet, der Verbrennungsmotor kann die Antriebsleistung sowohl direkt als auch indirekt über die Beladung der Batterie liefern bzw. die Leistung des Verbrennungsmotors kann sogar gesplittet und teils als direkter Antrieb, teils zur Beladung der Batterie genutzt werden.
Es spricht einiges dafür, dass kurzfristig Hybridfahrzeuge die Einführung der Elektromobilität dominieren werden, und nicht reine Elektrofahrzeuge. Da Kurzstreckenfahrten einen Großteil der alltäglichen Autonutzung ausmachen, würde aber auch mit dem Einsatz von Hybridfahrzeugen bereits ein nennenswerter Anteil der Individualmobilität elektrisch vollzogen.

Der bei einer Elektrifizierung der PKW-Flotte mögliche Effizienzgewinn kann in unseren Breiten dadurch geschmälert werden, dass zusätzliche Heizenergie aufgewandt werden muss, um das Auto auch im Winter angenehm zu temperieren und das Beschlagen der Scheiben zu verhindern. Bei Fahrzeugen mit Verbrennungsmotor ist die Abwärme generell ausreichend, um die nötige Heizenergie bereitzustellen. Elektrofahrzeuge, deren Motoren – aufgrund ihrer hohen Effizienz – eine sehr geringe Wärmeentwicklung aufweisen, müssen bei kalter Witterung zusätzlich beheizt werden. Dem Akku sollte dafür möglichst wenig wertvolle elektrische Energie entzogen werden. Statt einfacher Widerstandsheizungen, die manchmal eingesetzt werden, können auch in Fahrzeugen Wärmepumpen genutzt werden. Eine andere Möglichkeit ist der Einsatz von Heizsystemen auf der Basis chemischer Energieträger.

Soll der Anteil erneuerbarer Energien im Mobilitätsbereich erhöht werden, gibt es noch weitere Ansätze außer der Elektromobilität, die jedoch nicht oder zumindest nicht in gleicher Weise mit einer Effizienzerhöhung einhergehen. Zu ihnen gehört insbesondere die Nutzung von Wasserstoff und Methan, die etwa durch Wasserelektrolyse und Methanisierung oder, im Falle von Methan, direkt aus Biogasanlagen gewonnen werden können. Da die Erhöhung des Anteils erneuerbarer Energien ein Wert an sich ist, sind dies ebenfalls interessante Ansätze. Sie sind jedoch im Kontext dieses Buches, in dem es um die positiven Effizienzeffekte der Nutzung erneuerbarer Energiequellen geht, weniger relevant.

Zahlen: Mobilität **Kasten 17**

In Deutschland werden jährlich mehr als 850 Mrd. Personenkilometer im motorisierten Individualverkehr zurückgelegt [6]. Der durchschnittliche Energiebedarf pro Personenkilometer liegt bei etwa 0,5 kWh [7]. Der gesamte jährliche Energiebedarf für den motorisierten Individualverkehr liegt damit bei etwa 425 TWh. Beim Übergang von Verbrennungsmotoren auf Elektromotoren im Bereich der motorisierten Individualmobilität und der kompletten Umstellung auf direkte Stromerzeugung könnten etwa 280 TWh eingespart werden. Gemeinsam mit der oben bezifferten Einsparung in der Stromerzeugung würde dies eine Gesamteinsparung an Primärenergie von 1120 TWh bedeuten, was etwa 29 % des gegenwärtigen Gesamt-Primärenergiebedarfs sind. Weitere Effizienzgewinne durch die Elektrifizierung eines Teils des Güterverkehrs könnten weitere Einsparungen ermöglichen.

Wärmeversorgung

Die Effizienz im Mobilitätssektor lässt sich dadurch erhöhen, dass die Primärenergie möglichst verlustarm in mechanische Nutzenergie gewandelt wird. Nutz*wärme* nun kann prinzipiell völlig verlustlos aus jeder Art von Primärenergie gewonnen werden. Die chemisch gebundene Energie in Brennstoffen wird bei der Verbrennung vollständig in Wärme gewandelt ebenso wie elektrische Energie vollständig in Wärme gewandelt werden kann. Das heißt aber nicht, dass es nicht auch im Wärmesektor spezifische Effizienzspielräume gibt. Und zwar kann *mehr* thermische Nutzenergie bereitgestellt werden, als Primärenergie aufgewendet wird. Diese Möglichkeit bedeutet natürlich nicht, dass Energie aus dem Nichts erschaffen werden könnte. Der Erste Hauptsatz der Thermodynamik, der Satz von der Energieerhaltung, der besagt, dass Energie weder im strengen Sinne des Wortes verloren gehen noch aus dem Nichts erzeugt werden kann, gilt universell. Dass mehr thermische Nutzenergie bereitgestellt als Primärenergie aufgewendet wird, bedeutet vielmehr, dass auch Energie genutzt werden kann, die nicht als Primärenergie gezählt wird. Es wird Energie genutzt, die nicht als Primärenergie bereitgestellt werden musste. Es handelt sich also um Energie, die wenn auch nicht physikalisch, so aber doch energiewirtschaftlich vom Himmel fällt. Energiewirtschaftlich ist es *geschenkte* Energie, d. h. Energie, die ohne Einsatz von Primärenergie bereitgestellt wird. Dazu gehört z. B. Umgebungswärme in der Luft oder im Erdreich. Diese Energie wird nicht im Rahmen unseres Energiesystems bereitgestellt, kann aber in ihm – z. B. in Heizungen – genutzt werden. Sie kann den Energiebedarf decken, ohne dass sie selbst in die Energierechnung eingeht. Ihre Nutzung hilft somit, den Primärenergiebedarf zu senken.

Umweltwärme nutzen wir permanent dadurch, dass sie Bestandteil der natürlichen Energieströme ist, in die das Leben eingebettet ist. Es gibt aber auch Arten der *technisch vermittelten* Nutzung, die Umweltwärme mit apparativem Aufwand in die Nutzerseite des Energiesystems integriert. Dies geschieht z. B. mit elektrischen Wärmepumpen. Wärmepumpen werden eingesetzt, wenn thermische Energie aus einem Reservoir mit niedrigerer Temperatur in ein Reservoir mit höherer Temperatur transferiert werden soll. Sie werden in Heizungssystemen verwendet, die thermische Energie aus einer kühleren Umgebung in wärmere Gebäude transferieren, oder in der Warmwasserbereitung. Sie finden auch in Kühlschränken Verwendung, aus denen thermische Energie in die wärmere Küchenumgebung abgegeben wird. Das Innere des Kühlschranks wird dadurch gekühlt und die Küche wird durch die dem Kühlschrank entzogene thermische Energie geheizt (und außerdem noch durch die für den Betrieb des Kompressors aufgewandte elektrische Energie).

Wärmepumpen müssen nicht unbedingt elektrisch betrieben werden; sie können beispielsweise auch mit Gas betrieben werden. In diesem Abschnitt, in dem es um Effizienzgewinne durch direkte Stromerzeugung geht, sollen allerdings einzig elektrisch betriebene Wärmepumpen betrachtet werden. Wie viel Nutzwärme mit der aufgewandten elektrischen Energie über den Einsatz von Wärmepumpen bereitgestellt werden kann, hängt von verschiedenen Faktoren ab. Besonders stark hängt es von den Temperaturniveaus ab, auf denen die Wärmepumpen arbeiten. Für die klimatischen Verhältnisse in Deutschland und für ein durchschnittlich bis gut gedämmtes Gebäude gilt, dass eine elektrische Wärmepumpe, die den Boden als Wärmequelle nutzt, über das Jahr gemittelt beim Einsatz von 1 kWh Strom etwa 3,5 kWh Nutzwärme liefert [8]. Das Verhältnis der über das Jahr gelieferten Wärme zur aufgewandten elektrischen Energie wird Jahresarbeitszahl genannt. Jahresarbeitszahlen sind immer größer als 1, d. h. Wärmepumpen liefern immer mehr thermische Nutzenergie als (elektrische) Endenergie aufgewendet werden muss. Bei einer Jahresarbeitszahl von 3,5 liegt die Nutzungseffizienz beim Einsatz einer Wärmepumpe weit höher als etwa bei der direkten Wärmebereitstellung durch Verbrennung. Fällt für die Bereitstellung von

1 kWh Nutzwärme bei einer Öl-, Gas- oder Pelletheizung ein Endenergiebedarf von leicht mehr als 1 kWh an und bei einem Brennwertkessel im besten Fall von geringfügig weniger als 1 kWh, so sind es bei einer Wärmepumpe nur 1/3,5 kWh = 0,29 kWh.

Ob dieser Zuwachs an Nutzungseffizienz eine Erhöhung der Gesamteffizienz, also eine Reduktion des Primärenergieaufwands nach sich zieht, kommt allerdings wiederum darauf an, wie die aufzubringende Endenergie, der Strom, generiert wird. Stammt der Strom aus einem fossil befeuerten Kraftwerkspark mit einem mittleren Wirkungsgrad von etwas über 40 %, dann werden etwa 0,7 kWh Primärenergie benötigt, um 1 kWh Nutzwärme bereitzustellen. Dies ist ein Effizienzgewinn auch im Vergleich zum Brennwertkessel. Verschlechtert sich die Arbeitszahl der Wärmepumpe jedoch ein wenig, fällt sie also unter die genannten 3,5, was etwa bei tieferen Außentemperaturen oder bei höheren geforderten Heiztemperaturen geschehen kann, kann sich dieser Effizienzvorteil schnell auch in einen Effizienznachteil umkehren. Wird der Strom hingegen direkt generiert, dann werden nur etwa 0,3 kWh Primärenergie benötigt, um die gleiche Menge Nutzwärme bereitzustellen. Der Effizienzvorteil ist dann so groß, dass er auch durch ansonsten ungünstige Bedingungen nicht in einen Nachteil kippen kann. Abbildung 30 vergleicht den Primärenergiebedarf für die Bereitstellung einer Einheit Nutzwärme bei einer Öl- oder Gasheizung, bei Einsatz einer Wärmepumpe im Betrieb mit Strom des gegenwärtigen Kraftwerksparks und bei Einsatz einer Wärmepumpe im Betrieb mit direkt erzeugtem Strom.

Im Rückgriff auf Abbildung 25 soll wiederum ins Detail gegangen und der Primärenergiebedarf für den Betrieb von Wärmepumpen in Abhängigkeit von der Art der Stromgewinnung betrachtet werden (Abbildung 31). Dazu wird die Darstellung um eine Spalte erweitert, in der die 3,5 kWh Nutzwärme dargestellt sind, die jeweils aus 1 kWh elektrischer Energie gewonnen werden kann. Der Rest der Grafik bleibt unverändert und ihre Aussage ist analog der von Abbildung 25: Wird der Strom von einem Kernkraftwerk bereitgestellt, wird am meisten Primärenergie benötigt. Für Strom aus einem Kohlekraftwerk ist es etwas weniger und im Falle eines effizient arbeitenden GuD-Kraftwerks wird nur noch etwa die Hälfte der Primärenergie aufgewendet, die aufgewendet werden muss, wenn die Nutzwärme durch einen Brennwertkessel bereitgestellt wird. Am wenigsten Primärenergie ist jedoch erforderlich, wenn der Strom direkt generiert wird, wenn er also in Wasserkraftwerken, PV-Anlagen oder Windkraftanlagen erzeugt wird.

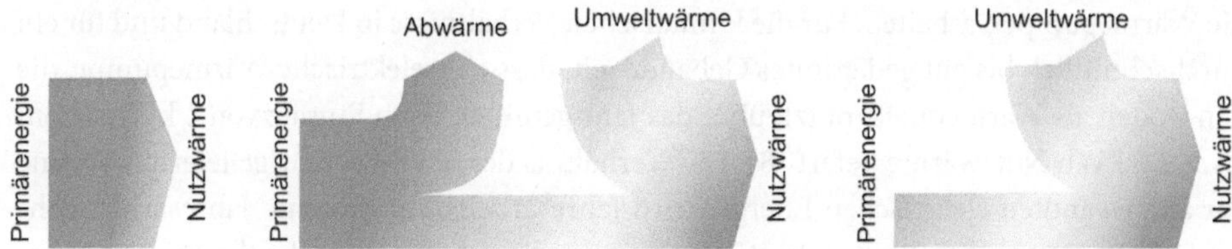

Abb. 30 Primärenergiebedarf im Wärmesektor bei Einsatz von Heizöl oder Erdgas (links), bei Einsatz von Wärmepumpen und der Bereitstellung des Stroms durch den gegenwärtigen Kraftwerkspark (Mitte) und bei Einsatz von Wärmepumpen und direkter Stromerzeugung (rechts) (Grafik: J. Schmid/M. Günther)

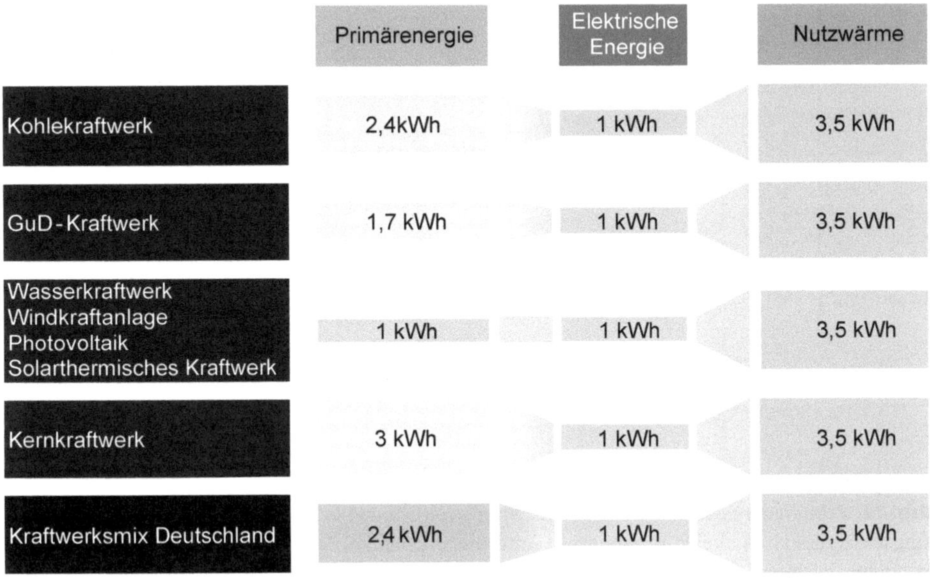

	Primärenergie	Elektrische Energie	Nutzwärme
Kohlekraftwerk	2,4kWh	1 kWh	3,5 kWh
GuD-Kraftwerk	1,7 kWh	1 kWh	3,5 kWh
Wasserkraftwerk Windkraftanlage Photovoltaik Solarthermisches Kraftwerk	1 kWh	1 kWh	3,5 kWh
Kernkraftwerk	3 kWh	1 kWh	3,5 kWh
Kraftwerksmix Deutschland	2,4 kWh	1 kWh	3,5 kWh

Abb. 31 Primärenergieaufwand für die Erzeugung von 3,5 kWh Nutzwärme mit einer elektrischen Wärmepumpe und bei verschiedenen Pfaden zur Stromgewinnung (Grafik: J. Schmid/M. Günther)

Für die Wärmeversorgung ist also die Nutzung von elektrischen Wärmepumpen ein wirksamer Weg, um die Effizienz zu erhöhen. Das Effizienzpotential der Wärmepumpen kann aber nur dann voll realisiert werden, wenn sie mit direkt erzeugtem Strom aus erneuerbaren Energiequellen betrieben werden. Neben der Darstellung des Primärenergiebedarfs zur Bereitstellung von Nutzwärme durch einfache Öl-/Gas-Kessel, Brennwertkessel und Wärmepumpen unter Einsatz von Strom aus verschiedenen Kraftwerksarten zeigt Abbildung 32, wie stark der Primärenergieaufwand für den Betrieb einer Wärmepumpe zurückgeht, wenn der Anteil der direkten Stromerzeugung im Kraftwerkspark ausgebaut wird.

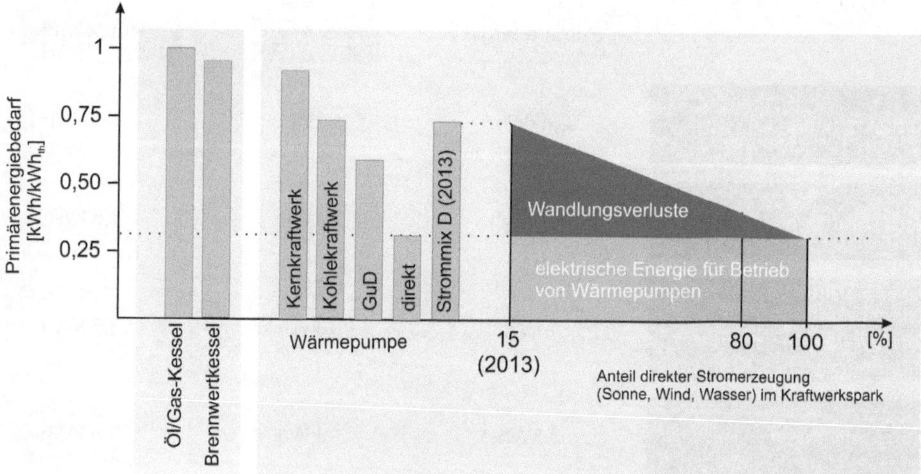

Abb. 32 Primärenergiebedarf pro bereitgestellter kWh Nutzwärme bei Heizsystemen auf Verbrennungsbasis (links) und bei Wärmepumpen unter Berücksichtigung verschiedener Arten der Stromerzeugung (Mitte), Entwicklung des Primärenergiebedarfs für den Betrieb von Wärmepumpen bei zunehmender Umstellung auf direkte Stromerzeugung (rechts) (Grafik: J. Schmid/M. Günther)

Zahlen: Wärme **Kasten 18**

Für die Versorgung mit Niedertemperaturwärme (Raumwärme und Warmwasser) werden in Deutschland jährlich knapp 900 TWh Endenergie benötigt. Der Primärenergiebedarf liegt im Wärmesektor etwa im Bereich des Endenergiebedarfs, da etwa 85 % der Energie von fossilen oder biogenen Energieträgern bereitgestellt werden. Es können also etwa 900 TWh Primärenergiebedarf zugerechnet werden. Wird die benötigte Wärme nun vollständig durch Wärmepumpen bereitgestellt, die mit direkt erzeugtem Strom betrieben werden, dann könnten etwa 600 TWh an Primärenergie eingespart werden. Gemeinsam mit den oben bezifferten Einsparungen in der Stromerzeugung und der Mobilitätsversorgung würde dies eine Gesamteinsparung an Primärenergie von 1720 TWh bedeuten, was etwa 45 % des gegenwärtigen Gesamt-Primärenergiebedarfs entspricht. Da bei einer vollständigen Umrüstung auf Wärmepumpen gleichzeitig eine Reduktion des Heizwärmebedarfs durch eine zunehmende energetische Optimierung der Gebäude anzunehmen ist, könnte mit noch höheren Effizienzeffekten gerechnet werden.

5.1.3 Fazit: Effizienzpotenziale der direkten Stromerzeugung

Die genannten Zahlen zeigen die enormen Effizienzpotenziale, die in einer zunehmenden Umstellung auf direkte Stromerzeugung und in einer weiteren Elektrifizierung des Energiesystems liegen. Würde in einem langfristigen Prozess die Stromerzeugung komplett

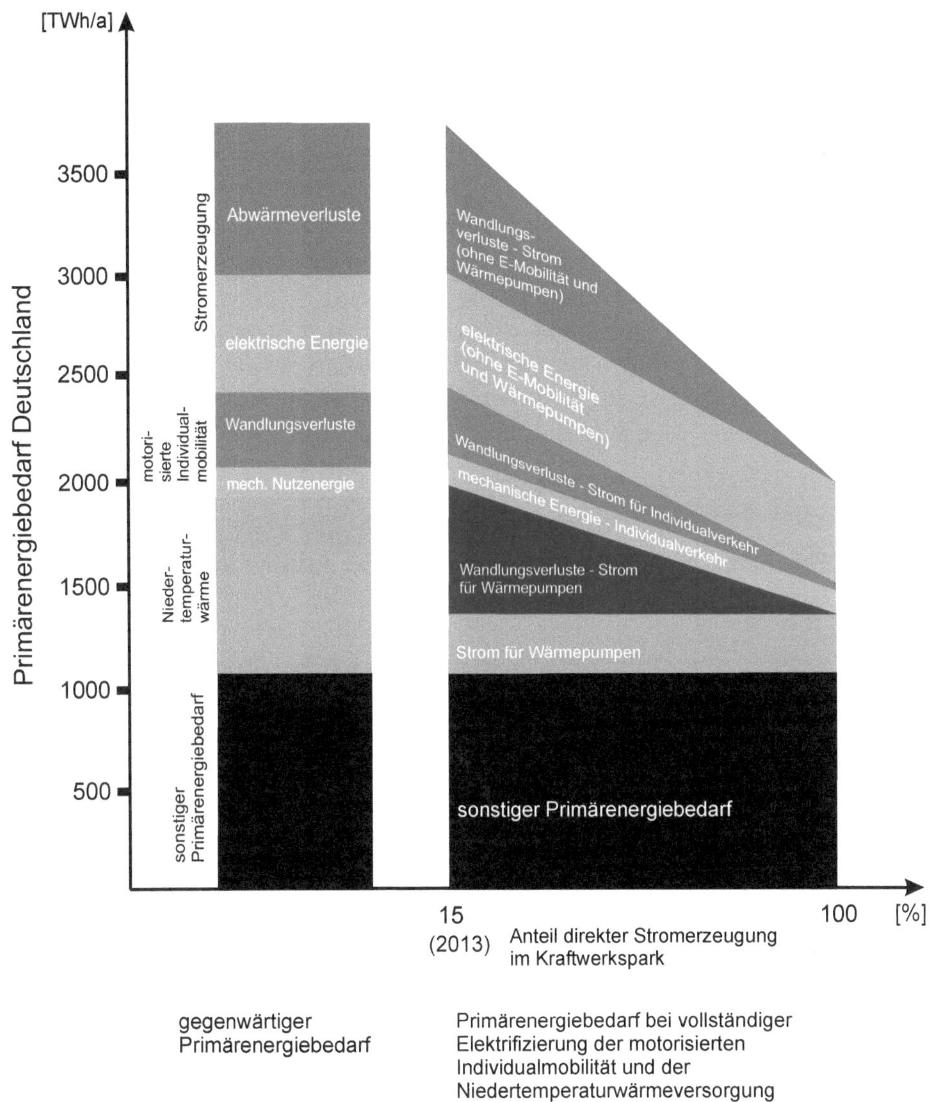

Abb. 33 Gegenwärtiger Primärenergiebedarf in Deutschland (links) und Entwicklung des Primärenergiebedarfs bei vollständiger Elektrifizierung der motorisierten Individualmobilität und der Niedertemperaturwärmeversorgung durch Wärmepumpen in Abhängigkeit vom Anteil direkter Stromerzeugung (rechts) (Grafik: J. Schmid/M. Günther)

umgestellt und motorisierte Individualmobilität und Niedertemperaturversorgung komplett elektrifiziert, dann könnten allein dadurch circa 45 % des gegenwärtigen Primärenergiebedarfs eingespart werden. Allein damit würde die von der Bundesregierung ausgegebene Zielvorgabe, bis 2050 50 % des Primärenergieverbrauchs einzusparen, zwar noch nicht erreicht werden, aber doch schon in greifbare Nähe rücken. Auf alle Fälle erscheint die Erreichung der Zielvorgabe *ohne* Berücksichtigung der genannten Effizienzeffekte durch den Ausbau der erneuerbaren Energien völlig unmöglich, während sie *mit* Berücksichtigung der Effekte alles andere als illusionär ist.

Auffällig ist, dass sich die Gewichte innerhalb des Energiesystems durch den erläuterten Entwicklungsweg verschieben. Elektrische Energie gewinnt eine noch zentralere Position im Energiesystem, als sie gegenwärtig schon innehat. Die Nutzung chemischer Energieträger verliert hingegen weiter an Bedeutung. Sowohl bei der Stromerzeugung als auch bei der Mobilitäts- und Wärmebereitstellung kommen weniger chemische Energieträger zum Einsatz.

Die genannten Zahlen werden noch ein wenig nach unten korrigiert werden müssen. Auf die entsprechenden Details wird in Kapitel 7 eingegangen. An der Hauptaussage, dass die ehrgeizigen Effizienzziele nur durch den Ausbau der erneuerbaren Energien erreicht werden können – und dann aber eben auch erreichbar *sind* –, wird sich jedoch nichts ändern.

5.2 Effizienzgewinne durch Nutzung von solarer und Umweltwärme

Für die Wärmeversorgung kann Umweltwärme genutzt werden, die ohne Primärenergieaufwand zur Verfügung steht. Auch dadurch liegen in der Wärmeversorgung sehr große Effizienzpotenziale. Neben der Umweltwärme kann auch solar erzeugte Wärme genutzt werden, die ebenfalls ohne Primärenergieaufwand verfügbar ist. Umweltwärme als thermische Energie, enthalten in der Umgebungsluft, im Erdreich oder in Gewässern, ist zum allergrößten Teil (bis auf einen sehr kleinen Anteil Erdwärme) auch durch die Sonneneinstrahlung gespeist. Als solar erzeugte Wärme im engeren Sinne gilt im Folgenden nur Wärme, die durch eine direkte Nutzung der Solarstrahlung über entsprechende Absorbereinrichtungen gewonnen wird.

Nach dem Zweiten Hauptsatz der Thermodynamik fließt Wärme von allein nur von einem Körper mit höherer Temperatur zu einem Körper mit niedrigerer Temperatur. Ohne technische Hilfsmittel ist Umweltwärme daher nur „nutzbar", wenn sie auf einem höheren Temperaturniveau vorliegt als die Temperatur etwa in dem Raum, der temperiert werden soll. Bei einer solchen technisch nicht vermittelten Temperierung handelt es sich aber nicht um eine Nutzung im engeren energiesystemrelevanten Sinn. Eine typische technisch vermittelte Nutzung der Umgebungswärme liegt vor, wenn sie mittels Wärmepumpen auf ein höheres Nutztemperaturniveau gebracht wird.

Die Solarstrahlung kommt von einem Körper, der eine Temperatur von etwa 5500 °C hat. Dies ist etwa die Temperatur der Sonnenoberfläche. Sie liegt oberhalb der Temperaturen, die für die meisten Wärmeanwendungen benötigt werden. Der Energiefluss von der Sonne auf die Erde kann daher vielfältig zur Erzeugung von Nutzwärme auf verschiedenen Temperaturniveaus genutzt werden, ohne dass Energie zum Betrieb von Wärmepumpen für die Erreichung höherer Temperaturen aufgewandt werden muss. Neben dem Einsatz von Wärmepumpen zur Nutzung der Umweltwärme stellt daher der Einsatz von strahlungsabsorbierenden thermischen Anlagen einen wichtigen Hebel dar, um die Energieversorgung effizienter zu gestalten.

5.2.1 Wärmepumpen

Wärmepumpen spielen in der weiter fortschreitenden Elektrifizierung der Energieversorgung eine wichtige Rolle. Sie sind das Vehikel, mit dem Umweltwärme, die auf einem niedrigen Temperaturniveau vorliegt, nutzbar gemacht werden kann. Im Gegensatz zum Abschnitt 5.1.2, in dem einzig elektrische Wärmepumpen betrachtet wurden, spielt nun die Art der Endenergie, die für den Betrieb der Wärmepumpen eingesetzt wird, keine Rolle mehr. Anstatt elektrischer Energie kann etwa auch Gas eingesetzt werden.

Wärmepumpen transportieren thermische Energie von einem Reservoir niedrigerer Temperatur zu einem Reservoir höherer Temperatur. Die Bezeichnung *Pumpe* suggeriert den Vergleich mit Wasserpumpen, die Wasser von einem niedrig gelegenen Reservoir in ein höher gelegenes Reservoir pumpen. Dabei bewegen Wasserpumpen das Wasser entgegen der Richtung, in die es von allein fließen würde. Analog „pumpen" Wärmepumpen thermische Energie von einem Reservoir niedrigerer Temperatur in ein Reservoir höherer Temperatur und somit entgegen der Richtung, in die sie von allein fließen würde. Genauso wie Wasserpumpen benötigen sie Energie, um dies zu bewerkstelligen.

Der Prozess, den eine Wärmepumpe vollzieht, ist dem einer Wärmekraftmaschine entgegengesetzt. Bei einer Wärmekraftmaschine wird Wärme Q_H aus einem Reservoir mit hoher Temperatur T_H entnommen, teils in mechanische Energie W gewandelt und teils als thermische Energie Q_T auf einem niedrigeren Temperaturniveau T_T an ein entsprechend niedrig temperiertes Reservoir abgegeben. Wärmepumpen wenden entgegengesetzt dazu Arbeit W auf, entziehen die thermische Energie Q_T aus einem Reservoir niedriger Temperatur T_T und geben die thermische Energie Q_H in ein Reservoir höherer Temperatur T_H ab (Abbildung 34).

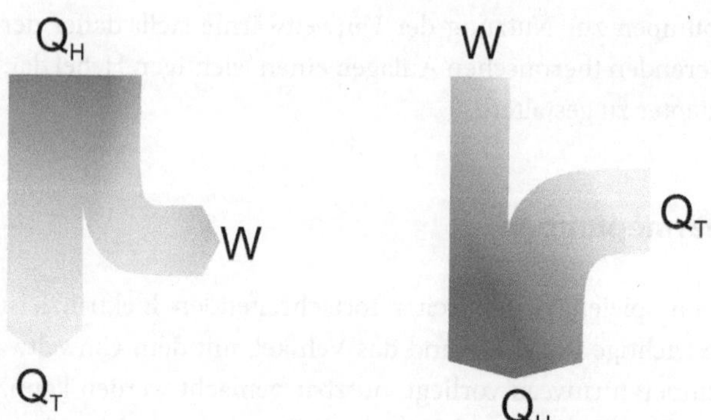

Abb. 34 Energieflussschemata für eine Wärmekraftmaschine (links) und eine Wärmepumpe (rechts) (Grafik: M. Günther)

Das Reservoir niedriger Temperatur kann z. B. die Umgebungsluft sein und das Reservoir höherer Temperatur das wärmere Innere eines Hauses. Der mit dem Betrieb der Wärmepumpe erreichte Nutzen ist die Zufuhr thermischer Energie ins Innere des Hauses, d.h. die Beheizung des Hauses. Der Nutzen ist die Zufuhr von Wärme in das wärmere Reservoir, wohin die thermische Energie nicht von allein, ohne Zutun der Wärmepumpe, fließen würde. Der Nutzen einer Wärmepumpe kann umgekehrt auch der Abzug thermischer Energie aus dem Reservoir niedrigerer Temperatur sein. Dies ist der Fall in Kühlschränken, in denen Wärmepumpen schon seit langem Massenware sind.

Die Effizienz einer Wärmepumpe bemisst sich daran, wie viel mechanische Arbeit aufzuwenden ist, um eine bestimmte Wärmemenge zu transferieren. Im Falle der Heizungsanwendung bemisst sie sich daran, wie viel mechanische Arbeit aufgewandt werden muss, um einen bestimmten Gewinn an thermischer Energie im Gebäude zu erreichen. Wie bemerkt ist der Prozess, der in einer Wärmepumpe abläuft, thermodynamisch umgekehrt zu dem Prozess, der in einer Wärmekraftmaschine abläuft. Die physikalisch maximale Effizienz einer Wärmepumpe kann entsprechend unmittelbar aus der maximalen Effizienz einer Wärmekraftmaschine abgeleitet werden. Während bei einer Wärmekraftmaschine das Verhältnis von eingesetzter Wärme zu resultierender mechanischer Arbeit maximal $\eta_{max} = (T_H - T_T)/T_H$ beträgt, ist die maximale Effizienz der Wärmepumpe, die maximale so genannte Leistungszahl COP (coefficient of performance), reziprok dazu: $COP_{max} = T_H/(T_H-T_T)$. Entsprechend der Tatsache, dass der Wirkungsgrad einer Wärmekraftmaschine stets kleiner ist als 1, ist dieser Wert stets größer als 1, d. h. die gewonnene thermische Nutzenergie übersteigt stets die aufgewandte mechanische Energie. Und während gilt, dass eine Wärmekraftmaschine mit größerer Effizienz arbeitet, wenn die Temperaturunterschiede zwischen warmem und kaltem Reservoir *groß* sind, arbeitet eine Wärmepumpe mit umso größerer Effizienz, je *kleiner* die Temperaturunterschiede sind.

Eine Wärmepumpe zur Bereitstellung von Nutzwärme arbeitet besonders effizient, wenn das untere Temperaturniveau des Prozesses möglichst hoch ist und wenn das obere

Temperaturniveau des Prozesses, also das Temperaturniveau, das die Wärmepumpe im Heizungssystem bedienen muss, möglichst niedrig ist. Das untere Temperaturniveau bei Wärmepumpen zur Hausbeheizung kann höher gehalten werden, indem nicht die Umgebungsluft als Wärmelieferant genutzt wird, die im Winter sehr tiefe Temperaturen annehmen kann, sondern z. B. das Erdreich, das auch schon in geringen Tiefen von wenigen Metern ganzjährig recht ausgeglichene Temperaturen aufweist. Das obere Temperaturniveau kann niedrig gehalten werden, indem die Heizsysteme auf einer relativ niedrigen Temperatur betrieben werden. Für Wärmepumpenheizungen werden daher zumeist großflächige Heizkörper oder auch Fußbodenheizungen eingesetzt, die auch bei geringeren Heizungsvorlauftemperaturen eine hinreichende Heizleistung erreichen. Gleichzeitig ist eine möglichst gute Dämmung des Gebäudes wichtig, damit die Niedertemperaturheizungen den Heizbedarf decken können. Werden dauerhaft hohe Temperaturen benötigt, um den Heizbedarf zu decken – z. B. wegen schlechter Dämmung oder aufgrund sehr kleiner Heizkörper –, sinkt die Effizienz der Wärmepumpen und damit auch ihre wirtschaftliche Rentabilität.

Der Effizienzvorteil der Wärmepumpen **Kasten 19**

Die erläuterten Zusammenhänge können verwendet werden, um die Ineffizienz herkömmlicher Öl- oder Gasheizungen gegenüber Wärmepumpen physikalisch zu fundieren: Der wesentliche Gesichtspunkt ist, dass bei der Verbrennung von Öl oder Gas sehr hohe Temperaturen erreicht werden, während für die Beheizung von Räumen relativ niedrige Temperaturen ausreichend sind. Warum ist das Temperaturniveau aber für die Effizienzfrage von solch großer Bedeutung?

In gewisser Hinsicht liegt es nicht auf der Hand, dass es einen Zusammenhang zwischen Temperaturniveau und Effizienz geben sollte. Denn zunächst kann man plausibel sagen, dass es für den Wärmeeintrag in einen Raum völlig gleich ist, auf welchem Temperaturniveau er erfolgt, solange die Temperatur nur höher ist als die Raumtemperatur. Es ist für den Heizeffekt unerheblich, ob 1 kWh thermische Energie in einen auf 20 °C temperierten Raum mittels zwanzig Liter eines Wärmeträgermediums auf 80 °C (also mit einem Temperaturunterschied von 60 K zur Raumtemperatur) oder mittels vierzig Liter auf 50 °C (also mit einem Temperaturunterschied von 30 K) eingebracht werden. Der Raum wird mit der gleichen Energiemenge[8] in gleicher Weise beheizt. In den beiden Fällen gleichen sich die Temperaturen von Wärmeträgermedium und Raum auf dem gleichen Temperaturniveau an, bspw. bei 21 °C.

Häufig findet man in diesem Kontext die – durchaus erklärungsbedürftige – Formulierung, thermische Energie auf einem hohen Temperaturniveau sei „höherwertig“ als die gleiche Energiemenge auf einem niedrigeren Temperaturniveau. Gemeint ist dabei die Tatsache, dass ein umso höherer Anteil von Wärme in einer Wärmekraftmaschine in

[8] Die Energiemenge ist hier diejenige thermische Energie, die dem Wärmeträgermedium zugeführt werden muss, damit es von der gegebenen Raumtemperatur (20 °C) auf die jeweilige über der Raumtemperatur liegende Temperatur gebracht wird.

mechanische Energie gewandelt werden kann, je höher die Temperatur der Wärme ist. (Der exergetische Anteil der Wärme ist größer.) Im Bereich der Wärmebereitstellung gilt Folgendes: Anstatt die thermische Energie direkt als Wärme zu nutzen, kann sie zunächst in einer Wärmekraftmaschine genutzt werden, um sie teilweise in mechanische Energie zu wandeln. Und die dabei erzeugte mechanische Energie kann dann eingesetzt werden, um eine Wärmepumpe zu betreiben, die unter Einbeziehung von Umweltwärme eine größere Menge an Nutzwärme zur Verfügung stellt. Man kann also z.B. Gas, anstatt es in einem Heizungssystem zu verbrennen, zunächst in einer Wärmekraftmaschine nutzen und dann den erzeugten Strom dazu verwenden, eine Wärmepumpe zu betreiben, die unter Nutzung von Umweltwärme Nutzwärme zur Verfügung stellt (Abbildung 35).

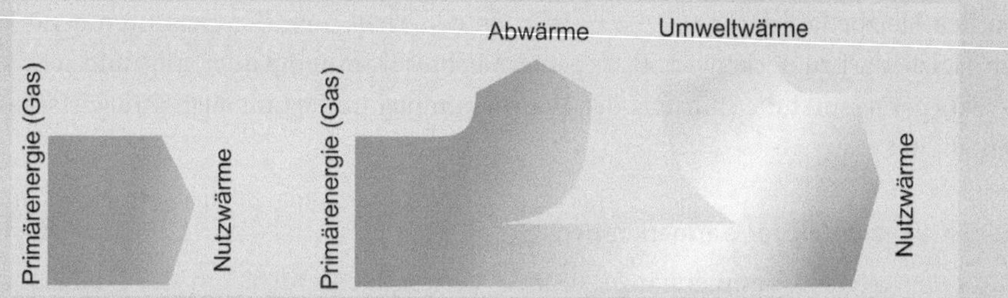

Abb. 35 Abbildung 35: Direkte Nutzung der Primärenergie zur Heizung (links) und indirekte Nutzung über den Betrieb einer Wärmepumpe (rechts) (Grafik: M. Günther)

Welche Bedingungen müssen erfüllt sein, damit der Umweg über die Wärmepumpe energetisch lohnenswert ist - also mehr Heizenergie gewonnen wird als bei der direkten Verbrennung? Lassen wir die technisch bedingten Wandlungsverluste unberücksichtigt, dann ist die Antwort einfach: Ein energetischer Gewinn ist dann gegeben, wenn das hohe Temperaturniveau in der Wärmekraftmaschine (die Temperatur der Verbrennungsgase) höher ist als das Temperaturniveau, das von der Wärmepumpe bereitgestellt wird. Mit dieser Aussage kann die Formulierung, thermische Energie auf einem höheren Energieniveau sei „höherwertig" als thermische Energie auf einem niedrigeren Niveau, in einer weiteren Hinsicht motiviert werden: Aus der gleichen thermischen Energie lässt sich doch mehr Heizwärme gewinnen, wenn sie auf einem höheren Temperaturniveau gegeben ist.

Letztere Aussage lässt sich leicht zeigen:

Die mechanische Energie W_{WKM}, die durch eine ideale Wärmekraftmaschine unter Einsatz der thermischen Energie Q bereitgestellt wird, ist

$$W_{WKM} = Q \cdot \frac{\left(T_{H_{WKM}} - T_T\right)}{T_{H_{WKM}}} , \qquad (1)$$

wobei $T_{H_{WKM}}$ das obere Temperaturniveau des in der Wärmekraftmaschine ablaufenden thermodynamischen Kreisprozesses ist und T_T das untere Temperaturniveau. Die thermische Energie, die nun von der Wärmepumpe unter Aufwendung der Arbeit W_{WKM} bereitgestellt werden kann, beträgt

$$Q_{WP} = W_{WKM} \cdot \frac{T_{H_{WP}}}{\left(T_{H_{WKM}} - T_T\right)}, \qquad (2)$$

$$= Q \cdot \frac{\left(T_{H_{WKM}} - T_T\right)}{T_{H_{WKM}}} \cdot \frac{T_{H_{WP}}}{\left(T_{H_{WKM}} - T_T\right)}, \qquad (3)$$

$$= Q \cdot \left(1 + \frac{T_T\left(T_{H_{WKM}} - T_{H_{WP}}\right)}{\left(T_{H_{WP}} - T_T\right)}\right), \qquad (4)$$

wobei $T_{H_{WP}}$ das obere Temperaturniveau des Wärmepumpenprozesses ist. Laut (4) ist die von der Wärmepumpe gelieferte thermische Energie Q_{WP} genau dann größer als die der Wärmekraftmaschine zugeführte thermische Energie Q, wenn der Klammerausdruck $1 + \frac{T_T\left(T_{H_{WKM}} - T_{H_{WP}}\right)}{\left(T_{H_{WP}} - T_T\right)}$ größer als 1 ist, d. h. wenn $\frac{T_T\left(T_{H_{WKM}} - T_{H_{WP}}\right)}{\left(T_{H_{WP}} - T_T\right)}$ positiv ist.

Da der Nenner notwendigerweise positiv ist (weil die Wärmepumpe notwendigerweise höhere Temperaturen liefert, als sie in der Umgebung gegeben sind), ist der Ausdruck genau dann positiv, wenn der Zähler positiv ist, d. h. wenn $T_{H_{WKM}} - T_{H_{WP}}$ positiv, also $T_{H_{WKM}}$ größer als $T_{H_{WP}}$ ist. Letzteres ist für Heizungs- und Warmwasseranwendungen der Fall: Bei der Verbrennung des Gases werden Temperaturen erreicht, die höher sind als die, die mit einer Wärmepumpe angestrebt werden. Das bedeutet, dass die Wärmeerzeugung über die Wärmepumpe – unter idealen Bedingungen, also unter Nichtberücksichtigung von technisch bedingten Verlusten – effizienter ist als die direkte Verbrennung. Daher kann Abbildung 35 abgeändert werden, so dass die quantitativen Verhältnisse sichtbar werden (Abbildung 36).

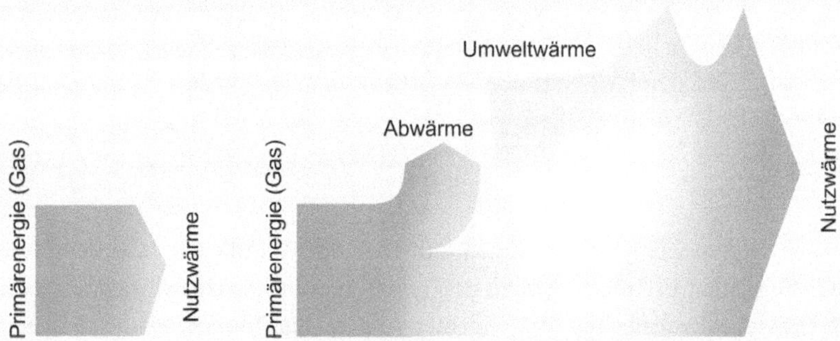

Abb. 36 Abbildung 36: Vergleich des Nutzwärmeertrags aus einer gegebenen Menge Brennstoff (Gas) mittels konventioneller Heizung (links) und mittels Nutzung des Gases für den Betrieb einer Wärmepumpe unter Berücksichtigung des Zweiten Hauptsatzes der Thermodynamik und ohne Berücksichtigung anlagenbedingter Verluste (Grafik: M. Günther)

Die generelle quantitative Aussage, dass der Umweg über die Wärmepumpe prinzipiell energetisch günstig ist, gilt, werden die Prozesse ausschließlich unter Anwendung des Zweiten Hauptsatzes der Thermodynamik betrachtet. Nimmt man anlagenbedingte Verlustmechanismen hinzu, dann wird der Umweg über die Wärmepumpe in einigen Fällen energetisch nicht mehr rentabel sein. In vielen anderen Fällen wird es aber auch unter Berücksichtigung aller anfallenden Verluste effizienter sein, eine Wärmepumpe einzusetzen. Besonders wichtig für die Rentabilität des Einsatzes einer Wärmepumpe bleibt dabei, das obere Temperaturniveau der Wärmepumpe (die Vorlauftemperatur im Heizungssystem) möglichst niedrig zu halten.

Der Gesamtprozess kann noch einmal effizienter gestaltet werden, indem man die Abwärme der Wärmekraftmaschine ebenfalls nutzt. Eine Gaswärmepumpe kann derart in der thermischen Hülle eines Gebäudes betrieben werden, dass die in den Abgasen enthaltene thermische Energie im Gebäude verbleibt. Unter Vernachlässigung anlagenbedingter Verluste, ist ein solches Konzept sogar immer energetisch effizienter als eine direkte Gasverbrennung – unabhängig von den Temperaturniveaus, auf denen die Prozesse ablaufen. Auch hier gilt, Verluste in den realen Prozessen führen dazu, dass die realen Effizienzgewinne mehr oder weniger deutlich unter den physikalisch möglichen liegen. Abbildung 37 illustriert die Energieflüsse in den drei besprochenen und miteinander verglichenen Systemen: einfache Verbrennung, Betrieb einer Wärmekraftmaschine und anschließende Nutzung der erzeugten mechanischen Energie in Wärmepumpen, und schließlich der zusätzliche Einschluss von Kraft-Wärme-Kopplung.

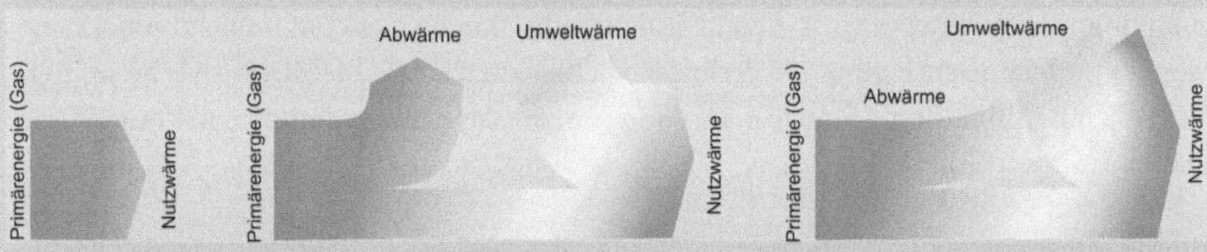

Abb. 37 Vergleich des Nutzwärmeertrags bei Einsatz einer gegebenen Menge Gas mittels konventioneller Heizung (links), mittels Nutzung des Gases für den Betrieb einer Wärmepumpe (Mitte) und bei zusätzlicher Nutzung der Abwärme (links) (Grafik: M. Günther)

Nach den allgemeinen Überlegungen zur Thermodynamik der Wärmepumpen und den daraus folgenden Erläuterungen zu den möglichen Effizienzgewinnen, folgt ein Blick auf die technische Realisierung von Wärmepumpen. Sie können in die beiden großen Gruppen der *Kompressions*wärmepumpen und der *Sorptions*wärmepumpen unterteilt werden. Beide Gruppen haben gemein, dass sie die latente Wärme nutzen, die bei der Kondensation eines Fluids frei und bei der Verdampfung gebunden wird. Wärmepumpen nutzen dabei die Eigenschaft, dass die Siedetemperatur, bei der es zum Verdampfen und zum Kondensieren kommt, vom Druck abhängt. Durch entsprechende Druckanpassungen wird der Siedepunkt im Prozess verschoben. Bei höherem Druck wird das Fluid

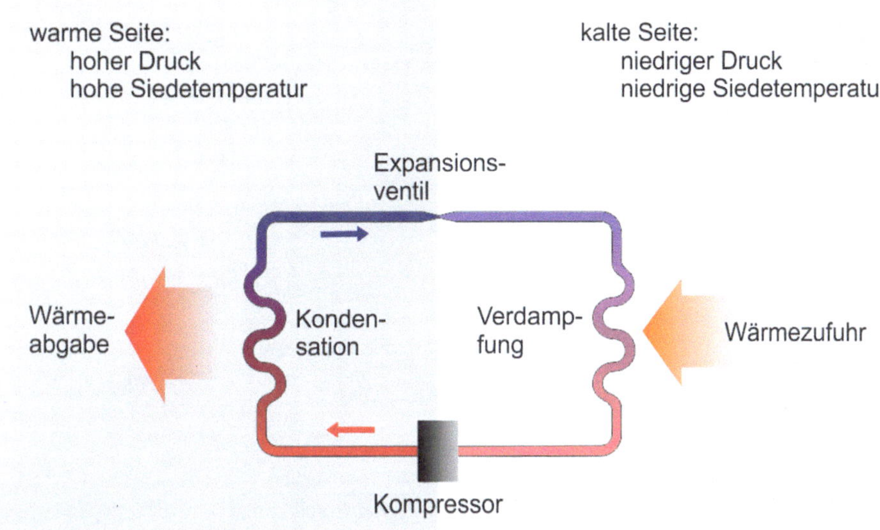

Abb. 38 Schematische Darstellung der Arbeitsweise einer Kompressionswärmepumpe: Wärmeabgabe durch Kondensation bei hohem Druck, Druckreduktion durch Ventil, Wärmeaufnahme durch Verdampfung bei niedrigem Druck, Druckerhöhung durch Kompressor (Grafik: M. Günther)

bei höherer Temperatur verflüssigt und die frei werdende latente Wärme wird als sensible Wärme auf dem höheren Temperaturniveau abgegeben. Das Fluid wird in die kältere Umgebung geleitet und verdampft dort unter geringerem Druck. Dabei wird Wärme der kälteren Umgebung entzogen. Auf diese Weise wird thermische Energie aus einer kälteren Umgebung über die Zwischenstation latenter Wärme in eine wärmere Umgebung transportiert.

Kompressionswärmepumpen realisieren den Druckunterschied durch die mechanische Kompression des Arbeitsfluids[9] zur Kondensation in der warmen Umgebung und die anschließende Entspannung über ein Druckreduzierventil zur Verdampfung und Wärmeaufnahme in der kälteren Umgebung.

Die aufgewandte Energie wird für die Pumpe zur Druckerhöhung des Arbeitsfluids benötigt. Die allermeisten Kompressionswärmepumpen werden elektrisch angetrieben. Daneben existieren mit Gasmotoren betriebene Wärmepumpen. Die im Gasmotor anfallende Abwärme kann dabei selbst noch zur Beheizung genutzt werden.

Bei *Absorptionswärmepumpen* wird der größte Teil der mechanischen Energie, die beim Betrieb von Kompressionswärmepumpen benötigt wird, durch thermische Energie ersetzt. Dabei wird ausgenutzt, dass die Löslichkeit von Stoffen temperaturabhängig ist.

[9] Das Arbeitsfluid wird oft auch Kältemittel genannt. Dies hat den Grund, dass der Kreislauf zunächst für Kühlzwecke eingesetzt wurde und nicht zur Heizung. Kühlschränke arbeiten schon lange auf der Basis dieses Kreislaufs, während Wärmepumpen eine eher neue Anwendung darstellen.

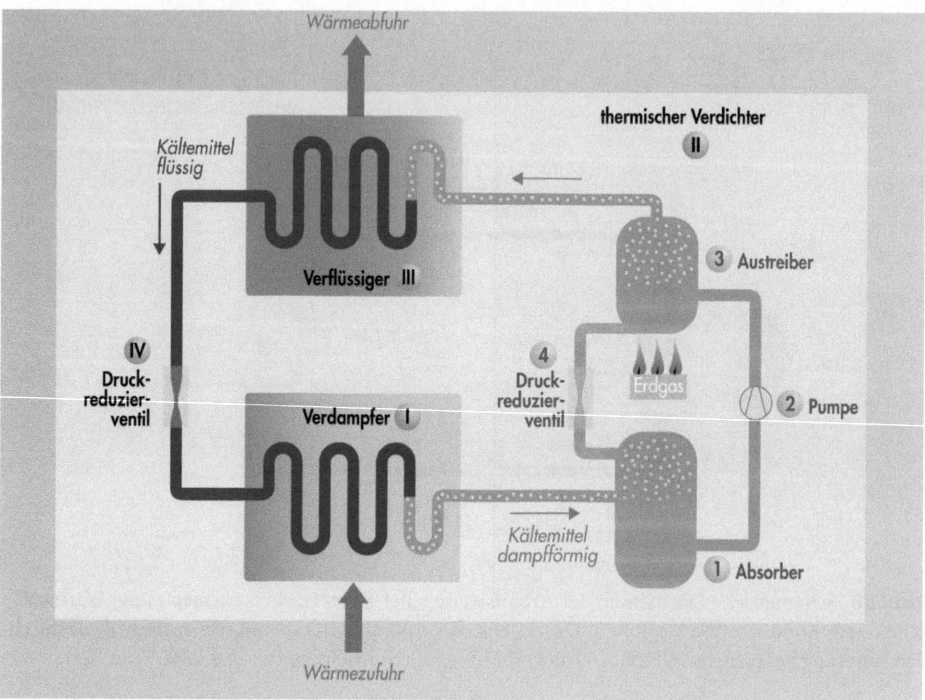

Abb. 39 Schematische Darstellung einer Absorptionswärmepumpe (Grafik: Mit freundlicher Genehmigung von © ASUE 2014. All Rights Reserved.)

Das Arbeitsfluid (z. B. Ammoniak) wird bei hoher Temperatur aus einem Lösungsmittel (z. B. Wasser) ausgetrieben und bei niedriger Temperatur wieder absorbiert. Nach dem Austreiben wird das Arbeitsfluid in einem Kondensator gekühlt und verflüssigt. Anschließend wird es beim Durchfließen eines Ventils entspannt, wodurch die Verdampfung einsetzt. Bei dem Verdampfungsprozess wird Wärme aufgenommen. Der Kreislauf des Arbeitsfluids wird geschlossen, indem es wieder vom Lösungsmittel absorbiert wird. Im Gegensatz zur Kompressionswärmepumpe geschehen Verdichtung und Entspannung durch die thermisch regulierte Absorption und Desorption. Dadurch dass bei der Erhitzung das Arbeitsfluid ausgetrieben wird, wird der Druck hoch gehalten, und durch die Absorption des Arbeitsfluids nach seiner Abkühlung wird der Druck niedrig gehalten. Getrennt werden müssen die Druckbereiche durch ein entsprechendes Ventil. Eine Pumpe wird nur im Lösungsmittel-Kreislauf benötigt, die das mit dem Arbeitsfluid gesättigte Lösungsmittel aus dem Absorber zurück in den Austreiber bringt, wo das Arbeitsfluid wieder thermisch ausgetrieben wird.

Absorptionswärmepumpen haben eine weit geringere Verbreitung als Kompressionswärmepumpen. Vor allem in wärmeren Ländern werden sie häufiger zur Kühlung eingesetzt.

5.2.2 Solarthermische Systeme

Noch weniger Energieaufwand als bei der Nutzung der Umweltwärme durch Wärmepumpen muss betrieben werden, wenn solare Wärme zur Nutzwärmebereitstellung eingesetzt wird. Während nämlich bei der Nutzung der Umweltwärme elektrische bzw. mechanische Energie aufgewandt wird, um die in der Umwelt enthaltene thermische Energie auf ein höheres Temperaturniveau zu bringen, entfällt dieser Aufwand bei der Nutzung der Solarstrahlung. Denn die Solarstrahlung – insbesondere der Direktstrahlungsanteil – hat einen hohen Exergiegehalt und kann zur Erzeugung auch hoher Temperaturen genutzt werden, ohne dass zusätzlich Arbeit aufgewendet werden muss. Die Wärme kann völlig ohne Energieaufwand bereitgestellt werden. Energieaufwand mag lediglich anfallen, um die solar erzeugte Wärme zu transportieren, typischerweise durch Pumpen, die ein Wärmeträgerfluid in Bewegung setzen.

Thermische Solaranlagen mit Flachkollektoren oder Röhrenkollektoren können solare Energie für die Trinkwassererwärmung oder für eine zumindest partielle Deckung des Heizwärmebedarfs mit einem minimalen Stromeinsatz nutzbar machen. Ein Verhältnis von mehr als 30 zwischen der Wärmedienstleistung und dem erforderlichen Stromeinsatz kann erreicht werden. Abbildung 32 kann entsprechend um eine weitere Komponente ergänzt werden, die den noch geringeren Primärenergieeinsatz bei Betrieb von solarthermischen Anlagen wiedergibt (Abbildung 40). Der Primärenergieeinsatz hängt wiederum zusätzlich davon ab, wie die geringe Menge Strom bereitgestellt wird, die für den Betrieb der Solarkollektoren benötigt wird. Der Effizienzgewinn durch erneuerbare Energien, der durch die Nutzung der Solarstrahlung gegeben ist, kann durch die Nutzung direkt erzeugten Stroms aus erneuerbaren Energiequellen noch erhöht werden. Allerdings ist im Falle der Solarthermie der Strombedarf so gering, dass eine deutliche energetische Rentabilität bei jeder beliebigen Form der Stromerzeugung gegeben ist.

Die Deckungsraten von Solarthermieanlagen für die Wärmegewinnung für Heizung und Warmwasser sind in Deutschland zumeist begrenzt. Zu stark sind die saisonalen Schwankungen im Solarstrahlungsangebot, als dass das ganze Jahr über eine hohe Abdeckung des Bedarfs erreicht werden könnte. Im Warmwasserbereich können Deckungsraten von 50 % oder auch etwas darüber mit vertretbarem wirtschaftlichem Aufwand erreicht werden. Weit höhere Werte oder gar eine komplette solare Abdeckung des Warmwasserbedarfs ist in unseren Breiten nicht wirtschaftlich. Für eine vollständig solare Warmwasserversorgung würden sehr große Kollektorflächen benötigt, die auch im Winter den Bedarf decken. Für den Sommer wären diese Flächen jedoch weit überdimensioniert. Ein großer Teil der Kollektoren verbliebe im Sommer funktionslos; der über das Jahr gemittelte Nutzungsgrad der Anlage wäre gering. Alternativ könnte ein saisonaler Speicher genutzt werden, der Wärme im Sommer einspeichern lässt und im Winter verfügbar macht. Mit solchen Speichern könnten die Kollektorflächen kleiner gehalten werden. Allerdings sind thermische Speicher von ausreichender Größe und Qualität, die die Wärme über Monate hinreichend verlustarm bereithalten, sehr teuer. Es ist nicht zu erwarten, dass die saisonale

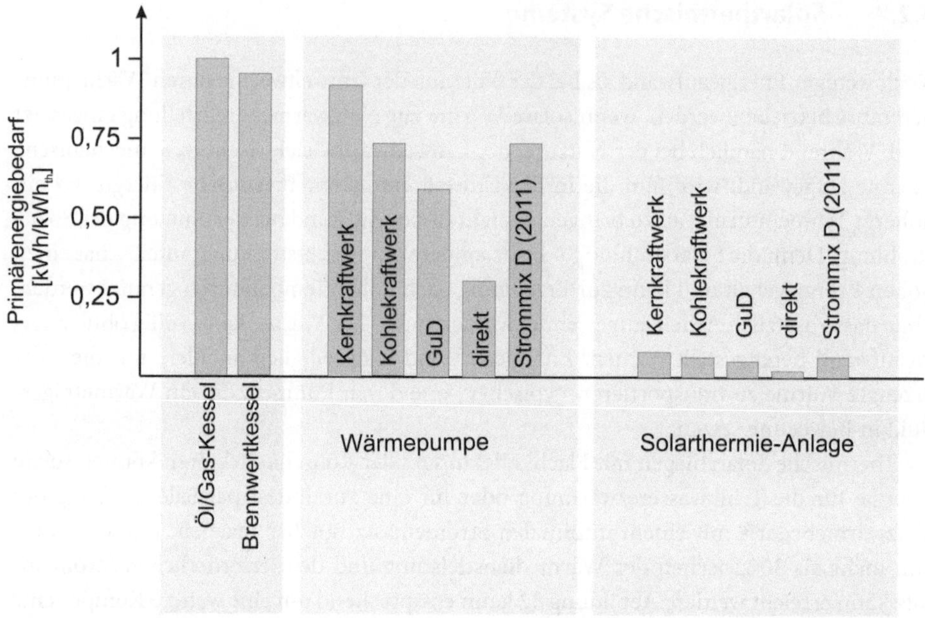

Abb. 40 Primärenergiebedarf pro 1 kWh Nutzwärme unter Verwendung verschiedener Technologien (Grafik: M. Günther)

Speicherung solarer Wärme, die in Pilotprojekten erfolgreich realisiert wurde, rasch im Markt Fuß fasst.

Im Bereich der Raumwärmeversorgung ist eine vollständige solare Abdeckung noch schwieriger, weil Wärmebedarf und solares Wärmeangebot sich gerade antizyklisch zueinander verhalten. Im Gegensatz zur Warmwasserversorgung lassen sich kaum Richtwerte für wirtschaftlich realisierbare Deckungsgrade angeben. Denn diese hängen von vielen Faktoren, insbesondere von der thermischen Qualität der Gebäudehülle ab.

Wie in 4.4.1 beschrieben, können höhere Temperaturen für industrielle Zwecke durch konzentrierende solarthermische Systeme erreicht werden. Da dafür jedoch hohe Direktstrahlungsanteile in der Solarstrahlung benötigt werden, die in Deutschland nicht gegeben sind, sind solche Systeme bei uns keine wirtschaftliche Option.

5.2.3 Energetische Optimierung von Gebäuden

Energetisch noch effizienter im Vergleich zur aktiven Nutzung von Umweltwärme und solarer Wärme mittels Wärmepumpen und Solarkollektoren ist die energetisch optimierte Gestaltung von Gebäuden, speziell der Gebäudehülle. Denn eine energetische Optimierung reduziert den Nutzenergiebedarf selbst. Und ein geringerer Nutzenergiebedarf eliminiert unmittelbar den entsprechenden Anteil an Primärenergieeinsatz.[10]

Um die gewünschte Temperierung eines Gebäudes zu erreichen, ist es nötig, Wärmegewinne und Wärmeverluste über die Gebäudehülle in einem jeweils ausgewogenen Maße zu erzielen. Je nach klimatischen Gegebenheiten kann dabei der Schutz vor Auskühlung und der Gewinn solarer Energieeinträge im Vordergrund stehen oder der Schutz vor Überhitzung. In Deutschland, mit einer verbreiteten mittleren Jahrestemperatur von 11 °C, stehen der Schutz vor Auskühlung und der Gewinn solarer Energieeinträge im vorrangigen Interesse. Schutz vor Auskühlung bedeutet insbesondere eine gute thermische Isolierung. Fenster galten lange Zeit als thermische Schwachstellen der Gebäudehülle. Inzwischen ist dies nicht mehr der Fall und sie werden zunehmend als Solarkollektoren begriffen, die ganz wesentlich den solaren Wärmeeintrag ins Gebäude ermöglichen. Dabei gibt es ein gewisses Spannungsverhältnis zwischen den geforderten Dämmeigenschaften der Fenster auf der einen Seite, die inzwischen durch Dreifachverglasung und Befüllung der Zwischenräume mit Edelgasen mit geringer Wärmeleitfähigkeit sehr gut gewährleistet ist, und den gewünschten hohen Lichtdurchlassgraden auf der anderen Seite. Wichtig für die Wirksamkeit von Fensterflächen ist ihre Orientierung. Durch südlich orientierte Fenster und die damit möglichen solaren Einträge können die im Vergleich zu gut gedämmten opaken Außenbauteilen höheren Wärmeverluste in der Jahresbilanz mehr als kompensiert werden. Der Heizwärmebedarf wird deutlich verringert. Großzügige, sinnvoll orientierte Fensterflächen versorgen die Räume aber nicht nur mit solarer Wärme, sondern auch mit Licht und steigern damit die Energieeffizienz auch dadurch, dass weniger Energie für eine künstliche Beleuchtung der Räume aufgewendet werden muss. Lichtlenkungssysteme können etwa in Bürogebäuden den Nutzwert der natürlichen Lichtquelle noch anheben und einen weiteren Beitrag zur Absenkung des Beleuchtungsbedarfs leisten.

Auch über opake Bauteile lässt sich aus der solaren Strahlungsenergie Wärme gewinnen. Dazu kann auf die Wandflächen außenseitig lichtdurchlässiges (transluzentes oder transparentes) und gleichzeitig dämmendes Material aufgebracht werden. Die solare Strahlung durchdringt das Material, trifft an deren Rückseite auf einen Absorber, wird als Wärme zur raumseitigen Wandoberfläche geleitet und leistet einen Beitrag zur Wärmeversorgung.

Bei den genannten energetischen Optimierungsmaßnahmen spricht man auch von einer *passiven* Nutzung solarer und Umweltwärme, da es nach der Bauphase keines weiteren Energieeinsatzes bedarf, um die gewünschten Energiedienstleistungen – insbesondere die Temperierung des Gebäudes – zu erlangen.

---

[10] Allerdings muss ab einer bestimmten thermischen Qualität auch die Graue Energie beachtet werden, d. h. die Energie, die aufgewandt werden muss, um etwa die Dämmmaterialien herzustellen und einzubauen. Ab einem bestimmten Punkt wird der energetische Aufwand für die Herstellung größer sein als die Energieeinsparung, die mit zusätzlich installiertem Material erreicht werden kann. Für eine Gesamtbetrachtung muss dies berücksichtigt werden. Es gibt ein gesamtbilanzielles Optimum der thermischen Qualität eines Gebäudes. Unter Berücksichtigung aller Faktoren gilt nicht, dass die Energieeffizienz mit zunehmender thermischer Isolierung immer weiter ansteigt.

Bei der Nutzung von Fensterflächen und transluzenten Dämmmaterialien zur solaren Wärmegewinnung ist allerdings zu beachten, dass Wärmeeinträge im Sommer nicht unbedingt erwünscht sind. Die Innenräume können leicht zu stark erwärmt werden. Sommerliche und winterliche Wirkung der passiven Elemente müssen gegeneinander abgewogen werden. Über die gezielte Orientierung von Fenstern – unter Berücksichtigung z.B., dass vertikale Fensterflächen in Richtung Süden winterliche solare Einträge erhöhen und sommerliche Einträge begrenzen – und durch den Einsatz von regelbaren Verschattungselementen können die gewünschten thermischen Effekte über einen größeren Teil des Jahres erzielt werden. Fällt bei nicht optimaler Auslegung letztlich doch Kühlbedarf an, kann dieser mittels thermischer Reservoire in der Umgebung gedeckt werden. Wärmepumpen können z. B. das Erdreich, das im Winter als Wärmequelle dient, im Sommer als Wärmesenke für den Kühlbetrieb nutzen. Auch die Solarenergie selbst kann über solarthermische Anlagen zur Kühlung dienen. Dazu können sorptionsgestützte Prozesse genutzt werden (vgl. Abbildung 39).

Eine Begrenzung des Wärmeverlusts von Gebäuden wird nicht nur durch einen geringen Wärmedurchgang durch die Gebäudehülle erreicht, sondern auch dadurch, dass aus der Abluft Wärme zurückgewonnen wird (insofern das Gebäude künstlich belüftet wird). Durch Wärmerückgewinnung in Lüftungsanlagen kann mit sehr geringem Stromaufwand bis zu 90 % der in der Abluft enthaltenen Wärmeenergie im Gebäude gehalten werden. Wie bei solarthermischen Anlagen kann ein Verhältnis von mehr als 30 zwischen der Wärmedienstleistung (der im Gebäude gehaltenen thermischen Energie, die bei einer Lüftung ohne Wärmerückgewinnung an die Umgebung abgegeben worden wäre) und dem erforderlichen Stromeinsatz erreicht werden.

Wärme kann nicht nur aus der Abluft zurückgewonnen werden, sondern auch aus Abwasser. Schließlich kann auch aus industrieller Abwärme, die oft auf einem wesentlich höheren Temperaturniveau liegt, Wärme rückgewonnen werden. In diesem Fall ist nicht nur eine thermische Nutzung der rückgewonnenen Energie denkbar, sondern sogar eine Nutzung zur Stromerzeugung in ORC-Prozessen.

Derzeit wird mehr als 50 % der Endenergie in Deutschland für Wärmedienstleistungen aufgewendet. Effizienzsteigerungen im Wärmesektor bieten somit einen besonders wirkungsvollen Hebel, um die Effizienz im Energiesystem insgesamt zu steigern. Gleichzeitig sind die Einsparmöglichkeiten im Wärmesektor besonders groß. Entsprechend hat die Bundesregierung im Energiekonzept von 2010 auch besonders hohe Einsparziele genannt. So soll nicht nur bis 2020 der Wärmebedarf um 20% verringert werden, sondern bis 2050 gar eine Minderung des Primärenergiebedarfs im Gebäudebereich in der Größenordnung von 80 % angestrebt werden. Aufgrund der beschriebenen vielfältigen Möglichkeiten des Effizienzgewinns im Wärmesektor erscheinen auch Zahlen dieser Größenordnung zwar ambitioniert, aber doch erreichbar.

6 Effiziente Angleichung von Angebot und Nachfrage im Stromsektor

Im Bereich der elektrischen Energie müssen sich Erzeugung und Last in den vorhandenen Netzen stets die Waage halten. In Netzen selbst kann ohne die Integration spezieller Speichereinrichtungen keine elektrische Energie gespeichert werden. Das Netz allein kann nicht als Senke für überflüssigen Strom oder als Quelle für fehlenden Strom dienen. Es müssen also Maßnahmen ergriffen werden, um Erzeugung und Last jeweils aufeinander abzustimmen.

Bislang wurde der Ausgleich von Angebot und Nachfrage, von Erzeugung und Last vorrangig dadurch erreicht, dass die Stromerzeugung der im Netz anfallenden Last nachgeführt wurde. Die zeitliche Übereinstimmung konnte erreicht werden, indem flexible Kraftwerke der variierenden Nachfrage nachgefahren wurden. Dies war dadurch möglich, dass die Energieerzeugung auf der Basis von Energiespeichern erfolgte, insbesondere von fossilen und nuklearen Energieträgern, die je nach Bedarf zeitlich flexibel eingesetzt wurden. Die Nachfrageführung der Stromerzeugung spiegelte sich in der traditionellen Dreigliederung in Grundlast-, Mittellast- und Spitzenlastkraftwerke wieder.

Die traditionelle Kraftwerksstruktur **Kasten 20**

Grundlastkraftwerke laufen praktisch ununterbrochen nahe ihrer Volllast. Als Grundlastkraftwerke werden vor allem solche Kraftwerke eingesetzt, die hohe Investitions- und Fixkosten aufweisen und deren Betriebskosten, insbesondere die Brennstoffkosten, relativ gering sind und die daher vergleichsweise geringe Stromgestehungskosten aufweisen. Einige Großkraftwerkstypen, wie Kernkraftwerke, lassen auch aus technischen Gründen keine sehr schnellen Lastwechsel zu. Grundlastkraftwerke sind in Deutschland Braunkohlekraftwerke, Kernkraftwerke und Laufwasserkraftwerke.

Mittellastkraftwerke decken die normalen periodischen Schwankungen im Energiebedarf ab, die über die ständig oder nahezu ständig abgefragte Grundlast hinausführen. Dafür werden Kraftwerke benutzt, deren Leistungsregelung recht gut möglich ist. Typische Mittellastkraftwerke in Deutschland sind Steinkohlekraftwerke.

Spitzenlastkraftwerke können auch unvorhergesehenen Lastschwankungen im Netz schnell folgen. Sie laufen normalerweise nur wenige Stunden am Tag, um die Bedarfsspitzen zu bedienen. Der Strom, den sie liefern, ist teurer als der der länger laufenden Kraftwerke. Typische Spitzenlastkraftwerke in Deutschland sind Gasturbinenkraftwerke. Auch Pumpspeicherwerke gehen zur Deckung der Spitzenlast in den Kraftwerksbetrieb.

Die Nutzung fossiler und nuklearer Energieträger ermöglichte nicht nur den zeitlich flexiblen Betrieb des Kraftwerksparks, sondern auch eine große räumliche Flexibilität bei der Stromerzeugung. Stromerzeugung und Strombedarf stimmten im Groben geographisch überein. Kraftwerke wurden vorrangig in den Regionen gebaut, wo der Strom benötigt wurde, und industrielle Zentren wurden teilweise auch in der Nähe großer Kraftwerkskapazitäten entwickelt. Der Transport der fossilen und nuklearen Primärenergieträger auch über weite Strecken war mit einer teils sowieso vorhandenen Transportinfrastruktur wirtschaftlicher als die Errichtung einer hinreichend leistungsfähigen Netzinfrastruktur und der entsprechende Transport des erzeugten Stroms. Die notwendige Kapazität der Übertragungsstromnetze wurde dadurch in Grenzen gehalten.

Es war also im Wesentlichen die Verwendung von vorhandenen bzw. aufbereiteten chemischen und nuklearen Energiespeichern, die die zeitliche und räumliche Flexibilität der Stromerzeugung ermöglichten. Dadurch konnte der Strom weitgehend generiert werden, wann und wo er benötigt wurde. In einem auf erneuerbaren Energiequellen beruhenden System kann sich diese Situation komplett verändern. In vielen Fällen liegt die Rohenergie nicht in beständigen und transportablen chemischen Speichern vor, sondern in lokal gebundenen und möglicherweise fluktuierenden Energieströmen (Solarstrahlung, Wind). Sollen diese lokal und zeitlich gebundenen Energiequellen genutzt werden, kann die Erzeugung des Stroms nicht nachfragegeführt in Ort und Zeit verschoben werden. Damit müssen andere Wege beschritten werden, um Nachfrage und Angebot zusammenzubringen.

6.1 Qualitätsunterschiede zwischen den verschiedenen erneuerbaren Energiequellen

Im Hinblick auf den zeitlich und räumlich flexiblen Einsatz unterscheiden sich erneuerbare Energiequellen ganz beträchtlich voneinander.

Zeitliche Flexibilität

Zeitlich flexibel kann eine Energiequelle genutzt werden, wenn sie entweder die Form eines mehr oder weniger dauerhaften Speichers oder eines hinreichend stabilen Energieflusses hat. Ein Beispiel für einen mehr oder weniger stabilen Speicher ist die Biomasse. Sie ist in einem hohen Maße zeitlich flexibel einsetzbar. Darin gleicht die Biomasse den fossilen Energieträgern. Ein Beispiel für einen mehr oder weniger stabilen Energiefluss sind stabil Wasser führende Flüsse. Auch sie erlauben prinzipiell die flexible Erzeugung von Strom, wann immer er benötigt wird. Allerdings unterscheiden sich Wasserkraftwerke je nach Bauart darin, ob sie diese theoretisch gegebene Flexibilität tatsächlich nutzen können. Laufwasserkraftwerke haben nur geringe Flexibilitätsspielräume, da sie über wenig Stauraum verfügen. Sie werden hauptsächlich als Grundlastkraftwerke mit mehr oder weniger ständig laufenden Turbinen eingesetzt. Dabei können starke jahreszeitliche Leistungsschwankungen auftreten. Eine gewisse Flexibilität ist durch Schwallbetrieb möglich, bei dem die Leistungsabgabe über einen kurzen Zeitraum (normalerweise maximal einige Stunden) reduziert oder gar ganz abgebrochen wird, so dass nachfolgend eine erhöhte Leistungsabgabe möglich ist. Weitaus flexibler sind Speicherkraftwerke, die durch eine vorhandene Staumauer über einen beträchtlichen Stauraum verfügen, wodurch große Mengen an Wasser im Oberbecken akkumuliert werden können. Die potenzielle Energie der Wassermassen kann dann nach Bedarf in elektrische Energie gewandelt werden. Auch das Meer bietet permanente Energieströme an, die in der Zukunft stärker genutzt werden können, um Strom nach Bedarf zu erzeugen. Permanent sind insbesondere Meeresströmungen. Eine weitere wichtige regenerative Energiequelle, die Energie nach Bedarf erzeugen lässt, ist die Erdwärme. Sind hinreichende lokale Wärmeströme gegeben, können diese dauerhaft genutzt werden, um Strom nach Bedarf bereitzustellen.

Den genannten Energiequellen, auf deren Basis Strom nach Bedarf erzeugt werden kann, stehen andere gegenüber, bei denen dies nicht möglich ist: Solarstrahlung, Wind und Gezeiten sind fluktuierend und können nicht nachfragegeführt genutzt werden. Beruht ein Energiesystem hauptsächlich auf derartigen Energiequellen, dann kann die Übereinstimmung von Angebot und Nachfrage nicht dadurch erreicht werden, dass die Erzeugungsanlagen der Nachfrage nachgefahren werden. Vielmehr muss entweder die Nachfrage dem Angebot angeglichen werden, oder Speicher müssen als flexibles Pufferglied ins System integriert werden.

Fluktuierende Energiequellen unterscheiden sich noch einmal grundlegend voneinander im Hinblick auf ihre zeitliche Angebotsstruktur: Der Wind variiert eher aleatorisch, die Solarstrahlung schon in stärkerem Maße periodisch und die Gezeiten streng periodisch. Das aleatorische Verhalten einer Energiequelle stellt eine besondere Herausforderung dar, wenn es darum geht, die erzeugte Energie in das Netz zu integrieren. Verhalten sich die in einem Netz genutzten fluktuierenden Energiequellen eher periodisch, dann kann die Stromerzeugung, auch wenn sie mehr oder weniger stark schwankt, zumindest gut prognostiziert werden. Die vorhandene Planbarkeit macht es einfacher, das Netz insgesamt stabil zu betreiben. Verhalten sich die im Netz genutzten fluktuierenden Energiequellen hingegen eher aleatorisch, dann ergibt sich die Herausforderung, das Netz so flexibel zu gestalten, dass es hinreichend schnell auf jeweils neue Situationen reagieren kann. Außerdem ist eine möglichst genaue und weit reichende Voraussage etwa des Windangebots vorteilhaft für die Möglichkeit, auf die Fluktuationen in der Stromeinspeisung vorbereitet zu sein und den Einsatz regelbarer Erzeugungseinheiten entsprechend zu planen.

Eine fluktuierende regenerative Energiequelle verhält sich nicht entweder aleatorisch oder periodisch. Vielmehr gibt es graduelle Abstufungen zwischen aleatorischem und periodischem Verhalten. Weiterhin kann sich eine Quelle aleatorisch in einer Zeitebene verhalten und periodisch in einer anderen. Die Windressource z. B. verhält sich auf

Zeitebenen unterhalb der Jahreszyklen sehr stark aleatorisch. Es ist unmöglich zu wissen, wie der Wind am 12. Juli 2034 in Kassel wehen wird. Über längere Zeitabschnitte gemittelt, insbesondere über ein komplettes Jahr hinweg, verhält sich der Wind schon wesentlich gleichmäßiger und somit vorhersehbarer. In Deutschland etwa schwankt die jährliche Windstromerzeugung in einem Korridor von ±15 % um den langjährigen Mittelwert. Es können also zwar kaum Angaben über die Windstromerzeugung zu einem bestimmten in der Zukunft liegenden Datum gemacht werden, wohl aber über die Windenergiebereitstellung in größeren Zeiträumen. Häufig können auch statistisch validierte Aussagen über die Grobverteilung der Windenergieressource über das Jahr hinweg getroffen werden. In Deutschland ist die Windstromerzeugung in den Wintermonaten etwa doppelt so hoch wie in den Sommermonaten. Allerdings sind Erzeugungsprognosen für konkrete Monatszeiträume doch mit einer sehr großen Unsicherheit behaftet.

Die Solarstrahlung verhält sich strenger periodisch als der Wind und ist in diesem Sinne besser prognostizierbar. Ebenso wie beim Wind sind Jahreserträge von Solaranlagen im Rahmen gewisser Toleranzen prognostizierbar. Darüber hinaus sind auch der Verlauf innerhalb eines Jahres und monatlich zu erwartende Erträge mit einer besseren Genauigkeit voraussagbar. Dies liegt daran, dass die Periodizität der solaren Einstrahlung zu einem guten Teil direkt von der determinierten Rotationskinematik der Erde um die Sonne sowie um ihre eigene Achse und nur zu einem begrenzten Teil von den zufälligeren meteorologischen Umständen abhängt. Die Periodizität des Windes hingegen hängt unmittelbar nur von letzteren ab (bzw. ist ein Teil ihrer).

Räumliche Flexibilität

Räumlich flexibel nutzbar sind diejenigen Energiequellen, die in Form von transportablen Speichern vorliegen. Das traditionelle Energiesystem in Deutschland, aber auch in vielen anderen Ländern, das auf chemischen und in geringerem Maße auf nuklearen Energiespeichern beruhte, war in diesem Sinne räumlich äußerst flexibel. Die Energienutzung war weitgehend räumlich unabhängig von den Rohenergievorkommen. Die Energieträger konnten einfach zu den Verbrauchszentren transportiert und dort verbrauchernah zur Erzeugung der gewünschten Endenergieformen genutzt werden. Ein enger räumlicher Zusammenhang von Erzeugungskapazität und Last war die Folge.

Es muss dabei berücksichtigt werden, dass nicht jeder transportable Energieträger in gleichem Maße transportwürdig ist: Die Transportwürdigkeit hängt von der Energiedichte im Speicher ab. Sinnvolle Transporte können umso weiter reichen, je größer die Energiedichte ist. Ist die Energiedichte klein, wird also viel Masse oder ein großes Volumen benötigt, um eine bestimmte Menge Energie zu speichern, dann lohnt sich möglicherweise ein weiter Transport nicht. Dies gilt sowohl wirtschaftlich als auch energetisch. Es kann wirtschaftlich schnell unrentabel werden, große Massen und Volumina über weite Strecken zu transportieren und dabei nur eine sehr begrenzte Energiemenge an den Bestimmungsort zu befördern. Und es kann energetisch schnell unsinnig werden, mit einem hohen Energieaufwand große Massen oder große Volumina zu bewegen, mit denen dann möglicherweise kaum mehr Energie bereitgestellt werden kann als zum Transport aufgewendet werden musste. Der Zusammenhang von Energiedichte und Transportwürdigkeit lässt sich sehr gut am Beispiel der unterschiedlichen Nutzungsweisen von Braun- und Steinkohle zeigen. Die Energiedichten unterscheiden sich etwa um den Faktor 3; Steinkohle hat eine Energiedichte zwischen 7,5 und 9 kWh/kg, Braunkohle hingegen nur zwischen 2 und 3 kWh/kg. Die relativ hohe Energiedichte von Steinkohle erlaubt, sie auch aus sehr weit entfernten Gegenden der Welt zu importieren. Ein großer Teil der im Lande genutzten Steinkohle stammt aus Ländern anderer Kontinente, etwa aus den USA, Südafrika, Australien oder Kolumbien. Stromerzeugung aus Braunkohle hingegen findet nur auf der Basis heimischer Ressourcen statt; und die Kraftwerke stehen stets in der Nähe der genutzten Tagebaue.

Gerade bei der Biomasse, die als chemischer Energiespeicher nicht nur zeitlich, sondern prinzipiell auch räumlich flexibel einsetzbar ist, ist die Transportwürdigkeit ein wichtiges Thema. Bei wenig veredelten Arten energiewirtschaftlich relevanter Biomasse ist ein weiter Transport häufig nicht lohnenswert. Brennholz etwa wird kaum über Kontinente hinweg verschifft. Ebenso wenig werden Strohballen um den Globus befördert. Pflanzenöl hingegen mit seiner hohen Energiedichte und seinem Wert als nutzbarer Treibstoff auch für Verbrennungskraftmaschinen[1] wird durchaus über sehr weite Entfernungen transportiert.

Andere erneuerbare Energiequellen sind mehr oder weniger ortsgebunden und räumlich nicht verlagerbar. Besonders ortsabhängig ist z. B. die Wasserkraft, die auf Flussläufe und günstige topographische Gegebenheiten angewiesen und dementsprechend nur an bestimmten sehr eng begrenzten Punkten verfügbar ist. Solarstrahlung und Wind sind weit flächiger verteilt. Aber auch hier gilt, dass der Wind an einigen Standorten stärker und konstanter weht als an anderen, oder die solare Einstrahlung in bestimmten Gegenden weniger durch Bewölkung behindert und durch allzu schräge Einfallswinkel reduziert wird als in anderen.

Die Ortsgebundenheit der Mehrzahl der regenerativen Energieträger bedeutet, dass sich ein zukünftiges regenerativ dominiertes Energieversorgungssystem zumindest in einigen Ländern strukturell von dem traditionellen System darin unterscheiden wird, dass die Rohenergie nicht mehr im großen Stile zu den Verbrauchszentren transportiert und dort in die benötigte Endenergie gewandelt werden kann. Vielmehr wird bereits gewandelte Energie, also insbesondere Strom, transportiert werden müssen. Oder die Verbraucher bewegen sich zu den Rohenergievorkommen, so dass der Energietransport insgesamt reduziert werden kann. Letzteres lässt sich aber nur in einem sehr langen Prozess und nur sehr unvollständig realisieren.

Es ist nichts Neues, dass Energieversorgungssysteme verschiedene und recht heterogene Rohenergieformen nutzen. Auch im traditionellen deutschen Energieversorgungssystem waren sehr verschiedene Rohenergieformen im Spiel: chemische Energiespeicher, nukleare Energieträger, Wasserkraft. Doch im Zeitalter der regenerativen Energieversorgung wird die Heterogenität der Rohenergiequellen noch einmal zunehmen. Dies liegt auch daran, dass in vielen Ländern keine einzelne Rohenergieform mehr die Rolle einer

---

[1] Verbrennungskraftmaschinen sind Wärmekraftmaschinen mit interner Verbrennung, z. B. Otto- und Dieselmotoren oder Gasturbinen. Aufgrund der internen Verbrennung werden an die Kraftstoffe höhere qualitative Anforderungen gestellt.

dominanten Energiequelle wird übernehmen können. Vielmehr wird in vielen Fällen eine recht bunte Mischung an regenerativen Rohenergieformen genutzt werden. Denn nur die gemeinsame Nutzung mehrerer Rohenergieformen wird eine verlässliche Energieversorgung sicherstellen können.

In verschiedenen Ländern wird die Situation dabei sehr unterschiedlich sein. Während heute die Energieversorgungssysteme vieler Länder einander sehr ähnlich sind, da die fossilen Energieträger weltweit dominieren, werden sich die Systeme je nach den natürlichen Gegebenheiten stärker ausdifferenzieren. In Deutschland werden Windenergie und Solarenergie die dominierende Rolle spielen. Norwegen hingegen wird auch langfristig das Privileg haben, den eigenen Strombedarf durch ganzjährig ausreichend und über das Land verteilte regelbare Wasserkraft verbrauchsgeführt bereitstellen zu können. Das Land hat bereits heute eine praktisch vollständig regenerativ basierte Stromversorgung. Aufgrund der Regelbarkeit vorhandener Speicherwasserkraftwerke werden auch in Zukunft keine größeren Anstrengungen nötig sein, Angebot und Nachfrage zusammenzubringen. Der Wärmesektor ist weitgehend elektrifiziert, und auch im Mobilitätsbereich ist das Land Vorreiter bei der Elektrifizierung. Norwegen wird nie eine Energiewende in dem radikalen Sinne benötigen, wie sie in Deutschland angestrebt wird. Auch in Österreich und der Schweiz werden immerhin 60 % des Stroms durch großenteils regelbare Wasserkraft bereitgestellt. Im Gegensatz zu diesen Ländern wird Deutschland vor wesentlich größeren Herausforderungen hinsichtlich des zeitlichen Abgleichs von Angebot und Nachfrage stehen, da die Versorgung hauptsächlich auf fluktuierenden Energiequellen, insbesondere auf dem aleatorisch fluktuierenden Wind beruhen wird. Aufgrund der Konzentration günstiger Windstandorte in Norddeutschland kommt noch hinzu, dass – je nach Systemgestaltung – möglicherweise auch die räumliche Verteilung von Angebot und Nachfrage voneinander abweicht, so dass entsprechende Leitungskapazitäten aufgebaut werden müssen. Bei den räumlichen und zeitlichen Ausgleichsmechanismen wird ein besonderes Augenmerk darauf zu richten sein, dass die Effizienz im Gesamtsystem nicht zu stark beeinträchtigt wird.

6.2 Wind- und Solarenergie in der zukünftigen Stromversorgung in Deutschland

Verschiedene Szenarien der zukünftigen Stromversorgung in Deutschland [9], [10], [23] stimmen darin überein, dass die Windenergie langfristig den größten Teil des regenerativen Stroms bereitstellen wird.[2] Auch das Energiekonzept der Bundesregierung hält fest,

[2] In [9] wird ein Szenario zur hundertprozentigen Stromerzeugung aus heimischen erneuerbaren Energiequellen durchgerechnet, in dem von einem Beitrag der Windenergie von nahezu zwei Dritteln ausgegangen wird. Auch die Szenarien für das Jahr 2050, die dem Energiekonzept der Bundesregierung zugrundeliegen [10] und die einen gewissen verbleibenden Beitrag fossil basierter Kraftwerke vorsehen, gehen davon aus, dass die Windenergie innerhalb der erneuerbaren Energien den größten Beitrag für die Stromerzeugung liefern wird. Je nach Szenario wird zwischen einem Drittel und mehr als der Hälfte der im Land erzeugten elektrischen Energie aus Windkraft gewonnen.

Strommix Deutschland 2012			
Erneuerbare	22		
Braunkohle	26		
Steinkohle	19		
Erdgas	11		
Kernenergie	16		
Sonstige	6		
Windenergie	Biomasse	Wasserkraft	PV
7,4	6,6	3,4	4,5

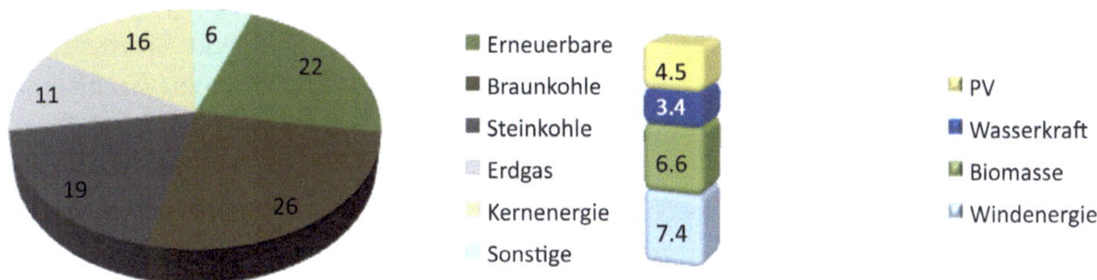

Abb. 41 Stromerzeugung in Deutschland 2012 nach Energiequellen (Daten: AG Energiebilanzen, Grafik: M. Günther)

dass ein großer Teil der zukünftig hohen Beiträge der erneuerbaren Energiequellen (Bruttoendenergieverbrauch 2050: 60 %, Stromerzeugung 2050: 80 %) von der Windenergie abgedeckt wird. Heute schon dominiert die Windenergie. 2012, als 22 % des Stroms in Deutschland aus erneuerbaren Quellen erzeugt wurde, kam ungefähr ein Drittel davon aus der Windenergienutzung. Das ist der größte Anteil unter den erneuerbaren Energiequellen. Die Biomasse folgt knapp dahinter mit 30 % des regenerativ gewonnenen Stroms.

Die Photovoltaik generierte 2012 circa 20 % des regenerativ erzeugten Stroms, das entspricht etwa 4,5 % des gesamten Stroms. Die erwähnten Szenarien [9], [10], [23] gehen jeweils davon aus, dass die Photovoltaik in der Zukunft beträchtlich höhere Beiträge leisten wird. Ende 2013 waren bereits etwa 35 GW Photovoltaik-Leistung installiert. Die weitere Ausbaudynamik wird aufgrund der recht starken Kürzungen bei der PV-Einspeisevergütung gegenüber den Boomjahren 2010 bis 2012 wahrscheinlich etwas gebremst. Starre Deckelungen der gesamten vergüteten installierten PV-Leistung, die zwischenzeitlich in der Politik diskutiert wurden, sind aber erst einmal vom Tisch. Da PV inzwischen so preiswert geworden ist, dass der Eigenverbrauch lohnt, wird eine Deckelung der installierten Leistung durch Förderkürzungen sowieso nicht mehr möglich sein. Es rechnet sich für Stromkunden zunehmend, PV-Anlagen auch ganz ohne Förderung zu installieren und den Strom selbst zu verbrauchen.

Windenergie und in zweiter Linie die Photovoltaik werden die tragenden Säulen der Energieversorgung in Deutschland sein. Möglicherweise werden sie langfristig etwa im Verhältnis 2 zu 1 gemeinsam den größten Beitrag zur Stromerzeugung in Deutschland liefern. Direkte Stromerzeugung wird also in der Zukunft dominieren. Der Grund für die optimistische Einschätzung bzgl. der Windenergie und der PV liegt vor allem darin begründet, dass Deutschland in diesen Bereichen die größten Ressourcen hat. Wie bereits erwähnt, werden der Wasserkraft in Deutschland nur noch geringe Wachstumsmöglichkeiten eingeräumt. Der gegenwärtige Beitrag von etwa 3,5 % zur Stromerzeugung wird auch langfristig kaum überschritten werden. Die gegenwärtige Stromerzeugung von etwa 21 TWh pro Jahr kann mittelfristig vielleicht noch auf etwa 24 TWh erhöht werden [13]. Die energetische Biomassenutzung ist ebenfalls bereits an ihre Grenzen gekommen. Gegenwärtig werden jährlich etwas mehr als 40 TWh Strom aus Biomasse erzeugt; der Primärenergiebeitrag liegt bei 280 TWh (über alle Energiesektoren hinweg). Die für die Bioenergieerzeugung verfügbaren Flächen in Deutschland sind sehr begrenzt. Denn eine nachhaltige Bioenergienutzung muss mit einer stabilen Nahrungsmittelversorgung kompatibel sein und den Schutz der Biodiversität hinreichend berücksichtigen. Der Endenergiebeitrag der Bioenergie wird nicht über eine Größenordnung von etwa 100 TWh hinausreichen können.[3] Die anderen der oben genannten Energiequellen, insbesondere Meeresenergie und Geothermie, werden auch langfristig nur eine marginale Rolle in Deutschland spielen. Die einzigen Energiequellen, die Beiträge in Größenordnungen liefern können, die im Bereich des langfristig zu erwartenden Endenergiebedarfs in Deutschland von mindestens 1000 TWh liegen – weniger wird auch bei den größten Effizienzbestrebungen nicht zu erwarten sein –, sind Wind- und Solarenergie.

Das bedeutet, dass die Stromversorgung in Deutschland also im Wesentlichen auf nicht regelbaren und fluktuierenden Quellen beruhen wird. Und die Stromerzeugung selbst wird auch entsprechend fluktuieren.[4] Mehr noch, die Stromerzeugung wird auf verschiedenen

---

[3] Eine im Juli 2012 erschienene Studie der Nationalen Akademie der Wissenschaften Leopoldina warnt, dass ein weiterer Ausbau der Bioenergienutzung keine ökologischen Vorteile mit sich bringt, sondern vielmehr Gefahren für Biodiversität und Klimaschutz birgt [12].

[4] Aus der Tatsache, dass Strom aus fluktuierenden Energiequellen erzeugt wird, folgt nicht unmittelbar, dass die Stromerzeugung selbst fluktuiert. Es ist z. B. ein enormer Vorteil solarthermischer Kraftwerke gegenüber PV-Kraftwerken, dass sie aus der fluktuierenden Energiequelle Solarstrahlung in relativ einfacher Weise nichtfluktuierenden Strom erzeugen können. Denn sie haben die Möglichkeit, thermische Speicher in das System zu integrieren und somit Strom nach Bedarf zu erzeugen. Thermische Speicher sind die einfachsten und billigsten Energiespeicher. Da jedoch in Deutschland Solarstrom nur mittels PV-Anlagen erzeugt werden kann und nicht durch solarthermische Kraftwerke (aufgrund des mangelnden Direktstrahlungsangebots, das für letztere nötig wäre), gilt hierzulande, dass die fluktuierende Solarstrahlung eine ebenso fluktuierende Solarstromerzeugung bedingt. Verteidiger der Idee des Solarstromimports aus der Mittelmeerregion können nicht nur argumentieren, dass dort die solare Ressource wesentlich reicher ist, sondern sie können auch darauf hinweisen, dass es dort möglich ist, solarthermische Kraftwerke zu betreiben, die auf Basis der fluktuierenden Solarstrahlung Strom nach Bedarf bereitstellen können.

Zeitebenen weitgehend aleatorisch fluktuieren. Der stabile Betrieb des Netzes entwickelt sich somit zu einer besonderen Herausforderung.

Die Windstromerzeugung variiert in verschiedenen Zeitebenen weitgehend aleatorisch. Die Solarstromeinspeisung durch PV ist etwas periodischer und somit etwas besser kalkulierbar. Auf der anderen Seite hat die Nutzung der solaren Ressource gegenüber dem Wind den Nachteil, dass die Leistungsschwankungen im Netz noch größer sind. Einen Großteil des Tages, während der Nacht, erzeugen die Photovoltaikanlagen überhaupt keinen Strom. Deutschland erstreckt sich nur über wenige Längengrade, so dass die Anlagen im Lande entweder gleichzeitig Strom erzeugen oder gleichzeitig keinen Strom erzeugen. Es gibt keine Ausgleichseffekte in der Erzeugung durch eine geographische Verteilung der Erzeugungseinheiten. Dies wäre nur in einem Netz möglich, das sich über sehr viele Längengrade erstreckt. Bei der Windkraft hingegen kommt es schon in einem Land wie Deutschland, das zwar groß, dessen Netz aber geographisch weit weniger ausgedehnt ist als die Netze in einigen anderen Ländern, zu Ausgleichseffekten. Es ist praktisch ausgeschlossen, dass eine großräumige Flaute oder ein großräumiger starker Sturm dazu führt, dass keine der über das Land verteilten Windkraftanlagen Energie liefert. Ebenso ist es praktisch ausgeschlossen, dass ein gleichmäßig über das Land verteilter Wind alle Windkraftanlagen gleichzeitig unter Volllast laufen lässt.

Geht man auf höhere Zeitebenen, etwa auf die Monatsebene, dann kann zumindest im Jahresverlauf die gegenläufige Periodizität von Wind- und Solarstromerzeugung ausgenutzt werden, die Erzeugung der Last anzugleichen. Dadurch dass sich Wind- und Solarstrahlungsangebot antizyklisch zueinander verhalten – mehr Sonne im Sommer und mehr Wind im Winter – kann die Gewichtung von Wind- und Solarstromerzeugung so gewählt werden, dass zumindest auf dieser sehr groben Zeitebene, die Stromerzeugung durch Sonne und Wind der Last recht gut angeglichen wird. Dadurch werden längerfristige Ausgleichsmaßnahmen, die Langzeitspeicherung von Strom, weitgehend vermieden.

Auf allen darunter liegenden Zeitskalen bedingt der fluktuierende Charakter der Einspeisung durch die zukünftig dominierenden Energiequellen Sonne und Wind, dass die Stromerzeugung durch diese beiden Quellen und die anliegende Last in aller Regel nicht übereinstimmen. Hinzu kommt, dass die Stromerzeugung aus Sonne und Wind nur recht begrenzt prognostizierbar ist. Dies stellt das Energieversorgungssystem vor zwei Herausforderungen: Erstens, es muss im Netz genug Kapazität vorhanden sein, um eine temporär fehlende Solar- und Windstromerzeugung zu übernehmen, und zweitens, das Netz muss hinreichend flexibel auch auf unvorhergesehene Situationen reagieren und entsprechend schnell fehlende Leistung zuschalten bzw. überschüssige Leistung abschalten können. In Bezug auf die Leistungen, die abrufbar sein müssen, scheint keine Sonne und weht wenig Wind, muss berücksichtigt werden, dass nahezu die gesamte im Netz benötigte Leistung durch alternative Erzeugungseinheiten oder Speicher zu decken wäre. Der Kapazitätskredit[5] von kombinierter Solarenergie und Windkraft ist sehr gering, d. h. fast die gesamte

[5] Der Kapazitätskredit ist der Anteil der installierten Leistung eines Typs von Erzeugungsanlagen, die als gesicherte Leistung im System verfügbar ist.

Last muss auch alternativ bedienbar sein. Kurzfristig werden hauptsächlich fossil und auch biogen befeuerte thermische Kraftwerke die geforderten Kapazitäten stellen. Doch allmählich wird die fossil basierte Energieerzeugung aus dem System ausscheiden. Gleichzeitig werden Speichersysteme wichtiger werden, die Strom aus Überschusszeiten in Mangelzeiten transferieren.

Die beiden genannten Grundsäulen zukünftiger Energieversorgung, PV und Windenergie, haben über die letzten Jahrzehnte eine besonders erfolgreiche ökonomische Entwicklung genommen. Sie wurden in einigen Ländern, darunter Deutschland, gezielt mit dem Bewusstsein gefördert, dass sie für die zukünftige Energieversorgung besonders wichtig sein werden. Sie sind ein Beispiel dafür, dass auch in einem grundsätzlich marktwirtschaftlich strukturierten System eine gezielte Förderung von Branchen sinnvoll sein kann. Durch die langfristige Förderung wurden diese beiden Technologien zur Nutzung erneuerbarer Energiequellen zur Reife gebracht und ihre Anwendung stetig der Wirtschaftlichkeit entgegengeführt. Die Gestehungskosten für Strom aus Onshore-Windkraftanlagen liegen heute bereits im Bereich der Kosten für Strom aus dem fossil/nuklearen Strom-Mix [47]. Onshore-Windstrom wird in Kürze zum günstigsten Strom im Netz überhaupt zählen. Die Photovoltaik ist davon noch ein Stück entfernt. Doch die PV hat auch unter den nicht besonders günstigen Einstrahlungsbedingungen in Deutschland die Netzparität erreicht bzw. sie schon unterschritten. Photovoltaik ist also wirtschaftlich nicht nur für die Netzeinspeisung interessant, die über die EEG-Umlage gefördert wird, sondern auch für den Eigenverbrauch, der auch ganz ohne Unterstützung schon rentabel ist[6]. Es ist davon auszugehen, dass weitere Kostensenkungspotenziale von Windenergie- und PV-Technologie mit ihrem fortschreitenden Einsatz realisiert werden.

6.3 Lastmanagement

Lastmanagement wird betrieben, wenn die Bedienung von Energiebedarfen zeitlich nach Kriterien strukturiert wird, die nicht dem Auftreten der Bedarfe selbst entsprechen. Die Nachfrage zu steuern kann sinnvoll sein, um sie dem jeweiligen Stromangebot konform zu gestalten. Angebotskonformität kann dabei recht Verschiedenes bedeuten.

Lastmanagement gibt es in Deutschland in der Stromversorgung schon seit langer Zeit z. B. in der bekannten, inzwischen aber kaum noch existenten Form von Nachtspeicherheizungen. Das Ziel der Lastregelung durch Nachtspeicherheizungen war, einen über den Tag möglichst ausgeglichenen Lastgang zu erreichen. Die Last ist nachts regelmäßig geringer als tagsüber. Mit dem Betrieb der Nachtspeicherheizungen wurde der nächtliche Stromverbrauch erhöht, die Last insgesamt verstetigt und somit die Kraftwerkskapazitäten gleichmäßiger ausgelastet. Für den Nutzer wurde der Betrieb der Nachtspeicheröfen wirtschaftlich motiviert durch niedrigere Schwachlasttarife in der Nacht. Nachtspeicheröfen

[6] Das EEG unterstützt gegenwärtig den Eigenverbrauch dennoch durch höhere Einspeisetarife bei höherem Eigenverbrauch.

wurden dem festen Tag-Nacht-Rhythmus entsprechend automatisch an- und abgeschaltet. Inzwischen gibt es diese Tarife nicht mehr flächendeckend, so dass die Nachtspeicherheizung schon dadurch kaum noch eine Existenzgrundlage hat.

In einem durch fluktuierende Energiequellen dominierten Stromsystem ist Lastmanagement sinnvoll, da die mit den primären Stromerzeugungsanlagen gegebene Leistung mehr oder weniger stark schwankt. Je besser eine Lastregelung gelingt, desto stärker kann die Last an die schwankende primäre Stromerzeugung angepasst werden und desto weniger müssen regelbare Kraftwerke oder Speichersysteme einspringen, um die ansonsten fehlende Energie zur Verfügung zu stellen. Die neue Aufgabe der Lastregelung besteht also darin, die Nachfrage dem fluktuierenden Angebot mehr oder weniger gut nachzuführen, während die früheren Nachtspeicherheizungen die Aufgabe hatten, die Nachfrage zu verstetigen.

Lastmanagement bekommt in einem regenerativ basierten Stromnetz nicht nur eine neue Aufgabe, sondern auch eine neue Qualität. Diese besteht darin, dass das Lastmanagement in einem auf Sonne und Wind beruhenden System auf nur sehr begrenzt prognostizierbare Situationen flexibel reagieren können muss. Die früheren Nachtspeicherheizungen konnten in einem festen Tag-Nacht-Rhythmus operieren, der an das gewohnheitsmäßige periodische Verhalten der Konsumenten gekoppelt war. Sie hatten einseitig die Nachfrageseite im Auge; die Nachfrage sollte entgegen der „natürlichen" Tendenz zu einer mehr oder weniger stark ausgeprägten Tag-Nach-Periodizität möglichst homogen gestaltet werden. Lastmanagement im regenerativen System hingegen berücksichtigt nicht nur die Nachfrageseite, sondern auch die Angebotsseite und versucht, die Differenz von Primärstromangebot[7] und Nachfrage gering zu halten, indem die Nachfrage beeinflusst wird.

Der wirtschaftliche Anreiz für den Betrieb der Nachtspeicherheizungen war durch Hoch- und Niedrigtarifphasen gegeben, die sich tagesperiodisch abwechselten. Auch im regenerativen System ist die Anwendung von Hoch- und Niedrigtarifen eine naheliegende Möglichkeit, Lastmanagement verbraucherfreundlich zu gestalten. Allerdings werden die Tarifphasen nicht mehr nach festen Zeiten getaktet sein können, sondern flexibel auf die jeweilige Relation von Primärstromangebot und Nachfrage reagieren müssen.

Lastmanagement ist ein Eingriff in das Nutzerverhalten. Elektrische Lasten werden zeitlich verschoben, d. h. die zeitliche Verteilung der Nachfrage nach Energiedienstleistungen wird beeinflusst und ein Stück weit von der Bedarfsverteilung abgekoppelt. Eine Verhaltensänderung bedarf stets einer hinreichenden Motivation. Die Implementierung variabler Tarife ist in einem marktwirtschaftlich verfassten Energiesystem die nächstliegende Methode, das Konsumverhalten zu beeinflussen. Eine tarifgesteuerte Laststrukturierung

---

[7] Mit dem Terminus *Primärstrom* wird einem terminologischen Vorschlag von Rolf-Michael Lüking gefolgt. In längeren Debatten hatte sich der Verfasser zwar aufgrund der möglicherweise irreführenden Nähe zu *Primärenergie* zunächst gegen den Vorschlag gesträubt; er sieht ihn nun aber doch aufgrund fehlender wohlklingender und hinreichend suggestiver Alternativen als sehr geeignet an. Primärstrom ist der Strom, der unmittelbar – ohne Zwischenspeicherung – aus Wind, Sonne und Wasser bereitgestellt wird. Als Gegenbegriff kann z. B. *Residualstrom* gewählt werden, der aus Speichern und regelbaren Residualkraftwerken gewonnen wird.

ist in gewissem Umfang möglich, da die Energienachfrage nicht völlig preisunelastisch ist. Die Preisunterschiede müssen dabei hinreichend groß sein, damit der entstehende monetäre Vorteil einer Lastregelung u. U. nötige Anfangsinvestitionen und einen möglichen Mehraufwand im Energiemanagement ausgleicht. Prinzipiell ist eine tarifgestützte Beeinflussung des Nutzerverhaltens aber immer nur begrenzt möglich; jede Preiselastizität hat ihre Grenzen. Dies gilt für die Nachfrage nach Energie in besonderem Maße, deren permanente Verfügbarkeit fast schon zu einem Grundbedürfnis geworden ist. Es gibt gewohnheitsmäßiges Konsumentenverhalten, das sich auch durch Tarifvariationen nicht einfach aus lange eingeübten Bahnen werfen lässt. Auch gibt es viele Energiedienstleistungen, die zeitkritisch sind und deren Erbringung nicht beliebig aufgeschoben werden kann. Andere Dienstleistungen können dagegen sehr wohl in gewissem Rahmen zeitlich flexibel erbracht werden. In welchen Bereichen sind Potenziale zur Laststeuerung gegeben?

In der Industrie wird schon lange in gewissem Umfang Lastmanagement betrieben. Insbesondere kontrollieren viele Unternehmen ihre Spitzenlast und versuchen, sie möglichst niedrig zu halten. Denn anders als der Privatkunde zahlt der industrielle Kunde nicht nur für die gelieferte und verbrauchte Energie, sondern auch für die Leistung, die er beansprucht. Es ist also für Unternehmen günstig, Leistungsspitzen zu kappen und eine ausgeglichenere Lastkurve anzustreben.[8] Ein gewisser Anteil der Unternehmen steuert die eigenen Lasten auch schon, um den Stromeinkauf zu optimieren. Genau diese Funktion des Lastmanagements müsste verstärkt genutzt werden, um einen nennenswerten Beitrag zur Angleichung der Nachfrage an das Primärstromangebot leisten zu können. Die Tatsache, dass Unternehmen bereits die bestehenden Preisfluktuationen nutzen, um die Kosten ihrer Energieversorgung zu senken – ebenso wie die Nutzung der Nachtspeicherheizungen in Privathaushalten –, zeigt, dass das gewünschte Lastmanagement in einem zukünftigen System durchaus an existierende Strukturen und an bestehende Verhaltensweisen anknüpfen kann.

Lastverschiebungen sind auch im Heizwärmebereich möglich. Wärmepumpen können bevorzugt dann betrieben werden, wenn viel Primärstrom vorhanden ist. Natürlich muss der Betrieb immer noch hinreichend gut mit dem Heizbedarf koordiniert sein, doch ein gewisser Spielraum ist schon dadurch gegeben, dass die thermische Masse der Gebäude als Puffer dienen kann, der thermische Energie speichert. Die Temperatur eines Gebäudes kann über den akuten thermischen Bedarf hinaus minimal angehoben werden, so dass die in der Gebäudemasse gespeicherte Energie über einen längeren Zeitraum hinweg genutzt werden kann. Verluste treten dabei kaum auf und die Bewohner müssen keine nennenswerten Komforteinbußen hinnehmen. Die Gebäude in Deutschland besitzen eine gewaltige thermische Speicherkapazität. Pro Kelvin Temperaturanhebung liegt die Kapazität im Bereich von etwa einer Terrawattstunde [48]. Diese Kapazität könnte noch erhöht werden, indem z. B. Phasenwechselmaterialien im Baukörper integriert

[8] Bei einer Befragung von Unternehmen im süddeutschen Raum gab etwa die Hälfte der Unternehmen an, Lastmanagement in diesem Sinne zu betreiben [27].

werden.[9] Selbstverständlich können auch separate Wärmespeicher genutzt werden, die Stromabnahme und Wärmebedarf zeitlich noch stärker entkoppeln. Zu Letzteren sind auch elektrisch beheizte Boiler zu rechnen.

Die Einbeziehung der Gebäudemasse als thermischer Puffer ist nicht abhängig von der Nutzung von Wärmepumpen. Sie ist völlig neutral gegenüber der Technologie, mit der die Wärme bereitgestellt wird. Auch einfache – allerdings weit weniger effiziente – elektrische Widerstandsheizungen können in gleicher Weise für das Lastmanagement genutzt werden. Nachtspeicherheizungen, die über einen internen thermischen Speicher verfügen, wurden in den letzten Jahren trotz ihrer Effizienznachteile gerade deshalb wieder ins Gespräch gebracht, weil sie durch die zusätzlich zur Verfügung gestellte Speichermasse sehr gut zur Lastverschiebung im Zeitrahmen von vielen Stunden dienen.

Heizungssysteme stehen allerdings nicht das ganze Jahr über für das Lastmanagement zur Verfügung, da es im Sommer keinen Heizbedarf gibt. Hinzu kommt, dass die Heizperiode aufgrund der sich ständig verbessernden thermischen Qualität der Gebäude zunehmend kürzer wird. Zwar könnte im Sommer die Gebäudekühlung ganz analog wie die Heizung zur Verlagerung von Lasten genutzt werden. Die thermische Gebäudemasse diente dann nicht als Wärmespeicher, sondern als „Kältespeicher".[10] Allerdings fällt in Deutschland kaum Kühlbedarf an. Und der geringe bestehende Bedarf dürfte noch weiter fallen, da davon auszugehen ist, dass Gebäude zunehmend auch im Hinblick auf zu vermeidende Überhitzung energetisch optimiert werden.

Eine weitere Möglichkeit von Lastverschiebungen kann die Elektromobilität bieten. Bei batteriebetriebenen Fahrzeugen ist zumindest in vielen Fällen ein Spielraum hinsichtlich des Ladezeitpunkts gegeben. Mittels einer geeigneten Ladesteuerung könnten Elektrofahrzeuge zu einer Angleichung des Bedarfs an das jeweilige Primärstromangebot beitragen. Gegenwärtig spielt die Elektromobilität in Deutschland eine geringe Rolle, so dass die verfügbaren Lastverschiebungskapazitäten begrenzt sind. Doch setzt sich Elektromobilität stärker durch, kann sie über das gesamte Jahr hinweg zum Lastmanagement beitragen. Nimmt man eine Batteriekapazität von 50 kWh pro Auto an[11], dann ergeben 40 Millionen Autos (gegenwärtig sind 43 Millionen PKW in Deutschland zugelassen) eine Kapazität von 2 TWh. Das entspricht der elektrischen Energie, die gegenwärtig an anderthalb Tagen erzeugt bzw. verbraucht wird. Natürlich wird nicht jeder Autobesitzer bei der Verteilung

[9] Phasenwechselmaterialien nehmen Wärme durch den Übergang vom festen in den flüssigen Aggregatzustand auf und geben ihn bei der Erstarrung wieder ab. Die bei Phasenübergängen freigesetzte bzw. gebundene Energie, die latente Wärme, übersteigt die in einem engen Temperaturkorridor von Gebäudemassen speicherbare sensible Wärme bei weitem.

[10] Der Ausdruck *Kältespeicher* ist physikalisch eigenwillig, da Kälte keine physikalische Quantität ist, die man speichern könnte. In der Energietechnik jedoch ist es üblich, den Ausdruck zu verwenden. Gemeint ist damit die Bereithaltung von thermischen Massen auf einem niedrigen Temperaturniveau, so dass sie bei Kühlbedarf thermische Energie aus der Umgebung aufnehmen können und diese somit abkühlen.

[11] Der Tesla S hat eine Batteriekapazität von 60 bis 85 kWh, der BMW i3 liegt wie viele andere aktuelle Elektromodelle im Bereich von 20 kWh.

der Nutzungs- und Ladezeiten stets auf die Netzsituation Rücksicht nehmen können. Doch ist es bei einer so großen Elektroauto-Flotte auch nur einem kleinen Teil möglich, die Ladung der Batterien an der Netzsituation zu orientieren, wäre damit schon ein beträchtlicher Hebel zur Lastregelung vorhanden. Die Leistungen, die aufgenommen werden könnten, wären ebenfalls sehr hoch. Fungierten nur zehn Millionen Autos als Lastregler und nähmen eine Leistung von nur jeweils 2 kW auf[12], dann betrüge die akkumulierte Leistung 20 GW. Im deutschen Netz, das eine mittlere Last zwischen 60 und 70 GW aufweist, würde ein solcher Leistungsblock einen enormen Beitrag zur Lastregelung leisten können.

In privaten Haushalten bestehen Potenziale zur Lastverlagerung außerdem beim Betrieb von Kühl- und Gefrierschränken, Wäschetrocknern und Geschirrspülern. Dies sind Geräte, die zumindest nicht immer zu einem genauen Bedarfszeitpunkt in Betrieb sein müssen und aufgrund dieser zeitlichen Flexibilität zur Lastregelung eingesetzt werden können.

Damit ein Lastmanagement über Preissignale erfolgen kann, müssen Verbraucher ständig über die entsprechenden Preisinformationen verfügen. In diesem Zusammenhang ist häufig von der Installation von „intelligenten Netzen" (oder „smart grids") die Rede. Diese Bezeichnung ist in doppelter Hinsicht unglücklich. Erstens ist es von der Sache her nicht gerechtfertigt, auf die gemeinten Netzeigenschaften mit dem inhaltsschweren Begriff der Intelligenz hinzuweisen. Intelligenz als Fähigkeit, auch neuartige Probleme auf kreative Weise zu lösen, kommt den Netzen sicher nicht zu. Und zweitens, selbst wenn für die Verwendung des Attributs *intelligent* nachvollziehbare Gründe vorlägen, würde doch ein Qualitätssprung in der Netzgestaltung suggeriert – sozusagen von dummen zu intelligenten Netzen –, der gar nicht zu erwarten ist. Worauf mit der großzügigen Verwendung des Intelligenzbegriffs hingewiesen werden soll, ist die stärkere kommunikative Verknüpfung von Netzkomponenten, d. h. von Erzeugungseinheiten (Kraftwerken und dezentralen Erzeugungsanlagen), elektrischen Verbrauchern, Speichern und Netzbetriebsmitteln. Offensichtlich existiert eine solche Vernetzung schon. Allerdings wird die Komplexität der Informationsströme und der Informationsverarbeitung in Zukunft zunehmen, und es wird einige neue Elemente in der Informationsstruktur des Netzes geben. Während bislang Netze mit wenigen großen Kraftwerken betrieben wurden, geht die Tendenz hin zu einer weit größeren Anzahl kleinerer Erzeugungsanlagen. Die koordinierte Funktion dieses komplexen Systems erfordert eine ungleich größere Menge an Informationsmanagement. Hinzu kommt – und dies ist sicher eine neue Qualität –, dass Energie nicht nur auf den hohen Spannungsebenen (durch große Erzeugungseinheiten) eingespeist wird und dann top-down weitergeleitet und verteilt wird, sondern zunehmend auch dezentral auf den niedrigeren Spannungsebenen (durch kleine Erzeugungseinheiten) bereitgestellt wird. Dies verlangt in der Tat kommunikative Prozesse neuer Art. Im Zusammenhang des Lastmanagements besonders wichtig jedoch ist, dass die Endkunden kommunikativ

[12] Die Beladung an herkömmlichen Steckdosen geschieht mit Leistungen im unteren einstelligen kW-Bereich, bei Schnellladungen werden aber entsprechend weit höhere Leistungen abgerufen.

eingebunden werden müssen, denn nur wenn die Preissignale jeweils an die Endkunden weitergeleitet werden, können diese ihren Verbrauch entsprechend gestalten.

Die Komplexität des Netzes wird außerdem wesentlich erhöht, sollten in Zukunft Speichersysteme eine größere Rolle als Pufferelement zwischen Primärstromangebot und Nachfrage spielen. Dadurch ergibt sich die Anforderung einer mehrdimensionalen Koordination von Erzeugung, Verbrauch und Speicherung, die weit vielschichtiger ist als die weitgehend eindimensionale traditionelle Angleichung der Erzeugung an die Nachfrage und die regelmäßige tagesrhythmische Nutzung von Pumpspeichern.

Preisinduzierte Lastverschiebungen allein werden Primärstromangebot und Stromnachfrage in einem weitgehend auf fluktuierenden Quellen beruhenden System nicht vollständig zusammenbringen können. Denn großen Angebotsschwankungen wird man allein mit einem geeigneten Lastmanagement nicht folgen können. Außerdem sind Lastverschiebungen zumeist nur in einem zeitlich eng begrenzten Bereich von Stunden bis wenigen Tagen möglich. Auf längerperiodische Angebotsschwankungen kann kaum reagiert werden. Unter dem Gesichtspunkt der Energieeffizienz kommt den angebotsinduzierten Lastverschiebungen jedoch eine besondere Bedeutung zu. Lastmanagement ist unter diesem Aspekt sogar die ideale Strategie, um Angebot und Nachfrage zusammenzubringen. Denn Lastverschiebungen sind zumeist sehr verlustarm oder gar verlustlos. Die alternativen Strategien sind in der Regel mit größeren Effizienzeinbußen verbunden. Stromspeicherung ist immer mehr oder weniger verlustträchtig, da sie zusätzliche Energieübertragungen und häufig zusätzliche Energiewandlungsschritte impliziert und Speicher außerdem mehr oder weniger stark Selbstentladungen unterworfen sind. Der Betrieb von regelbaren Ausgleichskraftwerken weist in vielen Fällen ebenfalls Effizienznachteile auf. So werden auch langfristig einige der regelbaren Kraftwerke thermische Kraftwerke sein, die schon aus den beschriebenen thermodynamischen Gründen einen begrenzten Wirkungsgrad aufweisen. Das primärstromadaptive Lastmanagement sollte daher einen möglichst großen Beitrag leisten, um das Gleichgewicht von Stromerzeugung und Last aufrechtzuerhalten.

Bisher wurde ausschließlich die *zeitliche* Adaptation des Verbrauchs an das Angebot diskutiert. Langfristig kann aber auch die *räumliche* Koinzidenz von Angebot und Nachfrage erhöht werden. Auch dies ist eine Form des Lastmanagements, nur dass sie eben keine zeitlichen, sondern räumliche Lastverschiebungen impliziert. Große Konsumenten können zunehmend in die Nähe großen Primärstromangebots verlagert werden. Zumindest energieintensive Industrien können sich vorrangig unweit von vorhandenen leistungsfähigen Stromerzeugern ansiedeln. Dadurch sinken die Anforderungen an die Übertragungsinfrastruktur und Übertragungsverluste werden reduziert. Die Tendenz, dass sich besonders energieintensive Industrien vorrangig dort ansiedeln, wo der Strom besonders günstig und zuverlässig erzeugt wird, gibt es schon lange. Im Ruhrgebiet siedelte sich die Großindustrie auch deshalb an, weil dort Kohle in großen Mengen abgebaut werden konnte. Ein aktuelleres Beispiel sind die europäischen Aluminiumhütten, die in Norwegen und Island liegen, wo es ausreichend günstigen Strom aus Wasserkraft und im Falle von

Island auch aus geothermischen Quellen gibt.[13] Die Ansiedlung der Aluminiumhütten in diesen Ländern hatte wirtschaftliche Gründe, da der Strom, der bei der Aluminiumherstellung einen großen Teil der Kosten ausmacht, dort besonders preiswert ist. In der Zukunft kann auch die Entlastung der Netze eine Motivation sein, die Ansiedlung energieintensiver Industrien in der Nähe von großen Stromerzeugern zu fördern.

Die Förderung des Eigenverbrauchs von PV-Strom, die das EEG in seiner gegenwärtigen Form beinhaltet, kann ebenfalls als eine Art von Lastmanagement verstanden werden. Eigenverbrauch bedeutet, dass der Betreiber einer PV-Anlage den erzeugten Strom nicht verkauft, sondern selbst verbraucht. Die Förderung des Eigenverbrauchs von Solarstrom ist gleichzeitig die Förderung der zeitlichen Übereinstimmung von Primärstromerzeugung und Verbrauch. Denn der Betreiber der PV-Anlage wird motiviert, seinen Verbrauch zeitlich so zu strukturieren, dass er Strom vorrangig dann verbraucht, wenn er ihn selbst produziert; er ist also gehalten, einen Teil seines Energieverbrauchs in Zeiten hohen Primärstromaufkommens zu verlagern. Gleichzeitig werden die Netze entlastet, da der Strom dort verbraucht wird, wo er erzeugt wird.

6.4 Angebotsmanagement

Um Angebot und Nachfrage in einem Netz aufeinander abzustimmen, werden die Bemühungen, die Nachfrageseite dem Primärstromangebot anzugleichen, nicht ausreichen. Jedenfalls nicht in einem System, dessen Primärstromangebot stark schwankt und nur in geringem Umfang regelbar ist. Die Nachfrage wird sich nicht so stark beeinflussen lassen, dass sie dem Primärstromangebot folgen kann. Um Angebot und Nachfrage zusammenzubringen, müssen daher auf der Angebotsseite weitere Mittel verfügbar sein, um diese der Nachfrage nachzuführen. Angebotsmanagement ist in freien Märkten im Hinblick auf jedwede Art von Handelsgütern die vorherrschende (wenn auch nicht alleinige) Dynamik: das Angebot reagiert auf die Nachfrage. Im Stromsektor ist dies nicht anders und, wie gesehen, technisch besonders wichtig, da im Gegensatz zu vielen anderen Märkten eine Unterversorgung weit gravierendere Folgen haben kann – bis hin zum Blackout, also zum temporären Zusammenbruch des Versorgungssystems. Die angebotsseitigen Maßnahmen werden im Folgenden unter den Schlagworten *Netze*, *regelbare Kraftwerke* und *Speicher* diskutiert.

6.4.1 Netze

Elektrische Netze transportieren, bündeln und verteilen elektrische Energie. Die Netzthematik ist in der letzten Zeit stärker in die öffentliche Debatte geraten, weil die Weiterentwicklung der Netze als ein wichtiger Bestandteil der Energiewende angesehen wird. Dabei

[13] In Island verbrauchen die dort existierende Aluminiumindustrie mehr als die Hälfte des gesamten Stroms.

geht es vor allem um die Verstärkung der bestehenden Netze, damit diese den neuen zeitlichen und räumlichen Erzeugungsprofilen gerecht werden können.

Weit reichende Netze mit hinreichender Kapazität machen Ausgleichseffekte bei der Windstromerzeugung möglich. Windkraftanlagen auf dem Land haben in Deutschland einen Kapazitätsfaktor von 25 % und geringer.[14] Auf dem Meer liegt er bei 35 bis 40 %. Nun weht der Wind nicht in allen Teilen des Landes immer gleichmäßig stark. Ausgleichende Effekte können erreicht werden, indem Windkraftanlagen zusammengeschaltet werden, die entfernt voneinander stehen. Schon ein Windpark hat einen gleichmäßigeren Leistungsverlauf als eine einzelne Windkraftanlage, denn zumindest die Böigkeit des Windes spiegelt sich in der Stromerzeugung nicht mehr wieder. Wirklich starke Ausgleichseffekte auch auf höheren Zeitebenen lassen sich erzielen, wenn auch geographisch weit voneinander entfernte Windkraftanlagen zusammengeschaltet werden. Dies ist besonders dann der Fall, wenn sie so weit voneinander entfernt liegen, dass sie über Gebiete einheitlicher Wetterlagen hinausreichen. Innerhalb von Deutschland etwa ist es schon sehr unwahrscheinlich, dass alle Windkraftanlagen gleichzeitig von einer totalen Windflaute betroffen sind. Und auf der anderen Seite ist es ebenso unwahrscheinlich, dass alle Windkraftanlagen gleichzeitig unter Volllast laufen. Der nivellierende Effekt wird noch größer, wenn der Verbund der Anlagen weiträumig über die Landesgrenzen hinausweist, denn dann werden die Grenzen von Wettersystemen mit noch größerer Sicherheit überschritten. Abbildung 42 zeigt den ausgleichenden Effekt der Zusammenschaltung von Windkraftanlagen, indem der Leistungsverlauf einer Windkraftanlage mit den Leistungsverläufen eines Windparks und schließlich aller in Deutschland installierten Windkraftanlagen verglichen wird.

Die Vernetzung vieler Windkraftanlagen führt zwar nicht zu einer unmittelbaren Angleichung an Lastverläufe, aber sie führt zu einem ausgeglicheneren Stromangebot, auf dessen Basis leichter eine Angleichung an die Lastverläufe erreicht werden kann. Auch die Leistungsgradienten der Windstromerzeugung reduzieren sich, so dass sich auch die Gradienten verringern, die von den regelbaren Kraftwerken bedient werden müssen. Weit reichende Netzstrukturen sind also hilfreich für einen stabilen Netzbetrieb in einem Versorgungssystem mit fluktuierender Stromerzeugung.

Um die ausgleichende Wirkung der Vernetzung der Windkraftanlagen zu erhöhen, ist insbesondere auch die Integration von Offshore-Windkraft sinnvoll. Schon die Tatsache, dass es sich um geographische Randlagen handelt, spricht dafür. Diese sind für eine Nutzung insofern günstig, dass sie die Ausdehnung des Netzes vergrößern und somit die Wahrscheinlichkeit des Auftretens von Ausgleichseffekten erhöhen. Hinzu kommen eine größere Stetigkeit der Offshore-Windkraft und ihr größerer Kapazitätsfaktor. Selbst wenn die Windkraft vom Meer zurzeit noch recht teuer ist, gibt es eine Reihe guter Gründe, sie ins Energieversorgungssystem zu integrieren.

---

[14] Der Kapazitätsfaktor ist das Verhältnis der im Jahr erzeugten Energie zur Energie, die bei permanenter Volllast im Jahr erzeugt worden wäre, oder, was das Gleiche ist, das Verhältnis der Volllaststunden zu 8760 h (der Anzahl der Stunden eines Jahres).

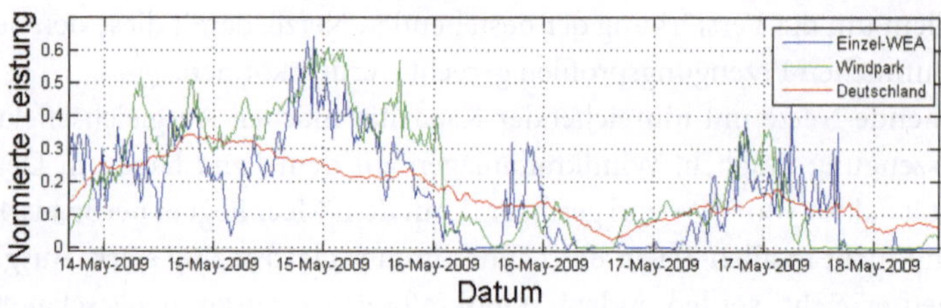

Abb. 42 Leistungsschwankungen einer einzelnen Windkraftanlage, eines Windparks und der Windkraftanlagen in Deutschland (Quelle: Mit freundlicher Genehmigung von © Fraunhofer IWES, Windenergie Report Deutschland 2010. All Rights Reserved.)

Die Hinzunahme von Strom aus anderen Energiequellen, etwa PV-Strom, kann weitere Ausgleichseffekte ermöglichen. Allerdings ist bei Solarstrom zu beachten, dass er im Gegensatz zum Windstrom auch bei einem großräumigeren Netzverbund in sehr synchronisierter Form Strombeiträge liefert. Gewisse ausgleichende Effekte können erzielt werden, indem verschiedene Modulausrichtungen zusammengeschaltet werden, so dass die Erzeugung über den Tag ausgeglichener ist. Doch der Tag-Nacht-Rhythmus selbst lässt sich in einem eng begrenzten Längengradbereich nicht aufweichen. Auf höheren Zeitebenen können Ausgleichseffekte erzielt werden, indem die saisonale Komplementarität von Solarstrahlungs- und Windangebot genutzt wird. Denn im Winter, wenn die Sonne weniger Energie liefert, weht der Wind in unseren Breiten stärker.

Für Deutschland ist es außerdem vorteilhaft, dass der Solarstrom gerade dann große Beiträge liefert, wenn auch die Nachfrage hoch ist. Dadurch wird gegenwärtig die Erzeugung aus thermischen Kraftwerken verstetigt, wodurch Kosten reduziert werden. Abbildung 43 zeigt den Lastgang und die Erzeugungsprofile unter den gegenwärtig gegebenen installierten Leistungen von PV- und Windkraftanlagen an einem Werktag im Sommer mit einem geringen Windangebot und einem mittleren Solarstromangebot und an einem Werktag im Winter mit sehr viel Wind und geringer solarer Einstrahlung. Der Effekt der Lastspitzenkappung durch die PV-Stromerzeugung ist deutlich zu sehen. Auf der anderen Seite zeigt sich, dass die durch den Wind gelieferte Energie innerhalb der beiden betrachteten Tage recht gleichmäßig verteilt ist, zwischen den beiden Tagen jedoch sehr stark variiert.

Die praktisch synchrone Leistungskurve der PV-Anlagen bedeutet auch, dass es für die Integration der Photovoltaik in das deutsche Netz enger gezogene Grenzen des sinnvollen Ausbaus gibt. Ein weitgehend synchron geschalteter Block in der Energieerzeugung wird nicht jede beliebige Größe annehmen können. Denn die nötigen Ausgleichsmaßnahmen werden ab einer bestimmten Größe dieses Blocks zunehmend aufwändiger.

Der Netzausbau ist für eine effiziente regenerativ basierte Stromversorgung nicht nur wichtig, damit Schwankungen in der Stromerzeugung aus fluktuierenden Quellen abgemildert werden können. Er ist auch deswegen bedeutsam, weil ergiebige erneuerbare Energiequellen nicht notwendigerweise in der Nähe der Verbraucherzentren verfügbar sind. Mit

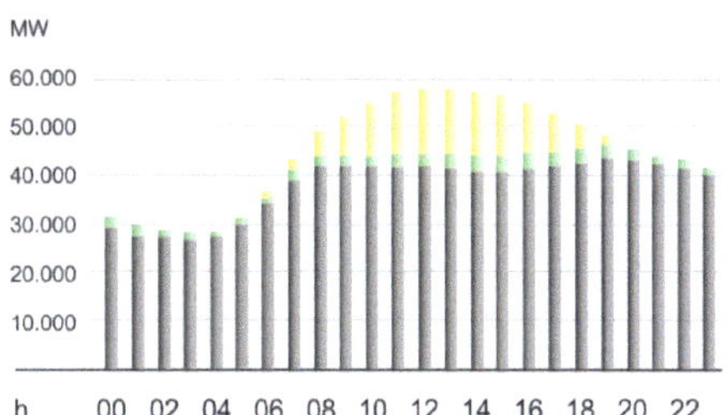

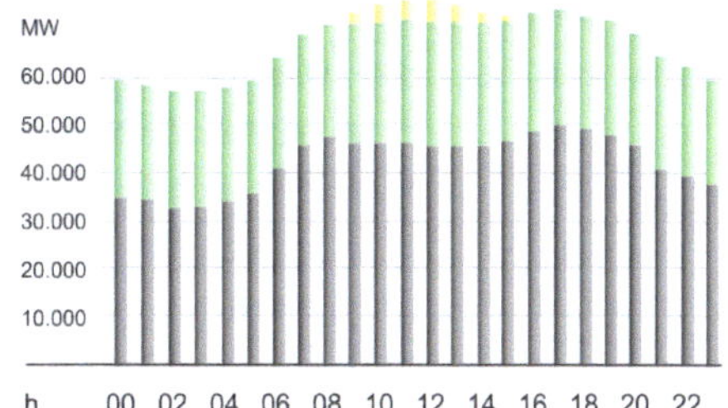

Abb. 43 Stromerzeugung in Deutschland an einem Werktag im Sommer (30. 7. 2012) mit wenig Wind und mittlerem Strahlungsangebot (links) und an einem Werktag im Winter (6. 12. 2013) mit sehr viel Wind und wenig Sonne (rechts).
grün: Windstromerzeugung, gelb: Solarstromerzeugung, grau: sonstige Stromerzeugung (Datenquelle: www.transparency.eex.com, Grafik: M. Günther)

Ausnahme der Biomasse, die als chemischer Energiespeicher prinzipiell transportierbar – obwohl, wie diskutiert, nicht immer transportwürdig – ist, sind die meisten erneuerbaren Energiequellen ortsgebunden zu nutzen. Transportiert werden muss vielmehr der erzeugte Strom. So existieren in verschiedenen Teilen der Welt lange Stromtrassen, um den Strom von großen Wasserkraftwerken zu den Verbrauchszentren zu transportieren. Häufig werden sie mit Gleichstrom betrieben, der bei sehr weiten Strecken eine verlustärmere Übertragung ermöglicht als Wechselstrom.

In einem Deutschland mit sehr hohem Anteil an Strom aus Windkraft werden leistungsfähige Netze nötig sein. Denn je nach Windverteilung wird aus bestimmten Teilen des Landes Strom in andere Teile transportiert werden müssen. Auch können durch verschiedene Wettersituationen heterogene Solarstromerträge anfallen, die verteilt werden müssen. Vor allem aber wird möglicherweise langfristig die Windstromerzeugung recht ungleich über das Land verteilt sein, mit dem Erzeugungsschwerpunkt in Norddeutschland. Dies wird jedenfalls dann der Fall sein, wenn eine Ausbaustrategie verfolgt wird, bei der Windkraftanlagen vorrangig in windreichen Gegenden, also in Norddeutschland, errichtet werden. In diesem Fall sind entsprechend leistungsfähige Leitungen gefordert, die den Strom auch in die Verbrauchszentren in der Mitte und im Süden Deutschlands transportieren. Die Deutsche Energieagentur hat in zwei Studien (dena I von 2005 und dena II von 2010) den Ausbaubedarf für das Übertragungsnetz berechnet, der anfällt, werden bestimmte Ausbauziele der Stromgewinnung aus erneuerbaren Quellen erreicht.

Dena I ging von 20 % Strom aus erneuerbaren Energien im Jahre 2015 aus und ermittelte einen Neubaubedarf von 850 km Stromtrassen im Höchstspannungsnetz (380 kV) und einen Bedarf an Verstärkung bestehender Trassen. Dena II baut auf der ersten Studie auf und geht von 39 % Strom aus erneuerbaren Energien im Jahre 2020 aus und ermittelt im Basisszenario einen nochmaligen Ausbaubedarf von 3600 km im Höchstspannungsnetz [11]. Dieser hohe zusätzliche Bedarf an Übertragungskapazitäten kommt maßgeblich dadurch zustande, dass in den zugrundeliegenden Szenarien ein großer Teil des Stroms Windstrom aus Nord- und Nordostdeutschland ist. Bereits im Jahr 2012 wurde die Zielmarke von 20 % Strom aus erneuerbaren Energien erreicht, die dena I für das Jahr 2015 vorgesehen hatte. Der Netzausbau jedoch fand nur in äußerst geringem Maße statt. Dies führte dazu, dass Windkraftanlagen in Norddeutschland immer wieder abgeregelt werden mussten, weil die vorhandenen Netze den Strom nicht aufnehmen konnten. Ein Netzausbau ist in Ländern mit demokratischem Selbstverständnis, hoher Bevölkerungsdichte und hoher Regelungsdichte meist ein langwieriger und schwieriger Prozess, der das Potenzial hat, den Ausbau der Nutzung erneuerbarer Energiequellen zu bremsen.

Es muss nicht in allen Fällen günstiger sein, die Energie an den ertragreichsten Standorten zu erzeugen und sie dann zu den Verbrauchern zu transportieren. Es kann durchaus in bestimmten Fällen günstiger sein, die Energie verbrauchernah an weniger ertragreichen Standorten zu erzeugen und Transportkosten zu reduzieren. Die Abwägung zwischen der Erzeugung an den besten Standorten und einem aufwändigeren Netzausbau auf der einen Seite und der verbrauchsnahen etwas aufwändigeren Erzeugung und geringerem Netzausbau auf der anderen Seite muss immer wieder neu getroffen werden.[15]

6.4.2 Regelbare Kraftwerke

Lastmanagement und die Verfügbarkeit von weiträumigen, möglicherweise über die Landesgrenzen hinausreichenden Netzen zum Ausgleich von ungleich anfallendem Windstrom allein werden eine kontinuierliche Stromversorgung nicht gewährleisten können, wenn der Strom vorrangig aus fluktuierenden Quellen gewonnen wird. Unter Effizienzgesichtspunkten ist es wichtig, möglichst viel Strom direkt durch die Nutzung von Wind, Solarstrahlung und Wasser zu gewinnen und unmittelbar zu nutzen. Doch es wird im Allgemeinen eine Differenz geben zwischen der im Netz anliegenden Last und der Leistung, die durch Windkraftanlagen, PV-Anlagen und Wasserkraftwerke geliefert wird. Um die nicht durch Wind, Sonne und Wasser gedeckten Lasten zu decken, müssen regelbare Kraftwerke verfügbar sein, die Strom nach Bedarf liefern können. Der Park regelbarer Kraftwerke hat vorrangig zwei Bedingungen zu erfüllen: Er muss ausreichend Kapazität aufweisen, um die Restlast zu decken, und er muss hinreichend flexibel auf Lastschwankungen reagieren können.

Regelbare Kraftwerke können auf der Basis fossiler oder regenerativer Energiespeicher betrieben werden. Ein fossiler Speicher, der auch längerfristig noch eine wichtige Rolle spielen wird, ist Erdgas. Gasturbinenkraftwerke und GuD-Kraftwerke weisen außerdem eine sehr gute Flexibilität auf, d.h. sie können auch steilere Leistungsgradienten gut bedienen und insofern schnell auf neue Leistungsanforderungen reagieren. Gleichzeitig kann statt Erdgas auch Biogas eingesetzt werden oder Methan, das unter Einsatz von überschüssigem Primärstrom gewonnen wird. Ein regenerativer Speicher ist Biomasse oder auch das im Oberbecken eines Wasserkraftwerks befindliche Wasser. Biomassekraftwerke und

[15] Vgl. zur Debatte über die Bevorzugung angebotsreicher Standorte oder verbrauchernaher Standorte die Studie [28].

Wasserkraftwerke können entsprechend Regelenergie bereitstellen, wobei dies bei Letzteren in erster Linie für die Speicherwasserkraftwerke gilt (Pumpspeicherkraftwerke zählen hier nicht zu den Speicherwasserkraftwerken – sie werden Thema sein im Abschnitt *Speicher*[16]).

In Deutschland ist die Kapazität regenerativer regelbarer Kraftwerke begrenzt. Speicherwasserkraftwerke gibt es bereits an vielen der existierenden Talsperren. Ein weiterer Ausbau der Speicherwasserkraft ist nur in geringem Umfang zu erwarten. Auch Biomassekraftwerke werden keinen weit höheren Beitrag zur Stromversorgung liefern können als die etwas mehr als sechs Prozent, die sie im Jahr 2012 beigetragen haben. Die Bereitstellung von Regelenergie sollte aber langfristig eine der wesentlichen Funktionen der Biomasse im Energiesystem darstellen.

Die Begrenzung der regenerativen regelbaren Kraftwerkskapazitäten bringt es mit sich, dass kurz- und mittelfristig fossil betriebene Kraftwerke, insbesondere Gasturbinen- und GuD-Kraftwerke, eine wichtige Rolle spielen und einen großen Teil der Restlast bedienen werden.

Um mehr regenerative regelbare Kraftwerkskapazitäten ins Netz zu integrieren, ist eine stärkere Vernetzung mit anderen Ländern vorteilhaft, in denen diese Kapazitäten reichlich vorhanden sind bzw. aufgrund entsprechender günstiger Bedingungen ausgebaut werden können. Es sind vor allem zwei Netzausbauszenarien, die aus deutscher Perspektive interessant sind. Zum einen ist die Integration skandinavischer Speicherwasserkraft interessant, zum anderen die Integration möglicher zukünftiger solarthermischer Kraftwerke im Mittelmeerraum. In den genannten Regionen sind die natürlichen und soziogeographischen Bedingungen gegeben, dass das Wasserkraftpotenzial bzw. das solare Potenzial hinreichend groß sind, um Energieexporte zu realisieren, ohne die Selbstversorgung in Mitleidenschaft zu ziehen. Für beide Szenarien gibt es konkrete Schritte in Richtung einer Realisierung.

So ist es das Ziel der Projekte NorGer und Nord.Link, Hochspannungs-Gleichstrom-Übertragungskabel zwischen Deutschland und Norwegen mit einer Kapazität von jeweils 1400 MW bereitzustellen. Die Leitungen sollen jeweils bipolar mit mindestens je zwei Kabeln verlegt und auf einem Spannungsniveau von 450 kV bis 500 kV betrieben werden. Die Projekte werden von dem norwegischen Übertragungsnetzbetreiber Statnett geplant. Mit ihrer Fertigstellung ist nicht vor Ende dieses Jahrzehnts zu rechnen.

---

[16] Folgender Unterschied besteht zwischen einem Speicherwasserkraftwerk und einem Pumpspeicherkraftwerk: Ein Speicherwasserkraftwerk hat einen natürlichen Zufluss in das Oberbecken, in dem Wasser angestaut wird und bei Bedarf über die Turbinen ins Unterbecken abgelassen wird. Es wird aber kein Wasser zu Speicherzwecken aus dem Unterbecken ins Oberbecken gepumpt. Ein Pumpspeicherkraftwerk hingegen benötigt keinen natürlichen Zulauf ins Oberbecken. Das Oberbecken wird gefüllt, indem Wasser aus dem Unterbecken hochgepumpt wird. Ein Pumpspeicherwerk ist ein Stromspeicher, ein Speicherwasserkraftwerk nicht. In der Realität sind einige Kraftwerke gleichzeitig Speicherkraftwerke und Pumpspeicherkraftwerke, d. h. sie haben einen natürlichen Zulauf ins Oberbecken, können aber außerdem bei Stromüberschuss zusätzliches Wasser aus dem Unterbecken ins Oberbecken pumpen. Sie dienen als Stromspeicher, erzielen aber (bei hinreichendem natürlichen Zulauf in das Oberbecken) doch eine positive Nettostromerzeugung.

Für den Import von Strom aus solarthermischen Kraftwerken aus dem Mittelmeerraum argumentiert insbesondere die Desertec-Initiative. 2003 wurde die Trans-Mediterranean Renewable Energy Cooperation (TREC) gegründet, aus der 2009 die Desertec-Stiftung hervorging, die die Desertec-Idee entwickelte. Die Idee beinhaltet die Erzeugung von Energie in weitgehend ungenutzten Wüstengegenden. In Forschungsarbeiten, die zwischen 2005 und 2007 insbesondere vom DLR durchgeführt wurden, wurden solarthermische Kraftwerke als eine Schlüsseltechnologie dargestellt, da sie mit der ihnen eigenen Speichermöglichkeit bedarfsgerecht Energie liefern können [49, 50, 51]. Im Herbst 2009 wurde dann die Industrieinitiative Dii gegründet, die mit vielen großen Unternehmen der Energiewirtschaft und anderer Bereiche als Gesellschafter die Idee in die Praxis umsetzen will. Dabei steht der MENA-Raum[17] als wüstenreiche Region im Mittelpunkt, in der vor allem Solarenergie, aber auch Windenergie für den eigenen Verbrauch und für den Export nach Europa erzeugt werden könnte.

Aufgrund der in den letzten Jahren günstigeren Entwicklung der Stromgestehungskosten von Photovoltaik und Windkraftanlagen hat man die anfangs starke Ausrichtung auf solarthermische Kraftwerke aufgegeben und betrachtet das Projekt im Wesentlichen technologieoffen. Trotzdem wird die mögliche wichtige Rolle solarthermischer Kraftwerke, die Energie nach Bedarf zur Verfügung stellen können, in einem zukünftigen regenerativen Kraftwerkspark in den MENA-Ländern weiterhin hervorgehoben. Zwischen 2009 und 2012 wurden etliche CSP-Kraftwerke in Spanien in Betrieb genommen. Die Technologien wurden dadurch ausgereift und eine leistungsfähige Industrie wurde aufgebaut. In Nordafrika wurden CSP-Technologien zunächst in Ägypten, Algerien und Marokko in jeweils einem Gas/Solar-Hybridkraftwerk realisiert. Ein erstes reines solarthermisches Kraftwerk wird in Ouarzazate/Marokko gebaut. Im ersten Schritt ist die Installation von 160 MW im Bau; eine Erweiterung auf bis zu 500 MW ist geplant. Aufgrund der bestehenden Übertragungskabel nach Spanien sind die Voraussetzungen bereits geschaffen, dass zukünftig in Marokko erzeugter Solarstrom auch nach Europa übertragen werden kann. Bislang dienen die Kabel der umgekehrten Übertragung von Strom aus Europa nach Marokko.

Neben der Industrieinitiative Dii wurde 2010 auch die französisch dominierte internationale Initiative Medgrid (früher Transgreen genannt) ins Leben gerufen, die sich zur Aufgabe gesetzt hat, den Netzverbund zwischen den MENA-Ländern und Europa zu stärken. Der Netzausbau zwischen den verschiedenen Ländern und sogar Kontinenten ist ein administrativ und ökonomisch sehr komplexes Projekt. Der Zusammenschluss von verschiedenen Firmen zu einem Konsortium, das diese Aufgabe in internationaler Kooperation angehen will, ist wichtig und angemessen angesichts der Größe und der internationalen Reichweite des Projekts.

[17] MENA: Middle East and North Africa

6.4.3 Speicher

Von Speicherung im engeren Sinne soll hier gesprochen werden, wenn elektrische Energie in einer Energieform gespeichert wird und bei Bedarf wieder als elektrische Energie zur Verfügung steht. Wird Strom etwa in Batterien gespeichert, die für den Betrieb von Elektrofahrzeugen genutzt werden, fällt dies nicht unter Stromspeicherung. Werden die Batterien hingegen auch genutzt, um bei Strombedarf elektrische Energie wieder ans Netz abzugeben, dann handelt es sich um einen Stromspeicher in unserem Sinne.

Speicherung bedeutet immer auch Verluste. Daher gibt es auch den Begriff des Speicherwirkungsgrads. Der Speicherwirkungsgrad gibt an, wie hoch der Anteil der eingespeicherten Energie ist, der bei der Ausspeicherung wieder zur Verfügung steht. Die anderen genannten Strategien zum Ausgleich von Stromangebot und -nachfrage können auch Verluste generieren. Ein großräumiger Netzausbau verursacht Verluste durch große Übertragungsentfernungen. Und der flexible Betrieb von steuerbaren Kraftwerken ist insofern mit Verlusten behaftet, dass z. B. ein mit Erdgas oder Biogas betriebenes Kraftwerk, das flexibel dem Bedarf nachgefahren wird, weniger effizient arbeitet als wenn es permanent unter Volllast liefe. Eine Lastverlagerung schließlich ist zwar sehr verlustarm, aber nur selten verlust*frei*. Wird z. B. im Gebäudebereich thermische Energie zeitlich nicht exakt an den Bedarf angepasst bereitgestellt und in der thermischen Masse des Gebäudes zwischengespeichert, so gibt es gegenüber einer exakt bedarfsgeführten Heizung zumindest geringe zusätzliche Verluste. Verluste durch Stromspeicherung sind in vielen Fällen jedoch höher als die Verluste, die bei Befolgung der anderen Ausgleichsstrategien anfallen.

Speicher stellen unter Effizienzgesichtspunkten daher nicht die erste Wahl bei der Angleichung von Stromangebot und –nachfrage dar. Insofern aber insbesondere die regelbaren regenerativen Kraftwerkskapazitäten in Deutschland begrenzt sind, werden Speicher eine wichtige Rolle im zukünftigen Stromnetz spielen. Länder mit ausreichend regelbaren regenerativ betriebenen Kraftwerken hingegen benötigen kaum Speicher für das Design eines regenerativ basierten Kraftwerksparks. Das privilegierte Norwegen hat so große Speicherwasserkraftwerk-Kapazitäten, dass es keine Pumpspeicher oder andere Stromspeicher benötigt. Island ist mit einem reichen Wasserkraft- und Geothermiepotenzial in einer ähnlich vorteilhaften Situation.

In der Form von Pumpspeicherwerken spielen Stromspeicher in Deutschland schon seit langem eine wichtige Rolle im Energiesystem. Gegenwärtig sind Kapazitäten von 40 GWh installiert, die mit einer maximalen Leistung von etwa 7 GW abgerufen werden können. Pumpspeicher konnten einen wichtigen Beitrag zur Verstetigung der Stromerzeugung im Tagesverlauf liefern. Das System war technisch und wirtschaftlich sinnvoll, da die Effizienz und Wirtschaftlichkeit thermischer Kraftwerke sinkt, je häufiger sie abgeregelt werden müssen. Auch die Lebensdauer von Kraftwerkskomponenten sinkt, müssen häufig große Leistungsgradienten gefahren werden. Der Betrieb der Pumpspeicherkraftwerke lohnte sich, auch wenn in ihnen Speicherverluste auftreten.

Die Kapazität der vorhandenen Pumpspeicherwerke ist jedoch gering. Die bisherige Funktion der Verstetigung der Auslastung der thermischen Kraftwerke konnten sie gut ausfüllen. In einem regenerativ basierten Energieversorgungssystem, in dem die Speicher eine neue Aufgabe erfüllen müssen, nämlich Stromangebot und -nachfrage überhaupt erst zusammenzubringen, werden die verfügbaren Kapazitäten nicht ausreichen. Die Last im deutschen Stromnetz liegt zwischen 30 und 80 GW. Die installierten 40 GWh könnten also je nach Netzlast den deutschen Strombedarf nur für eine halbe bis eine reichliche Stunde decken. Szenarien mit einem hohen Anteil regenerativen Stroms in Deutschland zeigen, dass diese Kapazität nicht ausreichend ist, um den dann auftretenden Fluktuationen Herr zu werden und Stromangebot und -nachfrage einander anzugleichen [9], [17].

Energetisch und ökonomisch sind Pumpspeicher sehr vorteilhafte Speichersysteme. Für mittlere und große Kapazitäten sind sie die effizientesten kommerziell einsetzbaren Speicher. 80 % Speicherwirkungsgrad und mehr können erreicht werden. Der Errichtung weiterer Pumpspeicherkapazitäten in Deutschland stehen jedoch Hindernisse entgegen. Das Anlegen neuer Speicherseen trifft generell auf großen Widerstand und ist nur sehr schwierig umzusetzen. Es werden aber immer wieder auch alternative Pumpspeicherlösungen diskutiert, bei denen unter Anwendung innovativer Konzepte auf neue Speicherseen verzichtet werden kann.

So lautet eine Idee, die in Staustufen untergliederten Flüsse und Kanäle in Deutschland als kaskadenartige Pumpspeicher zu nutzen. Bei Stromüberangebot könnte Wasser von einer Staustufe in die jeweils nächsthöhere gepumpt werden, so dass bei erhöhtem Strombedarf mehr Wasser zur Durchleitung durch die an vielen Staustufen vorhandenen Turbinen bereitsteht. Erste Abschätzungen ermitteln eine Leistung von bis zu 400 MW, die an Flüssen und Kanälen in Deutschland erschlossen werden könnte [14].

Weiterhin gibt es die Idee der Unterflur-Pumpspeicher, bei denen nicht der Höhenunterschied zwischen einem Ober- und einem Unterbecken genutzt wird, sondern zwischen der Erdoberfläche und größeren Tiefen, die durch existierende Bergbauschächte oder auch durch tiefe Tagebaue zugänglich sind. Dies gibt die Möglichkeit, auch in Gebieten, die kein für traditionelle Pumpspeicherkraft geeignetes Relief aufweisen, Pumpspeicher einzurichten. So könnten z. B. im Ruhrgebiet neue Speicherkapazitäten errichtet werden, die auch wesentlich näher an den Gebieten liegen, in denen überschüssiger Windstrom in Zukunft hauptsächlich anfallen wird. Dadurch werden die Netze weniger belastet und es fallen geringere Übertragungsverluste an.[18]

Schließlich gibt es die Idee von Tiefseespeichern, bei denen der Druck in größeren Meerestiefen genutzt wird. Dabei können Hohlkugeln aus Stahlbeton in die Tiefe gebracht werden. Zur Einspeicherung von Strom wird das Wasser aus ihnen herausgepumpt. Zur Ausspeicherung des Stroms strömt dann wieder Wasser in die Hohlkugel und treibt dabei eine Turbine an. Läge etwa eine Hohlkugel mit 10 m Innendurchmesser in 800 m Tiefe, dann hätte sie eine Speicherkapazität von etwa 1 MWh. Aufgrund der starken Druckbelastung können die Kugeln nicht beliebig groß sein. Eine Möglichkeit wäre etwa die Integration

---

[18] Ein interessanter Nebennutzen bei hinreichend tiefen Unterflurspeichern könnte dadurch gegeben sein, dass Erdwärme zugänglich gemacht und direkt oder durch den Einsatz von Wärmepumpen genutzt werden kann. Im Ruhrgebiet herrscht z. B. in 1000 m Tiefe eine Temperatur von 40 °C.

von Kugelfarmen direkt in einen Offshore-Windpark. Der Windpark könnte damit Strom nach Bedarf liefern. Und die Speicherung vor Ort würde den Übertragungsbedarf – und damit Übertragungsverluste sowie die Beanspruchung der Netze – reduzieren.

Tiefseepumpspeicher sind aufgrund der geringen Wassertiefen in der Nähe der deutschen Küsten nicht zu realisieren. Dort wären nur geringe Drücke erreichbar, die eine entsprechend niedrige Speicherkapazität pro Volumeneinheit mit sich brächten. Der nächstliegende Standort für echte Tiefseespeicher wäre die norwegische Rinne, die westlich und südlich von Norwegen verläuft. Sie ist zumeist zwischen 250 und 300 m tief, im Süden erreicht sie bis zu 700 m. Mit der zu erwartenden stärkeren Vernetzung von Deutschland mit Norwegen bzw. weiteren Nordseeanrainerstaaten wäre die Netzanbindung von dort verorteten Speicherkapazitäten prinzipiell möglich. Gleichzeitig könnte ein Netzausbau nach Skandinavien auch dazu dienen, die großen dort vorhandenen traditionellen Pumpspeicherpotenziale nutzbar zu machen.[19]

Einen generell wesentlich geringeren Speicherwirkungsgrad weisen Druckluftspeicher auf, in denen Energie durch Luftkompression gespeichert und bei Bedarf durch die Expansion der komprimierten Luft wieder freigesetzt wird. Als große Speicherräume bieten sich für dieses Verfahren Kavernen in Salzstöcken an. Es gibt bislang weltweit nur zwei große Anlagen, die Kavernenspeicher nutzen. Eine davon steht in Huntorf in Niedersachsen und wurde 1978 in Betrieb genommen, die andere in McIntosh/Alabama in den USA und wird seit 1991 betrieben. In diesen Anlagen wird die komprimierte Luft benutzt, um eine Gasturbine anzutreiben. Die Luft wird mit Erdgas gemischt und in die Brennkammer der Gasturbine geleitet. Der Einsatz der komprimierten Luft bedeutet, dass die Gasturbine keinen eigenen Kompressor mehr benötigt. In Huntorf werden aus 1,6 kWh thermischer Energie des Gases und 0,8 kWh in der Druckluft eingespeicherter elektrischer Energie 1 kWh elektrische Energie erzeugt, die bedarfsgerecht zu Hochtarifzeiten geliefert werden kann.

Die etwas neuere Anlage in McIntosh hat einen etwas höheren Speicherwirkungsgrad als die in Huntorf, da sie die Abwärme der Gasturbine nutzt, um die Verbrennungsluft vorzuwärmen. Aber auch dort ist der Speicherwirkungsgrad im Vergleich zu Pumpspeichern niedrig. Dass die existierenden Druckluftspeicher nicht sehr effizient arbeiten, liegt vor allem daran, dass sich die Luft bei der Kompression erwärmt und diese Wärme zumindest teilweise verlorengeht. Beim Entspannungsprozess, also beim Entladen des Speichers, sinkt die Temperatur der Luft ab. Aus diesem Grunde kann keine Druckluftturbine genutzt werden, um bei der Entladung des Speichers Energie zu erzeugen. Die entstehenden sehr niedrigen Temperaturen würden zur Vereisung der Turbine führen. Der Einsatz der Verbrennungswärme in der Gasturbine verhindert Letzteres.

---

[19] Allerdings würde ein Netzausbau nach Skandinavien gleichzeitig dazu führen, dass der Speicherbedarf drastisch sinken würde, denn eine solche Verbindung könnte Zugang zu regelbarer Wasserkraft schaffen.

Adiabate Kompression **Kasten 21**

Die Volumenarbeit, die an der Luft beim Beladen eines Kavernenspeichers verrichtet wird, führt dazu, dass Druck und Temperatur zunehmen. Handelte es sich um eine adiabate Kompression (d. h. würde kein Wärmeaustausch über die Kavernenbegrenzung stattfinden), dann würde für die Druck- und Temperaturverhältnisse gelten: $(p_1/p_2)^{0,28} = T_1/T_2$, wobei p_1 und T_1 die Zustandswerte vor der Kompression und p_2 und T_2 die Zustandswerte nach der Kompression sind. Wird also, wie in Huntorf, Luft von 1 bar auf 72 bar komprimiert, dann würde sie bei einer Ausgangstemperatur von 20 °C auf nahezu 700 °C erwärmt, verliefe der Vorgang vollständig adiabat. Der Vorgang ist nicht vollständig adiabat; insbesondere geht ein Teil der thermischen Energie über die Kavernenwände verloren. Diese abgeleitete Energie kann beim Entladen (bei der Entspannung) nicht wieder nutzbar gemacht werden. Die Temperatur der entspannten Luft würde ohne zusätzliche Wärmezufuhr weit unter die Temperatur der Luft vor der Kompression sinken.

Gegenwärtig laufen Forschungsarbeiten für Anlagen, bei denen die Kompressionswärme zwischengespeichert und beim Entladen des Speichers genutzt wird. Anlagen dieser Art, die auch als adiabate Druckluftspeicher bezeichnet werden, könnten mit Druckluftturbinen arbeiten und bräuchten kein Erdgas. Speicherwirkungsgrade von 70 % werden erwartet [15].

Kavernen sind in Deutschland bereits in großer Menge in Salzstöcken vorhanden. Sie dienen der Einlagerung von Erdöl und Erdgas. Sie werden durch Ausspülung mit Wasser erzeugt. Zurzeit wird noch eine große Zahl von Kavernen hinzugebaut. Ein Teil der Kavernen könnte auch als Druckluftspeicher genutzt werden.

Batteriespeicher werden z. B. dann interessant, wenn sich die Elektromobilität stärker durchsetzt und Millionen von Autobatterien gezielt eingesetzt werden können, um Stromüberschüsse aufzunehmen und bei Bedarf abzugeben. Voraussetzung dafür ist, dass das Laden und Entladen der Batterien zumindest eines Teils der Autos der jeweiligen Netzsituation entsprechend gesteuert wird. Es würde sich dabei um einen dezentralen Speicher handeln, der bei einer angenommenen Speicherkapazität von 50 kWh pro Auto und 40 Mio. Autos auf eine theoretische Gesamtkapazität von 2 TWh käme. So viel elektrische Energie wird in Deutschland etwa in zwei Tagen verbraucht. Da nicht alle Fahrzeuge koordiniert gleichzeitig als Energielieferant werden dienen können, dürfte die verfügbare Speicherkapazität deutlich unter diesem Wert liegen. Trotzdem zeigt die Zahl, dass im Falle des massiven Ausbaus der Elektromobilität eine gewaltige Chance in den dann vorhandenen Batterien steckt.

Auch die Batterien bei PV-Kleinanlagen könnten außer für die Erhöhung des Eigenverbrauchs auch dazu genutzt werden, einen dezentralen Batteriespeicher ins System zu integrieren [16]. Bis Ende 2013 gab es bereits etwa 1,4 Mio. PV-Anlagen, deren Anzahl weiter steigt. Gibt es demnächst 2 Mio. Anlagen und verfügt jede Anlage über einen Speicher mit einer durchschnittlichen Kapazität von 20 kWh, dann steht im System eine zusätzliche

Gesamtspeicherkapazität von 40 GWh zur Verfügung, was der gegenwärtigen Kapazität der Pumpspeicher entspricht.

Es ist nicht davon auszugehen, dass in der näheren Zukunft von Energieversorgern Großbatteriespeicher zur Netzstabilisierung errichtet werden. Die Batteriespeicherung ist immer noch teuer und eignet sich daher noch nicht für großtechnische Lösungen. Nennenswerte Speichermassen könnten bislang eher durch eine hohe Anzahl von kleinen Speichern bei Nutzern erreicht werden, die jedoch nur dann zum Betrieb von Batterien motiviert werden, wenn sie davon einen direkten eigenen Nutzen haben. Bei den beiden genannten Optionen der Batteriespeicherung im Auto und der Speicherung des selbst erzeugten PV-Stroms liegt der direkte eigene Nutzen in der Betriebsbereitschaft des Autos und in der Erhöhung des Eigenversorgungsanteils durch die eigene PV-Anlage. Die Rückeinspeisung von gespeicherter Energie ins Netz könnte durch eine eigene Vergütung einen Zusatznutzen generieren.

Batterien haben recht hohe Speicherwirkungsgrade. Bleiakkus – die meisten Starterbatterien in Autos – haben einen Wirkungsgrad zwischen 65 und 79 %, Lithium-Ionen-Batterien – die typischen Batterien in Laptops – zwischen 90 und 95 % und Redox-Flow-Batterien zwischen 70 und 80 % [17].[20]

Besonders für die Langzeitspeicherung sind chemische Energiespeicher interessant. Hierbei kommen insbesondere Wasserstoff und Methan als Energieträger in Frage. Wasserstoff kann durch Wasserelektrolyse unter Einsatz von Strom gewonnen werden. Er kann in komprimierter oder verflüssigter Form gespeichert werden und in Brennstoffzellen oder – möglicherweise bei kombinierter Nutzung mit Biogas oder Erdgas – in Gasturbinen oder -motoren rückverstromt werden.

Der Speicherwirkungsgrad liegt maximal im Bereich von etwa 40 % und ist damit wesentlich niedriger als bei Pumpspeichern und auch niedriger als bei adiabaten Druckluftspeichern [17].

Eine weitere Möglichkeit ist die Nutzung von Methan als chemischer Speicher. Methan kann dabei unter Verwendung des durch Elektrolyse gewonnenen Wasserstoffs durch Methanisierung von Kohlendioxid gewonnen werden. Die Methanisierung findet über den so genannten Sabatier-Prozess statt. Die Gleichung der exothermen Reaktion, die unter Anwesenheit eines Katalysators erfolgt, lautet

$$CO_2 + 4H_2 \rightarrow CH_4 + 2H_2O.$$

Das benötigte Kohlendioxid kann aus der Atmosphäre, aus Biogas oder aus Verbrennungsgasen entnommen werden. Methan ist Hauptbestandteil sowohl von Biogas, das zwischen 51 und 60 % Methan enthält, wobei der Rest hauptsächlich Kohlendioxid ist, als auch von Erdgas, das je nach Qualität in aufbereiteter Form zwischen 75 und 99 % Methan

[20] Redox-Flow-Batterien speichern elektrische Energie in chemischen Verbindungen, indem die Reaktionspartner in einem Lösungsmittel in gelöster Form vorliegen. In einer Zelle werden über eine Membran Ionen ausgetauscht.

enthält (der Rest sind weitere Alkane und sonstige Gase). Methan ist ein Energieträger, der als Hauptbestandteil von Erdgas auch im heutigen Energiesystem äußerst wichtig ist. Die Methanspeicherung kann daher an ausgereifte Technologien und vorhandene Infrastrukturen anknüpfen.

Der Wirkungsgrad der Methanspeicherung ist mit 30 bis 35 % allerdings recht gering. Es ist daher sicher nicht die erste Speicherlösung für ein Energiesystem mit nur geringen und kurzzeitig verfügbar zu haltenden Speichermengen. Sobald aber größere Überschüsse anfallen, die auch über längere Zeiträume abrufbar gehalten werden sollen, wird die Methanspeicherung interessant. In einem Energieversorgungssystem, das hauptsächlich auf fluktuierenden Energiequellen beruht, ist diese Form der Energiespeicherung langfristig interessant.

Ein großer Vorteil der Speicherung in Methan ist, dass die vorhandene Erdgasinfrastruktur genutzt werden kann und die benötigten Technologien ausgereift sind. Außerdem ist die vielseitige Verwendbarkeit des Energieträgers Methan vorteilhaft. Methan kann nicht nur in Gasturbinen- oder GuD-Kraftwerken verstromt, sondern auch – entsprechend dem Energieträger Erdgas – als chemischer Energieträger für die Wärmeerzeugung und die Mobilitätsversorgung eingesetzt werden. Im Prinzip kann das gesamte Energieversorgungssystem auf diese Weise durch das Speichermedium Methan gestützt werden. Methan kann die Rolle eines zentralen Systemspeichers übernehmen. Strom- und Gasnetz würden auf diese Weise ein Gesamtsystem ergeben, das noch stärker als bislang intern verknüpft ist. Während nämlich bislang zwar aus der chemischen Energie des Gases Strom gewonnen wird, würde dann auch aus elektrischer Energie chemische Energie gewonnen (Abbildung 44).

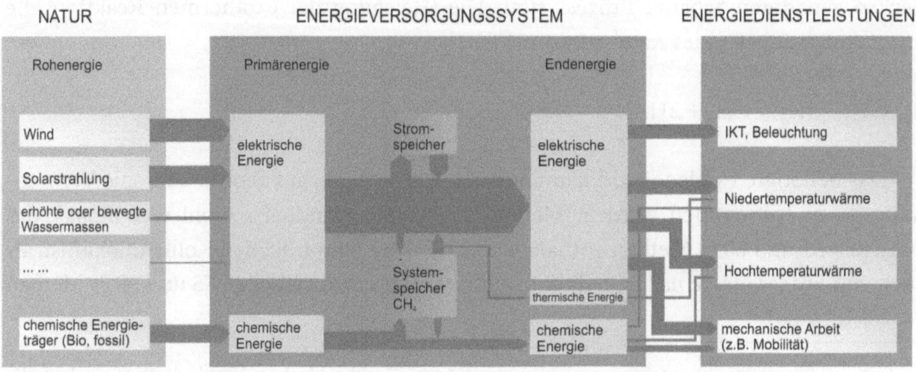

Abb. 44 Allgemeine Struktur zukünftiger Energieversorgung, mit Verknüpfung von Strom- und Gasversorgung über das Systemspeichermedium Methan (Grafik: M. Günther)

Das e-Gas-Projekt von Audi **Kasten 22**

Die Audi AG beteiligt sich mit vier 3,6 MW-Windturbinen an einem Offshore-Windpark in der Nordsee und hat in Werlte (Emsland) eine Methanisierungsanlage mit 6,3 MW elektrischer Eingangsleistung gebaut. Das Projekt wird in Zusammenarbeit mit dem Fraunhofer IWES, dem Zentrum für Sonnenenergie- und Wasserstoff-Forschung Baden-Württemberg (ZSW), der SolarFuel GmbH und EWE Energie AG durchgeführt.

Die Energiewandlungskette von Wind über Strom und Wasserstoff bis hin zu Methan eröffnet gleich mehrere Möglichkeiten, Energie für die Mobilität einzusetzen und somit flexibel auf technische und marktseitige Entwicklungen zu reagieren: Neben der Nutzung des Methans in gasbetriebenen Fahrzeugen kann auch der durch Elektrolyse produzierte Wasserstoff in Fahrzeugen mit Brennstoffzellen-Antrieben genutzt werden, ebenso wie der erzeugte Strom direkt in batteriebetriebenen Elektrofahrzeugen verwendet werden kann.

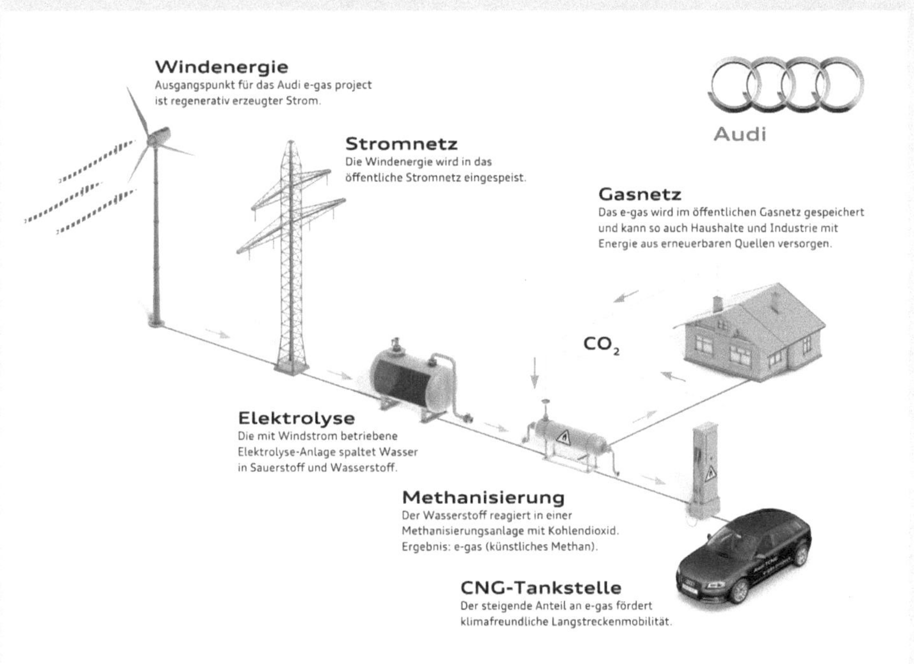

Abb. 45 Das e-Gas-Projekt von Audi (Grafik: Mit freundlicher Genehmigung von © Audi AG 2014. All Rights Reserved.)

Die Energiespeicherung in Form von Methan eröffnet auch neue Möglichkeiten für den Betrieb von Biogasanlagen, wenn diese mit einer Methanisierungseinheit ausgerüstet werden (Abbildung 46). Außer Methan als Hauptbestandteil enthält Biogas hauptsächlich

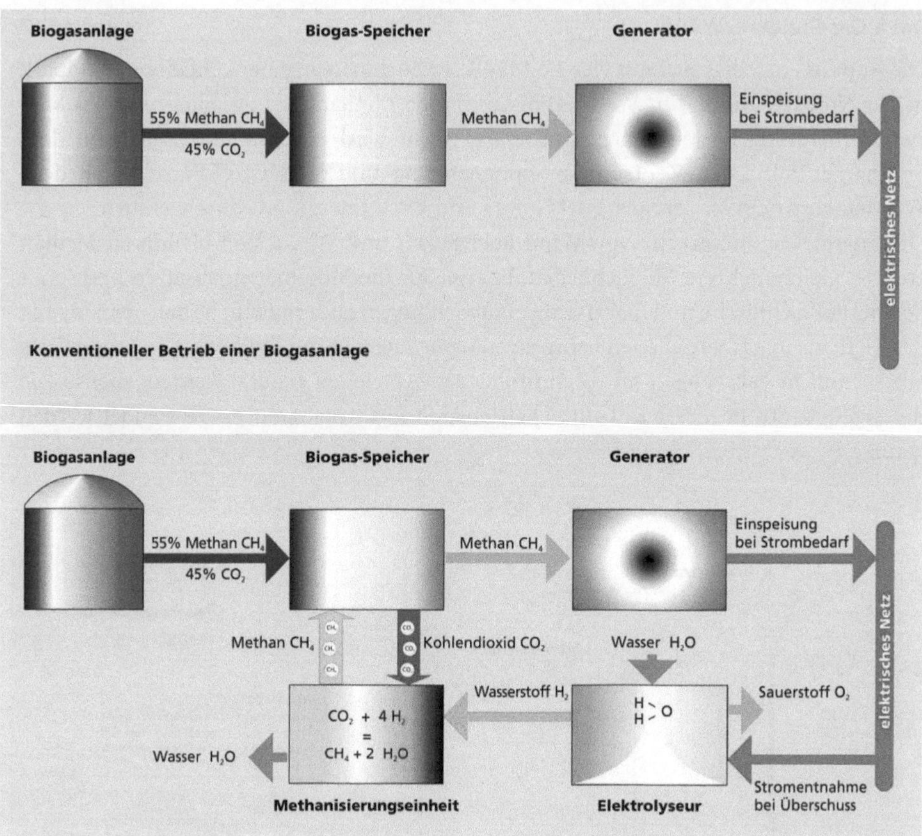

Abb. 46 Konventioneller Betrieb einer Biogasanlage (oben) und Nachrüstung mit einer Methanisierungseinheit zur Erhöhung des Methananteils im Biogas (unten) (Grafik: J. Bard/B. Krautkremer. Mit freundlicher Genehmigung von Fraunhofer IWES © 2014. All Rights Reserved)

Kohlendioxid. Letzteres kann methanisiert werden, indem es zuvor aus dem Biogas abgeschieden wird oder indem das Biogas direkt zur Methanisierungseinheit geleitet wird und dort weiter mit Methan angereichert wird. Letzteres bedeutet, dass die Methanisierungseinheit als Alternative zur konventionellen Gasaufbereitung betrieben werden kann, um das Biogas mit Methan anzureichern und es somit ins Gasnetz einspeisen zu können [18].

In Biogasanlagen, die Strom ins Netz einspeisen, kann die Methanisierungseinheit ebenfalls eingesetzt werden, um den Methangehalt im Biogasspeicher zu erhöhen. Dabei wird das im Gasspeicher vorhandene Kohlendioxid methanisiert. Dadurch wird die Biogasanlage zu einem Stromspeicher. Bei reichlich Stromangebot wird Energie gespeichert, indem die Menge des Methans im Biogasspeicher und somit die im Speicher enthaltene

Energie erhöht wird. Bei Strombedarf kann dann die im Methan gespeicherte Energie wieder verstromt und ins Netz gespeist werden.[21]

6.4.4 Wärmeerzeuger als Netzstabilisatoren

Kraft-Wärme-Kopplung

Im Gegensatz zu Strom kann Wärme nicht über große Entfernungen transportiert werden. Die Wärmeverluste wären zu groß und der Energieaufwand für den Transport zu hoch. Die Wärmebereitstellung muss also möglichst nahe an den Verbrauchern geschehen. Das hat zur Folge, dass Wärmeerzeugung nicht an jedem beliebigen Ort sinnvoll ist. Während Großkraftwerke, die Strom erzeugen, auch Tausende von Kilometern von den Verbrauchern entfernt und die Verbraucher außerdem über eine große Fläche verteilt sein können, können größere Wärmeerzeuger nur in der unmittelbaren Nähe von städtischen oder industriellen Ballungszentren betrieben werden, wo die Abnehmer über Wärmenetze mit möglichst kurzen Verbindungen erreicht werden können. Außerdem hat die Wärmeerzeugung aus diesem Grund die Tendenz zur Dezentralität und zu kleinen Einheiten, während die Stromerzeugung traditionell eher in großen Einheiten erfolgte, wo immer dies möglich war.

Für Kraft-Wärme-Kopplungs-Anlagen (KWK) gilt ebenfalls, dass größere Anlagen nur dort sinnvoll sind, wo es kurze Wege zu einer hinreichenden Menge von Abnehmern gibt, und die Tendenz zu kleineren dezentralen Einheiten in der Natur der Sache liegt.

KWK ist eine effiziente Form der Nutzung von Brennstoffen, da die Abwärme, die bei der Stromerzeugung entsteht, nicht verloren geht, sondern genutzt wird. Darüber hinaus wird die dezentrale KWK immer wieder ins Spiel gebracht, wenn es um die Frage geht, wie elektrische Regelenergie bereitgestellt werden kann. Die KWK könne bei drohenden Stromdeckungslücken einspringen und die benötigte Energie zur Verfügung stellen. Dies ist möglich, da KWK zeitlich flexibel einsetzbare chemische Energieträger nutzt.

Dabei muss jedoch berücksichtigt werden, dass KWK-Anlagen nur dann Regelenergie zur Verfügung stellen können, wenn sich ihre Leistungsabgabe tatsächlich an der Angebots- und Nachfragesituation im Stromnetz orientieren kann. D. h. die Anlagen müssen anspringen, wenn Strom benötigt wird und sie müssen abgestellt werden, wenn dies nicht der Fall ist. Nun bringt jedoch die Tugend der KWK, neben dem Energieprodukt Strom auch noch das Produkt Wärme zu erzeugen, die Herausforderung mit sich, dass beide Energieprodukte auch abgenommen werden müssen. Wärme- und Strombedarf sind aber normalerweise kaum miteinander korreliert. Strom und Wärme aus KWK-Anlagen müssen jedoch praktisch gleichzeitig abgenommen werden. Es ist daher gar nicht ausgemacht,

---

[21] Am Eichhof, dem Standort des Hessischen Biogas-Forschungszentrums (HBFZ) in Bad Hersfeld, betreiben das Fraunhofer IWES und die Landesregierungen von Hessen und Thüringen eine vom Zentrum für Sonnenenergie- und Wasserstoffforschung Baden-Württemberg (ZSW) errichtete Pilotanlage der Firma SolarFuel zur Methanisierung, um die Potenziale des kombinierten Betriebs von Biogasanlage und Methanisierungseinheit genauer zu untersuchen.

dass eine KWK-Anlage auf die Bedarfssituation im Stromnetz wirklich reagieren kann, denn sie muss gleichzeitig auf die jeweilige Wärmebedarfssituation reagieren.

Je nachdem, ob eine Anlage eher nach Strombedarf oder eher nach Wärmebedarf bedient wird, wird von stromgeführter oder wärmegeführter KWK gesprochen.[22] Heutzutage werden kleine dezentrale KWK-Anlagen in Gebäuden meistens wärmegeführt betrieben. Sie werden primär zur Beheizung genutzt, wenn Wärme benötigt wird. Als Nebenprodukt wird Strom ans Netz geliefert. D. h. sie tragen gerade *nicht* zur Bereitstellung von Regelenergie zur Stabilisierung der Stromnetze bei, denn sie werden nicht entsprechend dem Leistungsbedarf der Netze eingesetzt. Sollen KWK-Anlagen bereit stehen, um in Zeiten drohenden Strommangels mehr elektrische Energie zur Verfügung zu stellen – was freilich erst bei einer wirklich großen Anzahl von Anlagen einen spürbaren Effekt im Stromnetz hätte –, dann müssen sie zumindest ein Stück weit stromgeführt betrieben werden. An- und Ausschalten müssen sich zumindest *auch* nach der Angebots- und Nachfragesituation im Stromnetz richten. Das bedeutet, dass die im zumindest teilweise stromgeführten Betrieb produzierte Wärme möglicherweise keine unmittelbare Verwendung findet und daher zwischengespeichert werden muss, um sie für einen späteren Wärmebedarf abrufbar zu halten. Die Anwendung von dezentraler KWK zur Netzstabilisierung ist auf die Integration thermischer Speicher angewiesen. Größere Speicher mit geringerer Selbstentladung (geringerem Wärmeverlust) ermöglichen dabei einen flexibleren Einsatz und somit einen stärker wärmegeführten Betrieb. Wie beschrieben kann dabei auch die Gebäudemasse selbst als Pufferspeicher dienen, indem verstärkt Wärme zu Zeiten erhöhten Strombedarfs aufgenommen und dann über einen längeren Zeitraum abgegeben wird. Die Gebäudemasse ist allerdings nur ein Kurzzeitspeicher. Im Bereich von ein bis zwei Tagen kann er die Wärme effizient puffern. Über größere Zeiträume ist dies nicht möglich, da die Gebäudemasse die Wärme recht schnell wieder abgibt. Etwas längere Zeiträume können mit separaten Wärmespeichern überbrückt werden, in denen die Wärme durch eine thermische Isolierung auch über einige Tage hinweg verfügbar gehalten werden kann. Wird die Isolierung entsprechend ausgeführt, kann Wärme auch über Wochen und Monate mit nur geringen Verlusten gespeichert werden. Wirtschaftlich sind aufwändig gedämmte thermische Langzeitspeicher jedoch zumeist nicht.

Das KWK-Schwarmkraftwerk **Kasten 23**

In Deutschland gibt es kommerzielle Angebote, Gebäude durch erdgasbetriebene Blockheizkraftwerke beheizen zu lassen, die zentral dem Strombedarf entsprechend geführt werden. Ein Wärmespeicher sorgt dafür, dass stets genug Wärme verfügbar ist, auch wenn das Blockheizkraftwerk nicht läuft. Von der zentralen Steuerung wird also gleichzeitig auf den Stand des jeweils lokalen Wärmespeichers und auf die momentane Versorgungssituation im Stromnetz reagiert. Die Wärmespeicher werden bevorzugt dann aufgeladen,

[22] Die Attribute „strom*bedarfs*geführt" und „wärme*bedarfs*geführt" würden die Sache genauer treffen, eingebürgert haben sich aber die Ausdrücke „stromgeführt" und „wärmegeführt".

wenn zusätzlicher Strom im Netz benötigt wird. Der Kunde, bei dem ein solches Blockheizkraftwerk aufgestellt wird, partizipiert an den Einnahmen durch den gezielt zu Bedarfszeiten produzierten, höher vergüteten Strom.
Wird ein solches System in hinreichend großem Umfang ausgebaut, kann es als ein verteiltes Kraftwerk mit einer großen Gesamtleistung betrieben werden. Im Vergleich zu den gängigen Großkraftwerken hat ein solches verteiltes System den Vorteil, dass es in allerkürzester Zeit auf Lastveränderungen reagieren kann.

Die Betriebsweise der KWK, die gleichzeitig Strom- und Wärmebedarf bedient, weist darauf hin, dass ihr Beitrag für die Stabilisierung der Stromnetze nicht beliebig groß sein kann. Auch mit der Möglichkeit der vorübergehenden Speicherung kann nicht jede beliebige Menge an Wärme jederzeit sinnvoll absorbiert werden. Zugleich kann es bei großem Wärmebedarf und gleichzeitig hoher Stromerzeugung aus fluktuierenden Quellen, etwa bei günstigem Windangebot, leicht zu einem Stromüberangebot kommen, wenn ein sehr großer Teil der Wärme aus zugeschalteten KWK-Anlagen kommt.

Oder doch Wärmepumpen?[23]

Die Sekundär-Dienstleistung der Netzstabilisierung kann auch von Wärmepumpen übernommen werden. Wenn KWK-Anlagen durch den Einsatz thermischer Speicher stromgeführt betrieben werden und somit auf verschiedene Versorgungssituationen im Netz reagieren können, dann können Wärmepumpen dies prinzipiell auch. Ein wichtiger Unterschied ist, dass KWK-Anlagen als Stromquellen (Erzeuger) positive elektrische Regelleistung zur Verfügung stellen, während Wärmepumpen als Stromsenken (Verbraucher) negative Regelleistung zur Verfügung stellen. Dieser Unterschied ist möglicherweise der Grund, warum die KWK-Anlagen weit häufiger als potenziell netzstabilisierende Wärmeerzeuger angesehen wurden als Wärmepumpen. KWK-Anlagen liefern Strom, Wärmepumpen sind zusätzliche Verbraucher. Eine Schlussfolgerung könnte lauten: Indem KWK Energie einspeist, entlastet es das Netz und die sonstigen Stromerzeugungseinheiten; und indem Wärmepumpen Lasten darstellen, belasten sie das Netz zusätzlich und bedingen einen zusätzlichen Einsatz von Erzeugungseinheiten.

Ob diese Schlussfolgerung gerechtfertigt ist, hängt jedoch ganz vom Design des jeweiligen Energiesystems ab. Wird der Strom im Netz hauptsächlich aus fossil befeuerten Kraftwerken geliefert und die Wärme vorrangig aus öl- und gasbefeuerten Heizungen, dann spart der Einsatz von KWK fossile Primärenergie, macht das Energiesystem sparsamer und reduziert den Ausstoß von CO_2. Außerdem wird durch eine verbrauchernahe Stromerzeugung das Stromnetz entlastet. Der Einsatz von Wärmepumpen hingegen würde den Strombedarf weiter erhöhen, mehr Kohlestrom würde erzeugt und die Einspareffekte hinsichtlich Primärenergiebedarf und Emissionen bei den Heizsystemen würden möglicherweise

[23] Die Überlegungen in diesem Abschnitt sind von Texten von Rolf-Michael Lüking bzw. den Gesprächen, die der Verfasser mit ihm geführt hat, beeinflusst. Wie üblich liegt jedoch die inhaltliche Verantwortung für diesen Abschnitt vollständig beim Autor dieses Buchs.

durch die größere Auslastung der Kohlekraftwerke zunichte gemacht. Außerdem würden die Netze stärker belastet, da mehr elektrische Energie an die Verbraucher geliefert werden müsste. Wird der Strom aber in einem weitgehend regenerativ basierten Kraftwerkspark erzeugt und gibt es in dem Versorgungssystem, das seinen Strom weitgehend aus den fluktuierenden Quellen Sonne und Wind gewinnt, häufiger die Situation, dass mehr Strom eingespeist wird, als durch die anliegenden Verbraucher unmittelbar genutzt werden kann, muss die Bewertung ganz anders lauten. In diesem Fall bedeutet der zusätzliche Verbrauch durch die Wärmepumpen häufig nicht, dass Kraftwerkskapazitäten hochgefahren werden müssen. Vielmehr könnte der überflüssige Strom abgegriffen und genutzt werden. Eine Zuschaltung von KWK-Anlagen bei Wärmebedarf würde hingegen ein Problem darstellen, da der dann noch zusätzlich anfallende Strom erst recht nicht vom Netz aufgenommen werden könnte. Außerdem würden KWK-Anlagen entweder zusätzlich fossile Rohstoffe benötigen und somit den Verbrauch endlicher Ressourcen ebenso erhöhen wie den Ausstoß von CO_2 oder sie würden wertvolle Biomasse verbrauchen oder aufwändig und mit geringem Wirkungsgrad hergestellte synthetische Gase, was wiederum die Effizienz im System reduzieren würde.

Es kommt also ganz auf das Energiesystem an, welche der beiden Technologien zur Wärmebereitstellung, KWK oder Wärmepumpen, bzw. welche Mischung der beiden am effizientesten die Netzstabilisierung unterstützen kann.

Effizienzvergleich: KWK vs. Wärmepumpe **Kasten 24**

Aus der Perspektive der Energieeffizienz spricht generell viel für den Einsatz von Wärmepumpen. Dies zeigt die folgende einfache Beispielrechnung:

Überlegen wir, wie viel Wärme pro Kilowattstunde Gaseinsatz gewonnen werden kann, wenn auf der einen Seite das Gas verwendet wird, um in einem GuD-Kraftwerk Strom zu erzeugen, der dann in Wärmepumpen zur Wärmebereitstellung eingesetzt wird, und wenn auf der anderen Seite das Gas eingesetzt wird, um in einem Blockheizkraftwerk Strom und Wärme bereitzustellen, wobei der erzeugte Strom dann wiederum in Wärmepumpen eingesetzt wird, um weitere Wärme bereitzustellen.

- Die Wärmepumpe habe eine Leistungszahl von 3,5.[24] Das Gas werde in einem GuD-Kraftwerk mit einem Wirkungsgrad von 60 % verstromt. Der Stromtransport und die Verteilung verursachen noch einmal 3 % Verluste. Aus einer eingesetzten Kilowattstunde chemischer Energie wird somit die folgende Menge an thermischer Energie gewonnen:
  1 kWh × 0,6 × 0,97 × 3,5 = 2,037 kWh.

[24] Die Leistungszahl gibt das Verhältnis der erzeugten thermischen Energie zur eingesetzten elektrischen Energie an (siehe 5.2.1). Sie hängt von vielen Faktoren ab, insbesondere von den Temperaturniveaus, die das Wärmeträgerfluid auf der kalten und der warmen Seite erreichen muss.

- Das Blockheizkraftwerk habe einen elektrischen Wirkungsgrad von 30 % und einen thermischen Wirkungsgrad von 60 %. Unter Berücksichtigung geringer Verteilungsverluste werden 57 % der eingesetzten Energie unmittelbar thermisch genutzt. Der erzeugte Strom wird mit geringen Verlusten in Transport und Verteilung von 2 % wiederum in Wärmepumpen mit der Leistungszahl 3,5 zur Wärmeerzeugung eingesetzt. Somit wird die folgende Menge an thermischer Energie gewonnen: (1 kWh × 0,57) + (1 kWh × 0,3 × 0,98 × 3,5) = 1,599 kWh.

Das Ergebnis ist, dass der Brennstoff Gas unter den angegebenen Annahmen bei Einsatz in einem GuD-Kraftwerk und der Nutzung von Wärmepumpen effizienter genutzt werden kann als bei Einsatz von KWK-Anlagen.
Es gibt also gute Gründe dafür, bei der Nutzung von Wärmeerzeugern als Netzstabilisatoren auch oder vorrangig auf Wärmepumpen zu setzen. Zum einen haben sie ein hohes Effizienzpotenzial und zum anderen kann es gerade in einem regenerativ basierten Stromsystem häufig zu Situationen kommen, in denen Wärmepumpen systemverträglicher zur Netzstabilisierung eingesetzt werden können als KWK-Anlagen.

7 Energieeffizienz im regenerativ basierten Energiesystem

Die erneuerbaren Energien haben im Stromsektor bereits einen hohen Anteil erreicht. Etwa ein Viertel des Stroms wird gegenwärtig aus erneuerbaren Quellen gewonnen. Selbst Optimisten hatten kaum so bald mit einem derart hohen Anteil gerechnet. Trotzdem bilden fossil befeuerte thermische Kraftwerke immer noch das Rückgrat der Stromerzeugung. Sie erzeugen gegenwärtig etwa 60 % des Stroms – und sie stellen zu einem großen Teil die benötigte regelbare Energie zur Verfügung.

Die Effizienzeffekte wurden beschrieben, die auftreten, wenn die fossil basierte Stromerzeugung ersetzt wird durch die Nutzung erneuerbarer Energiequellen. Ein Großteil dieser Effekte rührt daher, dass weniger chemische Energieträger verbrannt werden und somit weniger Abwärme produziert wird. Dass die Effekte auftreten, ist vor allem dadurch bedingt, dass die regenerativ basierte Stromerzeugung die fossil und nuklear basierte Stromerzeugung ersetzt, ansonsten aber im Netzbetrieb keine weiteren relevanten Veränderungen bewirkt. Wie stellt sich die Situation aber in einem Energieversorgungssystem dar, in dem bereits ein großer Teil des Stroms aus regenerativen Quellen gewonnen wird? Können wirklich immer neue Effizienzeffekte erzielt werden, bis die Energieerzeugung vollständig auf regenerativen Quellen basiert?

7.1 Energieeffizienz und hohe Anteile erneuerbarer Energien – ein Konflikt?

In der Tat sind zusätzliche Effizienzeffekte nicht mehr unbedingt zu erwarten, wird in einem Energieversorgungssystem, das *schon* einen hohen Anteil der Energie aus erneuerbaren Quellen gewinnt, dieser Anteil weiter erhöht. Das gilt nicht für die Ersetzung fossiler Nutzwärmeerzeugung durch die Nutzbarmachung von Umwelt- und solarer Wärme. Diese ist immer mit einem Effizienzgewinn verbunden. Es gilt aber für die Stromerzeugung. Ein fortgesetzter Ausbau erneuerbarer Energien – selbst wenn er den Betrieb thermischer

Kraftwerke ersetzt – bringt nicht unbedingt weitere Effizienzgewinne mit sich. Dafür gibt es hauptsächlich zwei Gründe:

a) Auf dem Weg zur Vollversorgung durch erneuerbare Energiequellen werden fossile Kraftwerke noch recht lange zur Bereitstellung von Ausgleichsenergie genutzt werden müssen. Gegenüber dem traditionellen System, in dem die konventionellen thermischen Kraftwerke einzig den Lastfluktuationen nachgefahren wurden, müssen in einem zunehmend regenerativ gespeisten System die fossilen Kraftwerke nicht mehr nur auf die Lastfluktuationen, sondern auch auf die fluktuierende Einspeisung aus erneuerbaren Energien reagieren. Dies bedeutet einen häufigeren Teillastbetrieb und häufigeres Hoch- und Runterfahren von Kraftwerken. Der mittlere Wirkungsgrad der Kraftwerke wird daher im Vergleich zu ihrer gleichmäßigeren Auslastung herabgesetzt.
b) Ein hauptsächlich aus fluktuierenden erneuerbaren Energiequellen gespeistes Energiesystem muss Energie zu Überangebotszeiten speichern, um sie für Zeiten mangelnden Angebots verfügbar zu machen. Lastmanagement, geographischer Angebotsausgleich und der Einsatz von regelbaren Kraftwerken können die benötigte Speicherkapazität niedrig halten, doch zumindest in Deutschland mit einem nur geringen Angebot an regelbaren erneuerbar basierten Kraftwerkskapazitäten ist bei einer weitreichenden regenerativen Stromerzeugung prinzipiell mit Speicherbedarf zu rechnen. Für die Auswahl der Speicher ist dabei ein geringer Speicherverlust ein wichtiges Kriterium. Der Einsatz verlustarmer Speicher kann die Verluste niedrig halten. Doch Speicher ohne Verluste gibt es nicht. Es wird also ein Effizienzhemmnis im zukünftigen System geben, das zurzeit – bei noch begrenzten Anteilen regenerativer Stromerzeugung – noch kaum eine Rolle spielt. Die beschriebenen Effizienzeffekte, die bei der Ersetzung thermischer Kraftwerke durch direkte Stromerzeugung erzielt werden, werden teilweise oder ganz zunichte gemacht, indem bei hohen Anteilen regenerativer Stromerzeugung elektrische Energie zunehmend gespeichert werden muss. Besonders die Langzeitspeicherung, die in einem fortgeschrittenen Stadium des Ausbaus der Nutzung erneuerbarer Energiequellen eine größere Bedeutung erlangen wird, ist mit hohen Verlusten verbunden – also die Speicherung in chemischen Energieträgern wie Wasserstoff und Methan. Wie beschrieben hat die Wasserstoffspeicherung, d. h. die Erzeugung von Wasserstoff durch Wasserelektrolyse und die Rückverstromung, einen Wirkungsgrad von maximal nur etwa 40 % und Methanspeicherung nur von etwa einem Drittel.

Die beiden genannten Effekte führen dazu, dass einige Grafiken aus Kapitel 5 modifiziert werden müssen. Im fortgeschrittenen Stadium der Umstellung der Stromerzeugung wird die abfallende Linie der Wandlungsverluste nicht mehr so steil verlaufen. Und die neue Komponente der Speicherverluste wird sichtbar. Abbildung 26, Abbildung 28 und Abbildung 32 werden also verändert, indem bei hohen Anteilen regenerativer Stromerzeugung ein Keil eingefügt wird, der die zukünftig anfallenden Speicherverluste anzeigt.

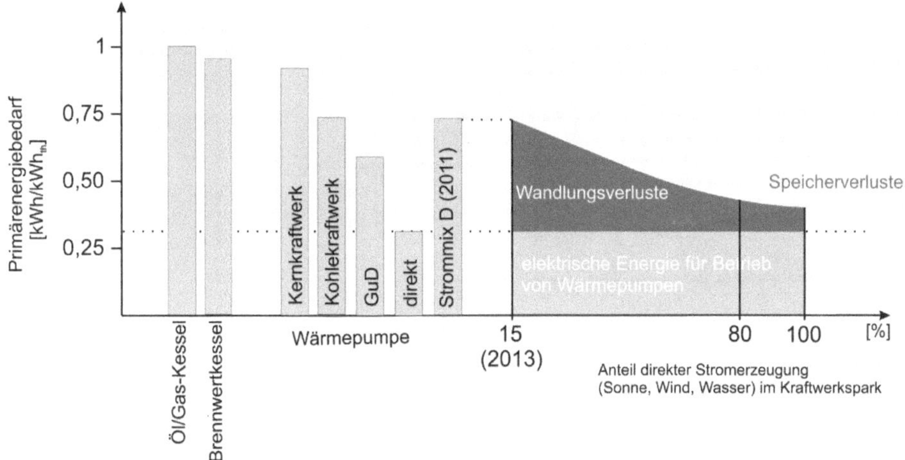

Abb. 47 Primärenergiebedarf bei verschiedenen Arten der Stromgewinnung (links) und Entwicklung des Primärenergiebedarfs bei zunehmender Umstellung auf direkte Stromerzeugung unter Berücksichtigung von Speicherverlusten (rechts) (Grafik: M. Günther)

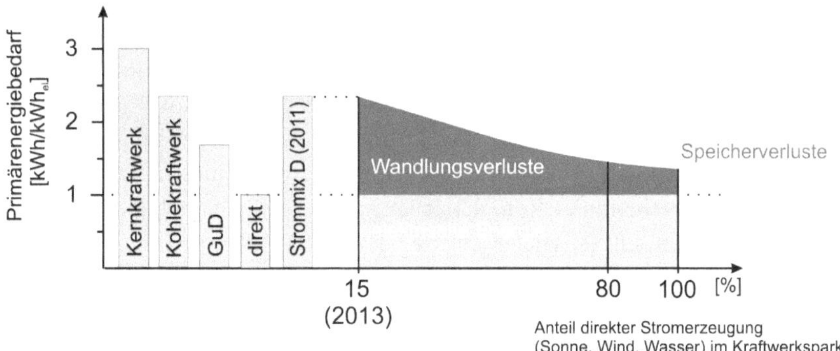

Abb. 48 Primärenergiebedarf pro Fahrkilometer bei Verbrennungsmotoren (links) und bei Elektromotoren unter Berücksichtigung verschiedener Arten der Stromgewinnung (Mitte), Entwicklung des Primärenergiebedarfs für den Einsatz von Elektromotoren bei zunehmender Umstellung auf direkte Stromerzeugung unter Berücksichtigung von Speicherverlusten bei der Stromversorgung (rechts) (Grafik: M. Günther)

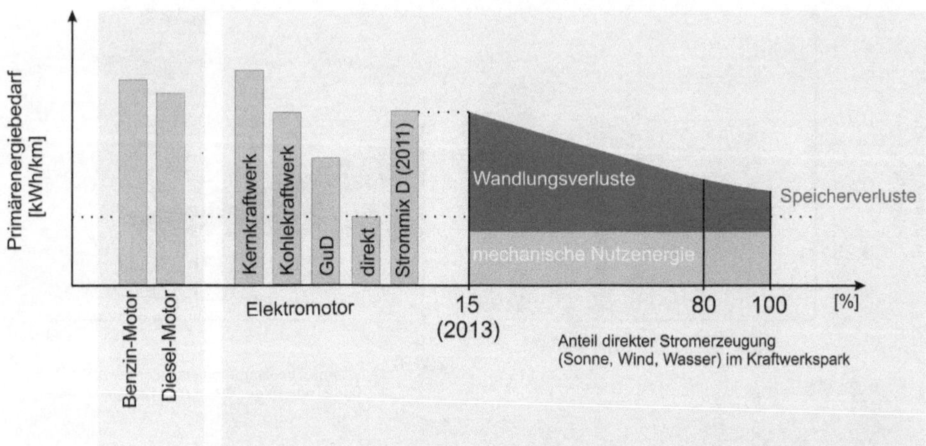

Abb. 49 Primärenergiebedarf pro bereitgestellter kWh Nutzwärme bei Heizsystemen auf Verbrennungsbasis (links) und bei Wärmepumpen unter Berücksichtigung verschiedener Arten der Stromgewinnung (Mitte), Entwicklung des Primärenergiebedarfs für den Betrieb von Wärmepumpen bei zunehmender Umstellung auf direkte Stromerzeugung unter Berücksichtigung von Speicherverlusten bei der Stromversorgung (rechts) (Grafik: M. Günther)

Eine quantitative Abschätzung der Speicherverluste ist schwierig. Die Größe der Effekte hängt vom Bedarf an Speicherkapazitäten und von den gewählten Formen der Speicherung ab. Die benötigten Speicherkapazitäten hängen jedoch von gegenwärtig noch unbekannten Größen ab: Gelingt es, nordeuropäische Wasserkraft ins deutsche Netz einzubinden? Kann Solarenergie auch aus solarthermischen Kraftwerken im Mittelmeerraum gewonnen werden, die mit thermischen Speichern ausgerüstet sind? In welchem Ausmaß werden Lasten entsprechend des Primärstromangebots zeitlich verschoben werden können? Können geographische Ausgleichseffekte bei der Windstromerzeugung zum Tragen kommen? Und auch die Zusammensetzung der verschiedenen Speichertechnologien im System ist noch nicht bestimmt: Wird es gelingen, verlustarme Pumpspeicher stärker ins System einzubinden? In welchem Umfang werden Batteriespeicher genutzt werden? Welchen Stellenwert wird die verlustreichere Stromspeicherung in chemischen Energieträgern haben?

Ist also das Erreichen eines hohen Anteils erneuerbarer Energien im System und die Erhöhung der Energieeffizienz ein Widerspruch? Nicht, wenn die benötigten Speichermengen gering gehalten werden und wenn die Speicherung in Systemen geschieht, deren Speicherwirkungsgrad hinreichend hoch ist. Doch selbst wenn die Speichermengen gering sind und die Speicherwirkungsgrade hoch, werden bei schon sehr hohem Anteil regenerativer Energien im System nur schwer weitere Effizienzeffekte durch eine weitere Erhöhung dieses Anteils erzielt werden können.

Die Sinnhaftigkeit des fortgesetzten Ausbaus der erneuerbaren Energien hängt aber nicht an den beschriebenen Effizienzeffekten. Selbst wenn die Speicherverluste sehr groß werden sollten, lässt sich daraus kein Argument gegen die Umstellung des Energiesystems auf die Nutzung regenerativer Quellen ableiten. Die entscheidenden Gesichtspunkte beim Ausbau der regenerativen Energieversorgung sind die Verringerung der Treibhausgasemissionen und die Reduktion der Abhängigkeit von endlichen Ressourcen, nicht die Erreichung der Effizienzeffekte.

In diesem Kontext stellt sich eine noch grundlegendere Frage: Ist Energieeffizienz überhaupt langfristig ein wichtiger Wert? Ist sie insbesondere ein wichtiger Wert, wenn das Energiesystem dereinst nahezu vollständig auf die Nutzung regenerativer Quellen umgestellt ist?

7.2 Ist Energieeffizienz langfristig wichtig?

Gegenwärtig ist Energieeffizienz ein wichtiges Thema, weil das bestehende Energieversorgungssystem von wertvollen endlichen Ressourcen abhängt und weil die Bereitstellung von nutzbarer Energie Umweltkosten verursacht. Mit Energie muss sparsam umgegangen werden, weil ihre Bereitstellung wertvolle Energieträger verbraucht und unsere natürliche Lebensgrundlage beeinträchtigt.

Die Sachlage ist klar: Je weniger Energie wir verbrauchen, desto länger halten die fossilen und nuklearen Vorräte. Irgendwann werden die Ressourcen schwinden. Je später dies der Fall ist, umso besser. Denn so bleibt der Gesellschaft mehr Zeit, um sich auf eine neue Welt insbesondere ohne leicht verfügbares Öl vorzubereiten. Je weniger Energie ein Land ohne hinreichende eigene Ressourcen verbraucht, desto weniger Energieträger muss es importieren. Dies kann vor allem für Länder ein wirtschaftlicher Wert sein, die Außenhandelsdefizite haben. Außerdem können internationale Abhängigkeiten reduziert und die politische Souveränität erhöht werden. Je geringer der Energieverbrauch, desto geringer sind die Umweltschäden, die durch unser Energiesystem verursacht werden. Die Eingriffe in die natürliche Umwelt hängen nicht nur von der Art der Energiegewinnung ab, sondern auch von der Menge der verbrauchten Energie. Es gibt also gegenwärtig ein vielfältiges Interesse daran, mit Energie sparsam umzugehen.

Doch wie ist die Sachlage, wenn das Energiesystem einmal auf eine regenerative Grundlage gestellt sein wird? Die genannten Motive für den effizienten Umgang mit Energie sind allesamt spezifisch für das bestehende fossil-nuklear basierte System. Sie gelten, wenn die Energiebereitstellung von endlichen Ressourcen abhängt, wenn diese zumindest teilweise importiert werden müssen und wenn ihre Nutzung einen mehr oder weniger starken Einfluss auf die Umwelt hat. Alle diese Motive bestehen jedoch nicht mehr (oder zumindest nicht mehr im gleichen Sinne), wenn das Energiesystem hauptsächlich auf regenerativen Quellen beruht. Zumindest ist die Endlichkeit der Ressourcen dann kein Problem mehr. Das Importvolumen wird aller Voraussicht nach ebenfalls geringer sein und die Umweltauswirkungen werden ebenfalls weit weniger ins Gewicht fallen. Wozu sich dann also noch Gedanken machen über Energieeffizienz? Warum effizient mit einer Quantität umgehen, die sich sowieso immer wieder regeneriert? Warum den Verbrauch eines Gutes reduzieren, wenn man es nicht einkaufen muss und wenn man sich mit seinem Verbrauch nicht in Abhängigkeiten begibt? Und warum die Energieintensität der Gesellschaft begrenzen, wenn dies kaum Umweltauswirkungen verringert?

Richtig ist, dass die Energieeffizienz in einem regenerativ basierten System seinen bisherigen Status verliert. Es ist wahrscheinlich, dass es dann nicht mehr als ein besonders brisantes und politisch präsentes Thema angesehen wird, wie es heutzutage der Fall ist. Dennoch wird Energieeffizienz auch langfristig ein wichtiges Thema sein – und dies aus hauptsächlich zwei Gründen. Der erste Grund ist allgemeiner wirtschaftstheoretischer Natur und nicht spezifisch für das Thema Energie: Effizienz ist eine allgemeine Norm, die jedes wirtschaftliche Handeln bestimmt; und Energieeffizienz ist eine Spielart davon. Der zweite Grund ist spezifischer: Wird Energie nicht effizient eingesetzt, wächst die Gefahr von Energiearmut.

Ein großer Teil der Rohenergie, auf die ein regeneratives Energiesystem zurückgreift, ist keine handelbare Ware und hat insofern keinen kommerziellen Wert. Dies trifft auf die Solarstrahlung zu, auf den Wind, auf die Gezeiten und die Erdwärme. Bei der Biomasse liegt die Sache anders. Der Anbau von Energiemais z. B. ist ein agrarwirtschaftlicher Vorgang; der Energiemais stellt ein Produkt mit bezifferbarem kommerziellem Wert dar. Doch selbst wenn die Rohenergie kostenlos gegeben ist, ist die *gewandelte* Energie, sobald sie ins Energieversorgungssystem integriert wird, ein kommerzielles Gut mit einem kommerziellen Wert. Der Wind hat keinen quantifizierbaren kommerziellen Wert, der in einer Windkraftanlage erzeugte Strom jedoch hat einen. Sobald aber Energie einen kommerziellen Wert hat, gilt der Effizienzimperativ, der im wirtschaftlichen Handeln für alle wertbehafteten Güter gilt. Wertbehaftete Güter müssen effizient eingesetzt werden. Prozesse, die energieeffizienter sind als andere, werden *ceteris paribus* immer bevorzugt. Energieeffizienz wird also in diesem Sinne immer ein Wert sein, auch im regenerativen Energiesystem.

Kommen wir nun zum zweiten, spezifischeren Grund. Zumindest in Deutschland sind die verfügbaren regenerativen Quellen sehr begrenzt. Soll es bei einer regenerativ basierten Energieversorgung keine neuen starken Abhängigkeiten vom Ausland geben, soll sich der apparative Aufwand im Energieversorgungssystem im Rahmen halten und sollen die gegenwärtigen raumplanerischen Vorstellungen nicht grundlegend verändert werden, dann muss der Endenergieverbrauch in Deutschland reduziert werden. Die Bereitstellung eines Endenergiebedarfs auf dem gegenwärtigen Niveau von etwa 2200 TWh wäre nur mit sehr großem Aufwand möglich. Die verfügbaren Flächen für Photovoltaikanlagen, für Windkraftanlagen an Land und auf dem Meer und für die Biomasseerzeugung sind begrenzt. Die geeignetsten Standorte sind zu einem guten Teil schon belegt und werden in der Zukunft vollständig genutzt werden. Übrig bleiben weniger ertragreiche Standorte oder solche, die aus regulatorischen Gründen bislang nicht genutzt werden können. Die Nutzung dieser Standorte wäre aufwändiger, was die Energiekosten erhöht. Vor allem aber stehen einem allzu umfangreichen Ausbau der Nutzung regenerativer Energiequellen raumplanerische Vorstellungen und Landnutzungspläne und die entsprechenden Regularien entgegen. Z. B. dürften sich landschaftsästhetische Bedenken bei einer zu großzügigen Verteilung von Windkraftanlagen häufen. Große Photovoltaik-Anlagen auf Freiflächen würden ebenfalls wenig Akzeptanz finden. Bei einem weiteren Ausbau des Biomasseanbaus zu Zwecken der Energieerzeugung könnte die Nahrungsmittelversorgung ebenso in Gefahr gewähnt werden wie der Schutz der Biodiversität. Und der weitere Zubau von Wasserkraftanlagen würde als Verbauung der letzten freien Fließgewässer wahrgenommen. Erneuerbare Energiequellen erneuern sich zwar, sie sind aber nicht unendlich ergiebig; und vor allem sind es keine unbeschränkt wirtschaftlich nutzbaren Quellen.[1] Eine wirtschaftlich und sozial verträgliche Vollversorgung mit Energie aus regenerativen Quellen ist in Deutschland nur möglich, wenn der Endenergiebedarf entsprechend reduziert wird. Nach groben Abschätzungen ist ungefähr eine Halbierung des Endenergiebedarfs nötig, damit eine regenerative Vollversorgung aus eigenen Ressourcen Realität werden kann.

Beide Motive, das der generellen Wertigkeit energiewirtschaftlich genutzter Energie und das der begrenzten wirtschaftlich nutzbaren regenerativen Ressourcen sind miteinander verbunden. Beide beziehen sich auf die Tatsache, dass Energie sparsam eingesetzt werden muss, weil es sich um ein wertvolles Gut handelt. Das letztere Motiv steigert dabei das erstere noch: Die Kosten steigen überproportional mit der genutzten Menge, weil die Erzeugung größerer Mengen immer aufwändiger und konfliktträchtiger wird.

Flächennutzungseffizienz **Kasten 25**

In relativ eng besiedelten Ländern wie in Deutschland ist nicht nur die Energieeffizienz als solche von Bedeutung, sondern auch die Flächeneffizienz bei der Energiegewinnung. Regenerative Energiequellen sind oft in flächig verteilter Form gegeben; die flächenbezogene Leistungsdichte ist nicht sehr hoch. Aufgrund begrenzter verfügbarer Flächen kommt es darauf an, aus den nutzbaren Flächen einen möglichst hohen Energieertrag zu erzielen. Vergleichen wir in diesem Sinne etwa Bioenergie und Solarenergie: Nur 1 bis 2 % der Energie, die mit dem Sonnenlicht auf eine mit Energiepflanzen bepflanzte Fläche auftrifft, wird in der Biomasse gebunden. Kommerzielle Photovoltaik-Anlagen haben hingegen einen Wandlungsgrad zwischen etwa 8 % für amorphe Silizium-Zellen und bis zu 20 % für monokristalline Zellen. Hinzu kommt, dass die Energie, die aus PV-Zellen gewonnen wird, unmittelbar hochwertige elektrische Endenergie ist. Sie braucht keine weiteren, tendenziell verlustträchtigen Wandlungsschritte zu durchlaufen, um nutzbar gemacht zu werden. Die chemisch gebundene Energie der Biomasse hingegen muss Konversionsschritten unterworfen werden, um nutzbar gemacht zu werden. Nimmt man Strom als das jeweilige Energieprodukt und geht man von einem Wirkungsgrad von 30 % der Wandlung von Biomasse in Strom aus, dann ist die Energieausbeute aus einer gegebenen Fläche etwa 25- bis 65-mal höher, wenn die Fläche mit PV-Anlagen ausgestattet ist, als wenn auf ihr Energiepflanzen angebaut werden.

Abbildung 50 illustriert eine weitere Beispielrechnung, die die eklatant auseinanderklaffenden Flächennutzungsgrade zeigt. Dabei geht es um die Energieversorgung eines

[1] Insofern ist die Webadresse www.unendlich-viel-energie.de der Agentur für Erneuerbare Energien nicht glücklich gewählt. Sie suggeriert einen Überfluss, der im globalen Maßstab zwar gegeben ist, nicht aber im nationalen Maßstab.

Niedrigenergie-Einfamilienhauses mit einem Strombedarf von 3000 kWh/a und einem Wärmebedarf von 6000 kWh/a. Das Haus kann mit der Energie betrieben werden, die von einer PV-Anlage mit etwa 30 m^2 Fläche kommt, oder mit der Energie, die von einem 2500 m^2 großen Maisfeld, bezogen wird:

- Betrachten wir zunächst die Versorgung mittels PV-Anlage. Bei einem solar-elektrischen Wandlungsgrad von 16 % liegt der Jahresertrag der 30 m^2 großen Anlage bei etwa 4700 kWh_{el}. 3000 kWh davon werden als Strom benötigt. Die restlichen 1700 kWh werden für den Betrieb einer Wärmepumpe mit einer Jahresarbeitszahl von 3,5 genutzt, so dass die benötigten 6000 kWh Wärme bereitgestellt werden können.
- Wird das Haus mit Bioenergie betrieben, also z. B. Mais, dann wird ein Acker von etwa 2500 m^2 benötigt. Bei einem Ertrag von etwa 4 $kWh/m^2/a$ können 10000 kWh chemisch gebundene Energie bereitgestellt werden. Der Brennstoff könnte dann in einer KWK-Anlage mit einem elektrischen Wirkungsgrad von 30 % und einem thermischen Wirkungsgrad von 60 % genutzt werden und somit die benötigten 3000 kWh Strom und die 6000 kWh Wärme erzeugen.

Zwischen dem Flächenverbrauch der PV-basierten Versorgung und dem der Mais-basierten liegt der enorme Faktor 83.[2]

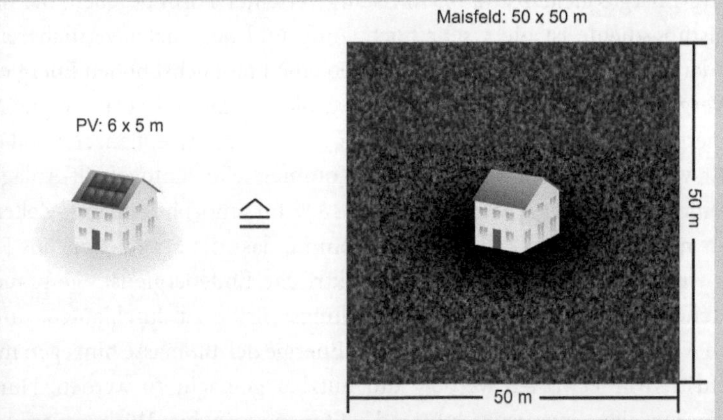

Abb. 50 Abbildung 50: Flächenverbrauch für die Bereitstellung der Energie für ein Niedrigenergie-Einfamilienhaus mittels Photovoltaik und mittels Energiepflanzenanbau (Mais) (Grafik: R.-M. Lüking/M. Günther)

[2] Hinzu kommt in diesem Vergleich, dass der PV-Lösung eigentlich gar kein Flächenverbrauch zuzurechnen ist, da sie auf einem sowieso vorhandenen Hausdach realisiert wird.

Abbildung 51 zeigt die in beiden Versorgungspfaden involvierten Energiemengen. Den Ausgangspunkt bildet jeweils die Solarstrahlung. D. h. die abgebildeten Ausgangsflächen sind proportional zu den in Abbildung 50 dargestellten Flächen (PV-Anlage und Maisfeld).

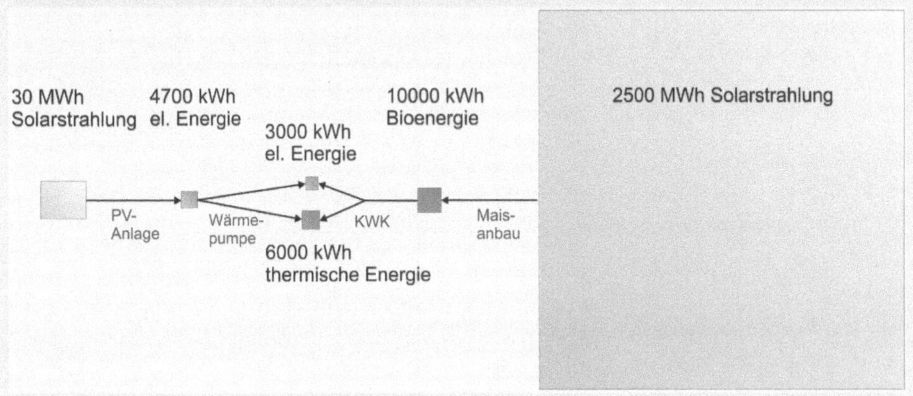

Abb. 51 Energiemengen (pro Jahr) für die Versorgung des Niedrigenergie-Einfamilienhauses mittels Photovoltaik (Pfad von links) und mittels Energiepflanzenanbau (Pfad von rechts), (Flächen proportional zu Energiemengen) (Grafik: M. Günther)

Die sehr unterschiedlichen Flächennutzungseffizienzen sind letztlich der Hauptgrund, warum die Bioenergie in Deutschland (und in vielen anderen Ländern) trotz relativ günstiger klimatischer Bedingungen keine tragende, sondern nur eine ergänzende Rolle bei der Energieversorgung wird spielen können. Das Land verfügt nicht über die Flächen, die für große Bioenergieblöcke in der Energieversorgung benötigt würden.

8 Kosten

Die politische und öffentliche Wahrnehmung der Energiewende wird zurzeit stark von wirtschaftlichen Debatten geprägt. Die technische Umsetzbarkeit der Transformation des Energiesystems ist demgegenüber eher in den Hintergrund getreten. Die Debatte wird dabei vorrangig vor dem Hintergrund der gestiegenen EEG-Umlage und mit der Besorgnis um insgesamt steigende Energiekosten geführt, die von privaten Haushalten und Unternehmen zu tragen sind. Teilweise wird diese Besorgnis noch von der Sorge um die Leistungsfähigkeit der deutschen Volkswirtschaft insgesamt flankiert. Die Diskussion hat durchaus das Potenzial, die Energiewende als solche in öffentlichen Misskredit zu bringen und die gegenwärtige breite Unterstützung zu unterminieren.

Die Energiepreise, einschließlich des Strompreises im Speziellen, sind für jeden Einzelnen sichtbar. So konnte der Verbraucher beobachten, dass sich die Strompreise nach dem Tief im Jahr 2000, das durch die Liberalisierung des Strommarktes erlangt wurde, bis zum Jahr 2014 verdoppelt haben. Verantwortlich kann dafür nicht allein die EEG-Umlage sein, denn die EEG-Umlage umfasst nur etwa ein Fünftel des Strompreises für den Privatkunden. Dennoch hat sie an dem Anstieg zumindest einen gewissen Anteil. Auch wenn die Politik aufgrund des parteienübergreifend erreichten Konsenses bzgl. der Energiewende die gestiegenen Preise bislang kaum argumentativ gegen die Energiewende als solche eingesetzt hat, sorgt die stark gestiegene Umlage bei einigen Menschen im Land und bei einigen nicht von der Umlage befreiten Unternehmen[1] für Unmut. Die Möglichkeit einer neuerlichen Stimmung gegen den Umbau des Energiesystems ist dadurch gegeben.

[1] Im internationalen Wettbewerb stehende energieintensive Unternehmen zahlen die EEG-Umlage nicht. Diese Regelung wurde in den letzten Jahren sehr großzügig angewendet; die Anzahl der von ihr profitierenden Unternehmen ist stark gewachsen. Es wird eine Aufgabe sein, das Umlageverfahren wieder auf mehr Schultern zu verteilen, womit der weitere Anstieg der Umlage zumindest gebremst werden kann.

EEG-Umlage **Kasten 26**

Technologien zur Nutzung erneuerbarer Energiequellen stellten bis in die jüngere Vergangenheit – mit Ausnahme der traditionell im System verankerten Wasserkraft – den Strom teurer zur Verfügung als konventionelle thermische Kraftwerke auf der Basis von Kohle, Gas und Uran. (In den letzten Jahren hat sich dies etwas geändert, da insbesondere die Windstromerzeugung inzwischen Kosten erreicht hat, die im Bereich der Stromerzeugung in konventionellen thermischen Kraftwerken und darunter liegen.) Das Erneuerbare-Energien-Gesetz (EEG) legt fest, wie hoch die Vergütung des regenerativ erzeugten Stroms ist. Die Tarife sind technologiespezifisch, hängen vom Zeitpunkt der Inbetriebnahme der Anlagen ab und werden zwanzig Jahre lang gezahlt. So wird der Strom aus einer PV-Anlage aus dem Jahr 2006 mit etwa 50 €ct/kWh vergütet, während er aus einer Anlage aus dem Jahr 2013 nur noch mit etwa 15 €ct/kWh vergütet wird. Generell sind die Tarife höher als die Einnahmen, die durch den Verkauf des Stroms am freien Markt erzielt werden können. Die Differenz wird auf die Verbraucher umgelegt. Pro verbrauchter Kilowattstunde wird so ein gewisser Mehrbetrag fällig. Zu berücksichtigen ist, dass die Differenz nicht nur von den Kosten der regenerativ basierten Energieerzeugung abhängen, sondern auch vom Börsenpreis. Da die erneuerbaren Energien im Strommix dazu geführt haben, dass der Börsenpreis gesunken ist, umfasst die EEG-Umlage also nicht nur die Mehrkosten für die regenerativ basierte Energieerzeugung, sondern auch einen Ausgleich für die gesunkenen Strombörsenpreise.

Die EEG-Umlage ist in den letzten Jahren aufgrund des raschen Ausbaus der Stromerzeugung aus regenerativen Quellen, der damit einhergehenden Kosten und der zeitgleich stattfindenden Absenkung der Strombörsenpreise recht stark gewachsen (Abbildung 52).

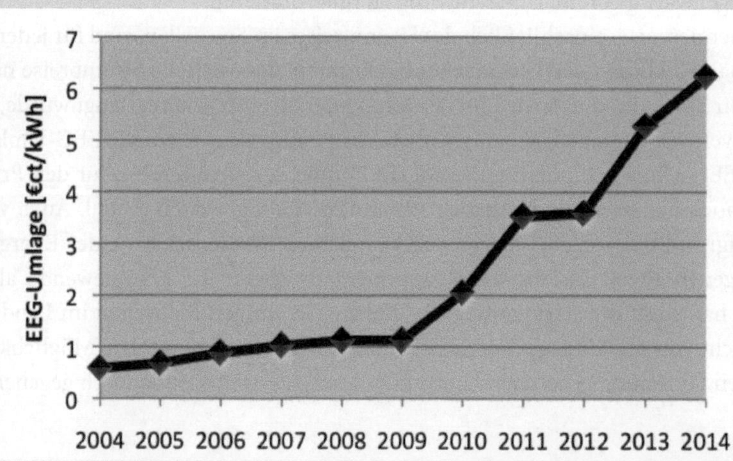

Abb. 52 **Entwicklung der EEG-Umlage zwischen 2004 und 2014 (Grafik: M. Günther)**

Politisch wird auf die Kostendebatte reagiert werden müssen. Denn die gegenwärtige Mehrheitspolitik hat kein Interesse daran, Stimmung gegen die Energiewende aufkommen zu lassen. Dabei sollten zwei Strategien parallel verfolgt werden. Zum einen sollte durch eine effiziente Gestaltung des Transformationsprozesses versucht werden, die anfallenden Kosten möglichst gering zu halten. Zum anderen sollte im politischen Diskurs deutlich gemacht werden, dass die zu tragenden Kosten eine Investition in die Zukunft der gesamten Volkswirtschaft darstellen, die sich auszahlen wird.

Das EEG ist ein äußerst erfolgreiches Regelwerk. Das Prinzip der garantierten Vergütung hat große Investitionssicherheit geschaffen und damit die Investitionstätigkeiten effektiv gefördert, die es zu fördern intendiert war. Die Tarife waren hinreichend hoch, um zur Investitionstätigkeit anzuregen. Gleichzeitig wurden und werden die Tarife schrittweise abgesenkt, um Überförderungen zu vermeiden und wirtschaftliche Effizienzpotenziale zu heben. Die verschiedenen Technologien konnten so in geschützten Märkten entwickelt und zur Reife gebracht werden. Massenmärkte wurden erschlossen und die entsprechenden Industrien in Deutschland aufgebaut. Neben seiner Funktion eines Technologieförderprogramms hatte das EEG immer auch den Auftrag der Wirtschaftsförderung. Es hat ganz maßgeblich dazu geführt, dass Deutschland eines der führenden Länder in der Branche der erneuerbaren Energien wurde. Dies gilt auch dann, wenn sich einige Unternehmen, die sich in diesem Bereich engagiert haben, im Wettbewerb nicht bestehen konnten oder sich aus anderen Gründen inzwischen wieder aus dem Geschäft zurückgezogen haben. Das EEG ist erfolgreich, da es sein Ziel erreicht hat, dazu beizutragen die Technologien marktfähig zu machen und entsprechende wirtschaftliche Aktivitäten im Lande zu entwickeln.

Doch das EEG steht vor Veränderungen. Als es in seiner ersten Fassung verabschiedet wurde, führten die regenerativ basierten Erzeugungstechnologien ein Nischendasein. Sie waren marginal im Erzeugungsmix und der Zubau größerer Erzeugungsleistungen stellte weder ein technisches noch ein wirtschaftliches Problem für das Energieversorgungssystem dar. Die marktkonforme Integration im Sinne einer bedarfsgerechten und kosteneffizienten Erzeugung musste nicht grundlegend thematisiert werden. Dies hat sich geändert. Inzwischen sind die installierten Leistungen derart gewachsen, dass bei den wirtschaftlich zunehmend ausgereiften Technologien bspw. gefragt werden kann bzw. muss, welche von ihnen kostengünstiger Strom bereitstellen kann. Nach der kontinuierlichen Entwicklung der Technologien ist die künftige Wettbewerbsfähigkeit heute schon besser absehbar. Die bisherige breit angelegte Technologieförderung wird schrittweise derart gestaltet werden, dass die absehbar günstigeren Erzeugungsarten stärker in den Blick geraten. Des Weiteren muss auch die Bedarfskonformität der Erzeugung in den Blick genommen werden. Dabei wird es in der Zukunft bspw. darum gehen, einen geeigneten Mix der Erzeugungsarten im System zu installieren. Es wird nicht beliebig viel Windenergie und nicht beliebig viel Solarenergie erzeugt werden können. Bestimmte Mischungsverhältnisse werden sich als günstig herausstellen. Ebenso wird die geographische Verteilung der Erzeugungseinheiten nicht beliebig sein können. Eine besondere Berücksichtigung wird die Integration regelbarer Erzeugungseinheiten erfahren müssen.

Die anstehende Umgestaltung des EEG wird dazu führen, dass die Umlage nur noch begrenzt steigt. Ein rasches Absinken der Umlage ist indes nicht zu erwarten. Die Tarifzahlungen laufen zwanzig Jahre; die größten Blöcke, also besonders die zwischen 2009 und 2012 ans Netz gegangenen PV-Anlagen, werden noch knapp zwanzig Jahre entsprechend hoch vergütet. In der Zwischenzeit sind die Tarife stark gesunken, so dass neu installierte Anlagen – selbst wenn es sich um große Leistungen handelt – weniger ins Gewicht fallen.

Die vollständige Integration der erneuerbaren Energien in die Energiemärkte wird sich schwierig gestalten. Auch weiterhin wird die Energiewirtschaft noch über Jahrzehnte hinweg stärker als die meisten anderen Wirtschaftszweige von planerischen Elementen gekennzeichnet sein. Dabei sollten jedoch marktwirtschaftliche Effizienzmechanismen im Blick behalten werden. Denn Fernziel muss es sein, die Erzeugung von Energie auf der Basis erneuerbarer Quellen in ein marktwirtschaftlich verfasstes Energieversorgungssystem zu integrieren.

Volkswirtschaftlich muss die Energiewende als ein groß angelegtes Investitionsprojekt beschrieben werden, das das Energiesystem für die Zukunft fit machen soll. Wenn heute so viel über die „Kosten der Energiewende" gesprochen wird, dann sollte nicht aus den Augen verloren werden, dass es dabei um *Investitions*kosten geht. Der Kostenbegriff ist ein bloß negativer Begriff, und zwar insofern, dass er sich ausschließlich auf den Abzug von Mitteln aus einem finanziellen Bilanzraum, z. B. aus dem Portemonnaie des privaten Stromkonsumenten, bezieht. Der Begriff der Investitionskosten hingegen, oder des Investitionsaufwands, verweist gleichzeitig auf mögliche zukünftige Gewinne, die durch die Aufwendungen erreicht werden können. Zu diesen Gewinnen zählt insbesondere, dass der Umbau des Energiesystems die Energiepreise mittel- und langfristig stabilisieren und absenken kann. Außerdem kann die Energiewende weitere positive volkswirtschaftliche Effekte mit sich bringen, indem sie z. B. als umfassendes nationales Konjunkturprogramm wirkt oder indem sie die Importabhängigkeit im Energiesektor reduziert.

Differenzkostenanalysen haben gezeigt, dass bereits mittelfristig die Energiewende zu einer Stabilisierung und – im Vergleich zu einem Referenzszenario, in dem auch langfristig hohe Anteile fossil basierter Energieerzeugung angenommen werden – zu einer Absenkung der Energiepreise führen wird [23]. In den nächsten Jahren ist noch mit Mehrkosten durch die Installation neuer Energietechnik zu rechnen. Doch bald werden diese nicht mehr zu verzeichnen sein, da die regenerativ basierte Energiebereitstellung weiterhin kostengünstiger wird, während die fossil und nuklear basierte Energiebereitstellung teurer wird.

Dass die Kostendynamiken der Energiebereitstellung aus erneuerbaren Energiequellen und aus fossilen Energiequellen gegenläufig sind, rührt vor allem daher, dass die Kostenstrukturen völlig verschieden sind. Bei der Erzeugung aus regenerativen Quellen wiegen die Technologiekosten schwer; die durch die Investition in die Anlagen bedingten Kapitalkosten sind hoch. Die operativen Kosten hingegen sind in den meisten Fällen gering, da keine Primärenergieträger bezahlt werden müssen (mit der – allerdings wichtigen – Ausnahme der Biomasse). Bei der Energiebereitstellung aus fossilen Energiequellen hingegen sind die operativen Kosten hoch, da die Primärenergie mehr oder weniger teuer bezahlt werden muss.

Technologiekosten, d. h. Investitionskosten in die Anlagentechnik, haben in vielen Fällen die Tendenz zu sinken. Dies ist insbesondere bei jungen Technologien der Fall, deren Anwendung sich noch in der Ausreifungs- und Wachstumsphase befindet. Diese Art von Kostensenkungen soll hier *mengeninduzierte Kostensenkungen* genannt werden.[2] Es handelt sich um Kostensenkungen, die dadurch möglich werden, dass eine Technologie in wachsenden Volumina angewendet wird. Die Ursachen für mengeninduzierte Kostensenkungen lassen sich in zwei Gruppen unterteilen. In der ersten Gruppe sind die Ursachen vereint, die damit zu tun haben, dass mit der Realisierung von Projekten zunehmend Erfahrungen gesammelt werden. Dies sind die Lerneffekte. Abläufe werden effizienter, Prozesse werden standardisiert und automatisiert, Spezialisierungen finden statt, Ausrüstungen werden effizienter genutzt, Synergien ermöglichende Netzwerke werden geknüpft etc. Ergebnis ist, dass Kosten gesenkt werden. In der zweiten Gruppe sind Skaleneffekte versammelt. Eine Produktionsausdehnung geht in vielen Fällen mit Kostenvorteilen pro produzierter Einheit einher. Dies wird ermöglicht u. a. durch Erzielung von Mengenrabatten im Großeinkauf, lang laufende Verträge, günstigere Finanzierungsoptionen, Marketingvorteile, logistische Vorteile.

Die Erfahrung hat gezeigt, dass mengeninduzierte Kostenreduktionen häufig mathematisch als eine exponentielle Funktion dargestellt werden können. D. h. es ist möglich, eine *Kostensenkungsrate* zu identifizieren: Bei Verdoppelung der Anwendung einer Technologie fallen die Kosten um den der Kostensenkungsrate entsprechenden Prozentsatz. Natürlich ist die Realität zu komplex, als dass bei der Implementierung von neuen Technologien in allen Fällen konstante Kostensenkungsraten über einen längeren Zeitraum erzielt werden könnten. Es gelingt aber neu entwickelten Technologien doch recht häufig, ihre Kosten in einem mehr oder weniger engen Korridor mit stabilen Kostensenkungsraten zu bewegen. Eine wesentliche Voraussetzung ist dabei, dass sie einen kontinuierlich wachsenden Markt haben.

Nun sind die Branchen der technischen Nutzung erneuerbarer Energiequellen recht jung. In der Vergangenheit haben sie in expandierenden Märkten teils eindrucksvolle Kostensenkungen erfahren. Wie oben in Abbildung 13 dargestellt, hat z. B. die Photovoltaik enorme Kostensenkungen erreicht. Sie ist über die Jahre mit einer Kostensenkungsrate von

---

2 Der Terminus *mengeninduzierte Kostenreduktion* ist eine eigene Prägung. Es gibt im Deutschen keinen geläufigen und angemessenen Ausdruck für die Kostensenkungsdynamik, die durch Erfahrungszuwachs und Skaleneffekte in wachsenden Märkten ermöglicht wird. Der häufig benutzte Ausdruck der *Lernkurve* ist mit seinem ausschließlichen Bezug auf den Erfahrungszuwachs ungeeignet, auch die reinen Skaleneffekte mit aufzufangen. Der Ausdruck *mengeninduzierte Kostensenkung* hingegen kann derart verstanden werden, dass er sich auf beide Arten von Effekten bezieht. Sowohl Erfahrungs- als auch Skaleneffekte werden durch das Wachstum von Märkten und der entsprechenden wirtschaftlichen Aktivität induziert. In der mathematischen Formulierung wird auch nur auf Mengen rekurriert (z. B. die kumulierte installierte Kapazität bestimmter Stromerzeugungsanlagen, siehe Kasten).

etwa 20 % preiswerter geworden. D. h. pro Verdoppelung der installierten Leistung (was gleichzeitig die Verdoppelung des jährlich erzeugten PV-Stroms bedeutet) sind die Kosten für PV-Anlagen um 20 % gesunken. Es gibt keinen Grund anzunehmen, dass nach den Kostensenkungen, die in den letzten Jahrzehnten erreicht wurden, das Potenzial bereits ausgeschöpft sein sollte. Sind weiterhin kontinuierliche und wachsende Märkte vorhanden, die ein fortlaufendes Mengenwachstum erlauben, werden die Kosten der photovoltaischen Nutzung der Solarstrahlung ebenso wie andere Formen der Nutzung erneuerbarer Energiequellen weiterhin sinken.

Der mathematische Ausdruck mengeninduzierter Kostensenkungen **Kasten 27**

Ein allgemeiner mathematischer Ausdruck der mengeninduzierten Kostensenkung ist:

$$c_x = c_0 \left(\frac{P_x}{P_0}\right)^{\frac{\ln(1-\sigma)}{\ln 2}},$$

wobei P_0 die Menge der zu einem Referenzzeitpunkt produzierten Güter ist (z. B. die Erzeugung von PV-Strom im Jahr 2012), c_0 die Kosten pro Einheit zum Referenzzeitpunkt (z. B. die PV-Stromgestehungskosten im Jahr 2012), P_x die Menge der zu einem späteren Zeitpunkt produzierten Güter (z. B. die Erzeugung von PV-Strom im Jahr 2015) und c_x die Kosten pro Einheit, wenn die Menge P_x erreicht wird (z. B. die PV-Stromgestehungskosten im Jahr 2015, wenn P_x erreicht wird). σ ist die Kostensenkungsrate (als Dezimalzahl, nicht als Prozentsatz) bei Verdoppelung der kumulierten Produktion. σ nimmt also z. B. bei der Photovoltaik einen Wert von etwa 0,2 an.

Mit der Formel lässt sich berechnen, wie hoch die Stromgestehungskosten sein werden, wenn die Jahresenergieerzeugung von den 85 TWh im Jahr 2012 auf beispielsweise 250 TWh steigt. Bei Stromgestehungskosten von 11 €ct/kWh im Jahr 2012 und bei einer Kostensenkungsrate von 0,2 können

$$c_x = 11\ \text{€ct/kWh}(250/85)^{\frac{\ln 0{,}8}{\ln 2}} = 7{,}77\ \text{€ct/kWh}$$

angenommen werden.

Auf der anderen Seite kann abgeschätzt werden, bei welcher jährlichen Stromerzeugung z. B. die Schwelle von 6 €ct/kWh erreicht wird:

$$6\ \text{€ct/kWh} = 11\ \text{€ct/kWh}(P_x/85\text{TWh/a})^{\frac{\ln 0{,}8}{\ln 2}} = 11 \cdot (P_x/85\ \text{TWh/a})^{-0{,}32}\ \text{€ct/kWh}$$

$$P_x = 85 \cdot \sqrt[-0{,}32]{6/11}\text{TWh/a} = 559\ \text{TWh/a}.$$

Abbildung 53 zeigt eine Abschätzung der zukünftigen Entwicklung der Stromkosten der wichtigsten Nutzungsarten erneuerbarer Energiequellen in Abhängigkeit von ihrem Mengenwachstum. Verglichen werden die Kosten mit den gegenwärtigen Kosten des fossil-nuklear basierten Stroms bzw. fossil erzeugten Stroms mit CO_2-Abscheidung (CCS, carbon capture and storage).

Die Anfangswerte der Balken beziehen sich auf das Jahr 2012. Die globale technologiespezifizierte Stromerzeugung im Jahr 2012 kann in der Grafik anhand des Anfangspunktes des jeweiligen Balkens abgelesen werden. PV-Anlagen erzeugten 2012 weltweit etwa 85 TWh Strom, solarthermische Kraftwerke 5 TWh und Windkraftanlagen etwa 500 TWh. Abzulesen ist, mit welchen Kosten der Strom jeweils erzeugt wurde. Bei der Photovoltaik lagen sie zwischen 11 und 18 €ct/kWh. Die abfallenden Balken zeigen die Kostensenkungsraten an. Je steiler ein Balken abfällt, desto optimistischer werden die Kostensenkungspotenziale eingeschätzt. An den Balken kann abgelesen werden, mit welchen Kosten zu rechnen ist, wenn die weltweite jährliche Stromerzeugung entsprechend anwächst. Würde die Photovoltaik 2000 TWh pro Jahr liefern, also etwa 10 % des gegenwärtig weltweit erzeugten Stroms, dann würden die Stromgestehungskosten nur noch zwischen 4,5 und 8 €ct/kWh liegen.

Während die technische Nutzung erneuerbarer Energiequellen aufgrund der weiterhin zu erwartenden Lern- und Skaleneffekte weiter kostengünstiger werden sollte, ist die fossil erzeugte Energieerzeugung eher von Kostensteigerungen betroffen. Dies liegt insbesondere daran, dass die Preise der fossilen Energieträger die Tendenz haben zu steigen. Leicht zugängliche und kostengünstig abbaubare Lagerstätten sind zunehmend erschöpft und immer häufiger können nur noch schwerer zugängliche oder qualitativ geringerwertige Lagerstätten genutzt werden. Dabei fällt ein größerer technischer und finanzieller Aufwand an, der sich in steigenden Preisen wiederspiegelt. Die verschiedenen Energieträger unterscheiden sich dabei sehr stark voneinander, da bei einigen (Erdöl) diese Dynamik früher greift als bei anderen (Kohle). Der allgemeine Zusammenhang gilt aber für alle nicht erneuerbaren, und somit in überschaubaren Zeitebenen endlichen Energieträger.

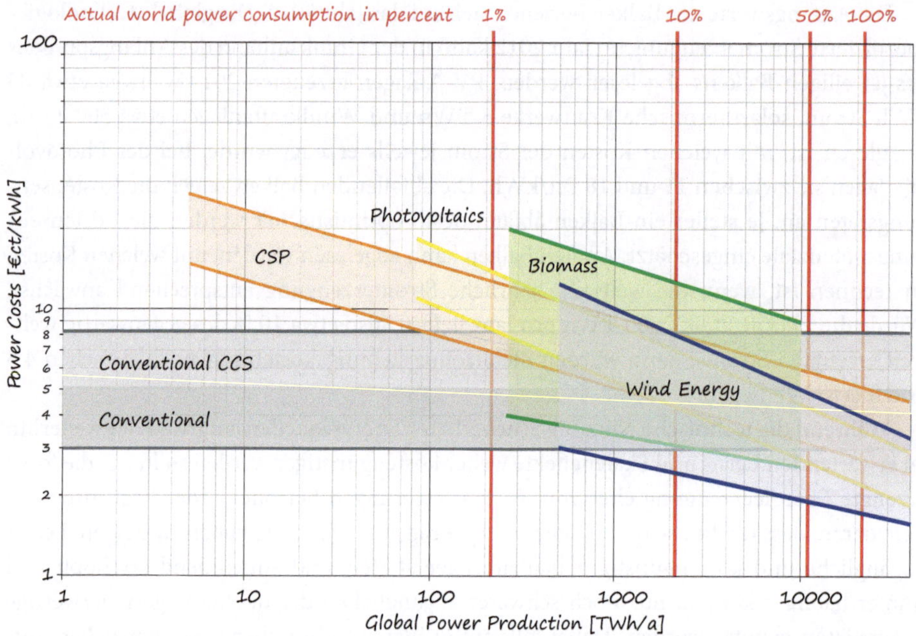

Abb. 53 Abschätzung der Stromgestehungskosten in Abhängigkeit von der jährlichen Stromproduktion (Daten und Grafik: J. Schmid/J. Bard/M. Günther. Mit freundlicher Genehmigung von © Fraunhofer IWES 2014. All Rights Reserved.)

Auch die Atomkraft ist mit steigenden Kosten konfrontiert. Insbesondere die weiter wachsenden Sicherheitsansprüche lassen die Kosten in den meisten Ländern steigen. Sowieso sind die tatsächlichen Kosten der Atomkraft nicht einfach zu beziffern und auf alle Fälle höher als die ausgewiesenen Stromgestehungskosten, die an die Energieverbraucher weitergegeben werden. Man denke an die von öffentlichen Kassen gedeckten Aufwendungen für die Absicherung der Atomtransporte, die Problematik der langfristigen Lagerung der nuklearen Abfälle oder an die betriebswirtschaftlich nicht abgedeckten Großrisiken.[3]

Nach plausiblen Abschätzungen wird die Energieversorgung durch die Verlagerung der tendenziell teurer werdenden Brennstoffausgaben hin zu den tendenziell günstiger werdenden Technologieausgaben der regenerativen Energien längerfristig kostengünstiger sein als eine Energieversorgung, die weiterhin hauptsächlich auf der Nutzung fossiler Brennstoffe beruht. Das bedeutet nicht notwendigerweise, dass die Energieversorgung günstiger sein wird als heute. Sie wird günstiger sein, als sie wäre, würde das gegenwärtige

[3] Die Risiken können nicht in bezahlbaren Haftpflichtpolicen abgesichert werden. Das Risiko trägt letztlich die Allgemeinheit. Nach der Atomkatastrophe von Fukushima im März 2011 musste die Betreiberfirma Tepco massiv staatlich unterstützt werden, da sie für die Schäden nicht aufkommen konnte; schließlich wurde Tepco unter staatliche Kontrolle gestellt.

brennstoffintensive System in die Zukunft fortgeschrieben. In der nächsten Zeit ist durch höhere Brennstoffkosten und die laufenden Investitionen in den Umbau des Energiesystems eher mit höheren Energiekosten zu rechnen als mit niedrigeren.

Bei der Kostendebatte in der Energieversorgung ist es wichtig darauf hinzuweisen, dass in den letzten Jahren nicht nur die Strompreise, sondern auch die Kraftstoff- und Brennstoffpreise angestiegen sind. Die Energiedienstleistungen Mobilität und Wärme sind in den letzten Jahren deutlich teurer geworden. Die gestiegenen Preise spiegeln die Verteuerung der fossilen Energieträger wieder. Um die Kosten von den weiter steigenden Energierohstoffpreisen abzukoppeln, werden auch im Bereich der Wärmeversorgung und der Mobilität Mittel aufgewandt werden müssen, die Bestandteil der Energiewende-Investitionen sind. Dazu gehören Gebäudedämmung, die Installation von Wärmepumpen, der Umstieg auf Elektromobilität etc.

Die langfristige Stabilisierung der Energiepreise und die Tatsache, dass die regenerativ basierte Energieversorgung im Vergleich zum Referenzszenario mit einem fortgesetzt hohen Brennstoffbedarf günstiger wird, sind allgemeine volkswirtschaftliche Werte. Sie sind nicht nur für vereinzelte wirtschaftliche Akteure wichtig. Das Energieversorgungssystem ist ein grundlegendes volkswirtschaftliches Betriebsmittel, dessen kostengünstiger Betrieb für die Volkswirtschaft insgesamt von grundlegender Bedeutung ist. Dies ist ein wichtiger Grund, warum die Energiewende als ein volkswirtschaftliches Großprojekt mit mittel- und langfristig zu erwartender Rendite betrachtet werden muss.

Geht es um eine volkswirtschaftliche Bewertung der Energiewende, müssen aber noch weitere Aspekte berücksichtigt werden. Dazu gehören insbesondere der Abbau externer Kosten durch eine umweltschonendere Energieversorgung (a), die Reduktion von Importabhängigkeiten (b) und die Wirkung der Energiewende als breit aufgestelltes Konjunkturprogramm (c).

a) Im Jahr 2006 hat eine Untersuchung in Großbritannien weltweit für Aufsehen gesorgt, in der die Kosten für den klimafreundlichen Umbau des Wirtschaftssystems mit den zu erwartenden Kosten umfassenderer Klimawandelprozesse verglichen wurden. In dem so genannten Stern-Report[4] wurden die global zu erbringenden Kosten für einen Umbau des Wirtschaftssystems, der die Klimaerwärmung auf ein noch beherrschbares Niveau begrenzt, auf jährlich etwa 1 % des globalen Bruttowirtschaftsprodukts geschätzt. Würden keine wirksamen Klimaschutzmaßnahmen ergriffen, würden sich die Kosten hingegen auf mindestens jährlich 5 % des globalen Bruttowirtschaftsprodukts belaufen. Unter Berücksichtigung sämtlicher Risiken könnten die Kosten noch weit höher liegen. Die Studie hat für viel Diskussionsstoff gesorgt. Über die errechneten Zahlen wurde angeregt gestritten. Doch die Hauptaussage, dass der Klimawandel ab einer bestimmten Schwelle zu hohen Kosten führt, und dass diesen Kosten durch gezielte Investitionen begegnet werden kann, wird weithin akzeptiert.

---

[4] Der Name stammt von dem ehemaligen Weltbank-Chefökonomen Nicholas Stern, der mit der Studie betraut war.

Der Umbau des Energiesystems ist in diesem Sinne eine Investition in die Begrenzung des globalen Klimawandels, die sich amortisiert, indem die durch den Klimawandel verursachten externen Kosten reduziert werden. Ein Klimaschutzerfolg ist allerdings nur dann möglich, wenn die Anstrengungen zur Reduktion der Treibhausgasemissionen in hinreichend vielen Ländern mit hinreichender Konsequenz unternommen werden. Klimaschutz ist ein globales Projekt.

b) Volkswirtschaftlich ist die Energiewende auch insofern relevant, dass sie dazu beiträgt, in einem Land, das über geringe eigene fossile Energieressourcen verfügt, die Importquote zu verringern. Deutschland importiert jährlich etwa 2800 TWh an fossilen Energieträgern und gibt dafür etwa 90 Mrd. Euro aus. Der Geldwert der Importe schwankt dabei durch die variablen Rohstoffpreise von Jahr zu Jahr recht stark. Durch die Nutzung erneuerbarer Energieträger werden gegenwärtig jährlich etwa 7 Mrd. Euro an Importausgaben für fossile Energieträger vermieden [27, S. 243]. Nach den in [27] betrachteten Szenarien werden die vermiedenen Importausgaben bis zur Mitte des Jahrhunderts auf jährlich 54 bis 73 Mrd. Euro ansteigen, was etwa 2 % des erwarteten Bruttoinlandsprodukts entspricht.
Für Deutschland ist die Verringerung der Importausgaben gegenwärtig nicht von akuter volkswirtschaftlicher Bedeutung. Denn das Land erwirtschaftet seit der Wiedervereinigung ohne Unterbrechung Exportüberschüsse, die außerdem nahezu kontinuierlich angewachsen sind. Inzwischen nehmen sie so große Werte an, dass sich international Stimmen mehren, Deutschland möge die Handelsüberschüsse reduzieren. Für viele andere Länder jedoch ist die Reduktion der Energieabhängigkeit ein wichtiger Schritt zur Verbesserung ihrer Außenhandelsbilanzen. Allerdings ist auch für Deutschland eine starke Importabhängigkeit im Energiesektor volkswirtschaftlich nicht unproblematisch. Unter veränderten makroökonomischen Bedingungen könnte der kurzfristig sehr unelastische Bedarf an Energierohstoffen nicht justiert werden. Ein boomender Export von hochpreisigen Autos kann auch in kürzeren Zeitspannen zusammenbrechen; eine Importabhängigkeit von Energierohstoffen kann nur über einen langen Zeitraum allmählich reduziert werden. Problematisch ist außerdem, dass die Volkswirtschaft unmittelbar der starken Volatilität der Preise insbesondere der erdölbasierten Energieträger ausgeliefert ist.

c) Eine politisch unterstützte Energiewende kann ein Investitionsprogramm sein, das als umfassendes Konjunkturprogramm wirksam wird. Es erhöht die Nachfrage und stimuliert die wirtschaftliche Aktivität. Dabei kann die Energiewende eine besondere Wirksamkeit als Investitionsprogramm entfalten, da sie sich zum einen über einen längeren Zeitraum erstreckt und zum anderen in breiten Bereichen der Volkswirtschaft vollzogen wird.
Die Länge des kontinuierlichen Transformationsprozesses ist eine gute Voraussetzung, Kontinuität in den entsprechenden geförderten wirtschaftlichen Aktivitäten zu erreichen. Die Absehbarkeit wirtschaftlicher Nachhaltigkeit ist eine Grundvoraussetzung für erfolgreiche Konjunkturprogramme; Strohfeuer sollten nicht gefördert werden. Die Energiewende als Konjunkturprogramm erfüllt die Bedingung der wirtschaftlichen

Nachhaltigkeit zum einen dadurch, dass sie selbst auf längere Frist angelegt ist, und zum anderen dadurch, dass sie zur Installation eines neuen Energiesystems führt, das auch nach Abschluss des Transformationsprozesses kontinuierlich betrieben und weiterentwickelt wird.

Die Energiewende zeichnet sich auch dadurch aus, dass weite Bereiche der Volkswirtschaft mit ihr befasst sind. Das Konjunkturprogramm Energiewende hat also eine sehr breite stimulierende Wirkung. Wirtschaftsbereiche, die unmittelbar von der Energiewende profitieren können, sind die Hersteller von Erzeugungsanlagen (Windkraftanlagen, PV-Anlagen, Wasserturbinen), Hersteller von Konversionsanlagen (Elektrolyseure, Methanisierungseinheiten), Batteriehersteller, Fahrzeughersteller, Dienstleister für den Betrieb und die Wartung der Energietechnik, IT-Entwickler und -Dienstleister, Gebäudesanierer, Landwirte und natürlich auch die Forschung. Es ist in diesem Sinne ein Vorteil eines diversifizierten Energiesystems, dass die mit ihm verbundenen wirtschaftlichen Aktivitäten breit gestreut sind. Eine dynamische Energiewende bringt eine entsprechend breite Wirtschaftsdynamik mit sich.

Hinzu kommt, dass die vorhandenen Förderinstrumente dazu geführt haben, dass breite Bevölkerungsschichten die Energiewende mitgestalten, indem sie sich etwa PV-Module auf das Dach montieren, in Windparkfonds investieren oder mit einem günstigen Kredit ihr Haus energetisch sanieren. Es ist nicht eine begrenzte Elite, sondern es sind breite Teile der Bevölkerung, deren durch die EEG-Umlage erhöhte Energieausgaben durch die gleichzeitig anfallenden Erträge aus der regenerativ basierten Stromerzeugung mehr als kompensiert werden. Diese breite Streuung der Mittel ist für eine breite und somit besonders durchgreifende konjunkturelle Wirkung der Energiewende hilfreich. Und nebenbei wird dadurch die Chance ganz erheblich erhöht, die Energiewende zu einem „identitätsstiftenden Gemeinschaftswerk" zu machen, wie es der frühere Bundesumweltminister Altmaier formuliert hat.[5]

Auch die geographische Verteilung der wirtschaftlichen Aktivitäten kann ein Kriterium für die Wirksamkeit eines Konjunkturprogramms sein. In diesem Sinne ist die Energiewende ebenfalls positiv zu beurteilen, da sie notwendigerweise verteilt stattfindet. Sie ist ein Infrastrukturprojekt mit mindestens nationaler Reichweite.

Der frühere Bundesumweltminister Altmaier warf Anfang 2013 in den Raum, für die Energiewende müsse bis Ende der 30er Jahre dieses Jahrhunderts eine Investitionssumme von etwa 1000 Mrd. Euro aufgebracht werden. Sein Ministerium machte damals klar, dass es sich bei dieser Zahl nicht um eine wohlkalkulierte Größe handele, sondern vielmehr um einen Fingerzeig auf die Größenordnung des Projekts. Sowohl

---

[5] Unpassend hingegen erscheint dem Autor der zwar nicht von der Politik, wohl aber von Interessenverbänden manchmal benutzte Ausdruck der *Demokratisierung der Energieversorgung*. Dieser Ausdruck verfehlt die Sache gleich in doppelter Hinsicht: Erstens ist der Begriff der Demokratie neutral gegenüber der Frage der Vergemeinschaftung von Produktionsprozessen; er umfasst vielmehr die *politische Mitbestimmung* der Gemeinschaft. Und zweitens führt das EEG auch nur in einem begrenzten Sinne zur Vergemeinschaftung der Energiewirtschaft. Treffender ist die Formulierung, dass das EEG eine Anlagemöglichkeit für breite Schichten von Geldanlegern bedingt.

über die Zahl als auch über den Gebrauch des negativen Kostenbegriffs – anstatt des der Investitionsausgaben – wurde viel debattiert. Unabhängige Abschätzungen bestätigen inzwischen die Größenordnung der Investitionen. Die Zahl selbst entspricht eher noch konservativen Berechnungen [35]. Hervorgehoben werden sollte jedoch, dass die Zahl gar nicht so groß ist für einen so großen Wirtschaftsbereich wie die Energiewirtschaft. Erstrecken sich die Investitionen über den genannten Zeitraum von etwa 30 Jahren, dann würden 33 Mrd. Euro pro Jahr aufgewendet. Berücksichtigt man, dass die Energiewirtschaft jährlich mehr als 200 Mrd. umsetzt, relativiert sich so das Investitionsvolumen.

An dieser Stelle bietet sich ein Vergleich zur Auto-Abwrackprämie des Jahres 2009 an. Die Prämie wurde für die Neuanschaffung von 2 Mio. Fahrzeugen genutzt. Geht man von einem durchschnittlichen Fahrzeugpreis von 20000 Euro aus, ergeben sich Mittel von 40 Mrd. Euro, die über das Jahr hinweg gezielt in den Wirtschaftskreislauf eingebracht wurden, wobei die öffentliche Förderung 5 Mrd. Euro umfasste. Die Größenordnung dieser in der Krisensituation 2009 eingesetzten Konjunkturmaßnahme entspricht also etwa dem Umfang der möglicherweise jährlich für die Energiewende zu investierenden Mittel. Nur werden die Mittel für die Energiewende nicht dazu eingesetzt, ein Krisenjahr zu überbrücken, sondern eine langfristige in viele Wirtschaftssektoren ausgreifende wirtschaftliche Aktivität in Gang zu setzen.

Der Umfang der volkswirtschaftlichen Auswirkungen der Energiewende hängt auch davon ab, welcher Anteil der Investitionen von inländischen Akteuren umgesetzt wird und welcher Importanteil verbleibt. Im Falle der deutschen Energiewende ist davon auszugehen, dass auch weiterhin ein sehr großer Teil der Wertschöpfung im Lande geschieht. Eine absehbar erfolgreiche deutsche Energiewende sollte sogar dazu führen, dass sich weitere Exportchancen eröffnen.

Die wirtschaftsstrukturelle Dynamik der Energiewende lässt sich generell derart beschreiben, dass das Arbeitsaufkommen erhöht und die Kosten für die Nutzung von Energieressourcen reduziert werden. Gibt es ein hinreichendes Angebot an Arbeitskräften, dann ist es prinzipiell von volkswirtschaftlichem Vorteil, die Wertschöpfung aus Arbeit gegenüber der Wertschöpfung aus der Nutzung endlicher Ressourcen stärker zu gewichten. Die Wertschöpfung aus Arbeit führt zu einer breiteren Verteilung des erwirtschafteten Einkommens und zu einer breiteren stimulierenden Wirkung in der Volkswirtschaft.

Die Beschäftigungseffekte sind in Deutschland schon länger zu spüren. 2011 waren über 380000 Personen im Bereich der erneuerbaren Energien beschäftigt, in Herstellung von Anlagen, Betrieb und Wartung und in der relevanten Forschung [24].[6]

---

[6] In [25] wird ein weiterer Anstieg für das Jahr 2030 bis in den Bereich von 500000 bis 600000 Menschen als wahrscheinlich angesehen. Der Nettobeschäftigungseffekt werde dabei einen positiven Wert von über 200000 Arbeitsplätzen annehmen. Dabei wird berücksichtigt, dass der Ausbau der erneuerbaren Energien in anderen Bereichen negative Beschäftigungseffekte hat (z. B. in der konventionellen Stromerzeugung).

Die gegenwärtig sehr um das Thema der Kosten kreisende Debatte um die Energiewende sollte die geschilderten absehbaren positiven wirtschaftlichen Effekte des Großprojekts Energiewende stärker einbeziehen.

Fazit

Die Effizienzeffekte, die bei der Nutzung erneuerbarer Energiequellen auftreten, müssen berücksichtigt werden, wenn verstanden werden soll, wie der Gesamtenergieaufwand in Deutschland drastisch verringert werden kann. Wird der Gesamtenergieaufwand als Primärenergieaufwand spezifiziert und wird ein plausibler Primärenergiebegriff gewählt, dann kann gezeigt werden, dass die verstärkte Nutzung regenerativer Energiequellen gewaltige Einsparungen mit sich bringen kann. Einzig wenn man diese Effizienzeffekte der Nutzung erneuerbarer Energiequellen vor Augen hat, lässt sich die im Energiekonzept der Bundesregierung enthaltene Zielvorgabe verstehen, bis zur Mitte des Jahrhunderts den Primärenergiebedarf zu halbieren.

Die Ersetzung konventioneller Stromerzeugung in thermischen Kraftwerken durch direkte Stromerzeugung und die breite Anwendung des direkt erzeugten Stroms in der Energieversorgung hat enorme Effizienzeffekte. Und da direkte Stromerzeugung ausschließlich aus regenerativen Quellen möglich ist (allerdings nicht aus jeder beliebigen), kann formuliert werden, dass die Umstellung auf regenerative Stromerzeugung *per se* ein enormer Effizienzhebel ist. Des Weiteren ist die verstärkte Nutzung von solarer und Umweltwärme ein wirksames Instrument, um thermische Energiedienstleistungen effizienter zu erbringen. Dabei wird Energie genutzt, die in energiewirtschaftlichen Statistiken nicht erfasst wird, die energiewirtschaftlich sozusagen vom Himmel fällt. Da der Bedarf an Niedertemperaturwärme in Deutschland hoch ist, ist die Nutzung von solarer und Umweltwärme ebenfalls ein wirkmächtiger Hebel, um die Energieversorgung insgesamt effizienter zu gestalten.

Die Energiewende hängt nicht an den beschriebenen Effizienzeffekten. Die Energiewende würde auch angegangen, wenn die Effizienzeffekte nicht ausgewiesen werden könnten – etwa aufgrund anderer energiewirtschaftlicher Kategorisierungen oder z. B. aufgrund großer Speicherbedarfe und -verluste, die die Effizienzgewinne zunichtemachten. Denn es würde sich nichts daran ändern, dass das Energiesystem dahingehend umgestaltet werden muss, dass die Abhängigkeit von endlichen Energierohstoffen reduziert wird und dass die durch die Energiewirtschaft bedingten Emissionen von klimarelevanten Gasen geringer werden. Energieeffizienz ist auch kein Wert in sich, sondern motiviert durch die übergeordneten Werte von Wirtschaftlichkeit und Umweltverträglichkeit. Die Effizienzeffekte sind interessant, weil sie erst die ansonsten überambitioniert anmutenden Effizienzziele des Energiekonzepts der Bundesregierung verständlich machen. Und wer diesen rhetorischen Schwenk vollziehen will, der kann daraus ein Nebenargument für den dynamischen Ausbau der Nutzung erneuerbarer Energiequellen gewinnen: Nur wenn das Energiesystem weitgehend auf der Nutzung erneuerbarer Energiequellen beruht, können die politisch vorgegebenen Effizienzziele erreicht werden.

Die genannten Effekte reichen aber nicht hin, um die ambitionierten Effizienzziele zu erreichen; sie sind nur ein Baustein, wenn auch ein ganz besonders wichtiger. Flankiert werden muss der Umbau des Energieversorgungssystems durch weitere Effizienzmaßnahmen. Sowieso ist eine regenerative Vollversorgung Deutschlands – ohne große neue Importabhängigkeiten – nur möglich, wenn der Endenergiebedarf über die genannten Einspareffekte hinaus kräftig reduziert wird. Der Titel „Energieeffizienz *durch* erneuerbare Energien" soll nicht suggerieren, es sei *allein* mit der Ersetzung konventioneller Energieerzeugung durch regenerativ basierte getan. Unabhängig von den Effizienzeffekten des Ausbaus der erneuerbaren Energien muss unser Energiekonsum schlanker werden, wo immer dies möglich ist. Nur so wird das Fernziel der regenerativen Vollversorgung erreicht werden können. Dafür sind auch weiterhin „Erneuerbare Energien *und* Energieeffizienz" nötig.

Literatur

[1] WEG Wirtschaftsverband Erdöl- und Erdgasgewinnung e.V.: „Erdgas und Erdöl aus Deutschland". http://www.erdoel-erdgas.de [abgerufen im Mai 2013]

[2] Wenderoth, F., Fritzler, T. Gropius, M., Huber, B., Schubert, A.: „Numerische 3D-Modellierung eines geohydrothermalen Dublettenbetriebs im Malmkarst". In: *Geothermische Energie* 48/2005 16-21

[3] „Das leistungsfähigste Kraftwerk der Welt". http://www.wissenschaft.de/wissenschaft/news/313555.html [abgerufen im Juni 2012]

[4] Mitsubishi News (2011): „MHI Completes Development of the J-series Gas Turbine Featuring the World's Largest 320 MW Power Generation Capacity and Enabling Over 60 % Thermal Efficiency in GTCC Applications – Delivery of Commercial Units to Begin in 2011". http://www.mhi.co.jp/en/news/story/0903121287.html [abgerufen im Juni 2012]

[5] AG Energiebilanzen (2011): „Energieverbrauch in Deutschland im Jahr 2011". http://www.ag-energiebilanzen.de/viewpage.php?idpage=118 [abgerufen im November 2012]

[6] Umweltbundesamt (2009): „Daten zum Verkehr. Ausgabe 2009". http://www.umweltdaten.de/publikationen/fpdf-l/3880.pdf [abgerufen im August 2013]

[7] DENA (2013): „Thema Energie. Individualverkehr im Überblick". http://www.thema-energie.de/auto-verkehr/personenverkehr/individualverkehr-im-ueberblick.html [abgerufen im August 2013]

[8] Miara, M. et al. (2010): *Wärmepumpen-Effizienz. Messtechnische Untersuchung von Wärmepumpenanlagen zur Analyse und Bewertung der Effizienz im realen Betrieb.* Fraunhofer ISE, http://wp-ffizienz.ise.fraunhofer.de/download/wp_effizienz_endbericht_kurzfassung.pdf [abgerufen im Juli 2012]

[9] Umweltbundesamt (2010): *Energieziel 2050: 100 % Strom aus erneuerbaren Quellen.* http://www.umweltbundesamt.de/publikationen/energieziel-2050 [abgerufen im August 2014]

[10] EWI/GWS/prognos (2010): *Energieszenarien für ein Energiekonzept der Bundesregierung.* http://www.bmwi.de/DE/Mediathek/publikationen,did=356294.html [abgerufen im August 2014]

[11] Deutsche Energie-Agentur (2010): *dena-Netzstudie II. Integration erneuerbarer Energien in die deutsche Stromversorgung bis 2020.* http://www.dena.de/fileadmin/user_upload/Presse/studien_umfragen/Netzstudie_II/Faltblatt_dena-Netzstudie_II_1_.pdf [abgerufen im März 2012]

[12] Nationale Akademie der Wissenschaften Leopoldina (2012): *Bioenergie: Möglichkeiten und Grenzen.* http://www.leopoldina.org/uploads/tx_leopublication/201207_Stellungnahme_Bioenergie_kurz_de_en_final.pdf [abgerufen im August 2012]

[13] Ingenieurbüro Floecksmühle, IHS Stuttgart, Hydrotec, Fichtner (2010): *Potenzialermittlung für den Ausbau der Wasserkraftnutzung in Deutschland als Grundlage für die Entwicklung einer geeigneten Ausbaustrategie.* http://www.erneuerbare-energien.de/files/pdfs/allgemein/application/pdf/potential_wasserkraft_lang_bf.pdf [abgerufen im Juli 2013]

[14] „Schifffahrtskanäle werden dezentrale Pumpspeicher". http://www.vdi-nachrichten.com/artikel/Schifffahrtskanaele-werden-dezentrale-Pumpspeicher/50772/2 [abgerufen im Mai 2012]

[15] Max-Planck-Institut für Plasmaphysik (2008): „Druckluftspeicher". In: *Energieperspektiven* 01/2008. http://www.ipp.mpg.de/ippcms/ep/ausgaben/ep200801/0108_speicher.html [abgerufen im August 2012]

[16] Quaschning, V. (2012): „Der unterschätzte Markt". In: *BWK* Bd. 64 (2012) Nr. 7/8, 25-28

[17] IFEU (2009): *Wasserstoff- und Stromspeicher in einem Energiesystem mit hohen Anteilen erneuerbarer Energien: Analyse der kurz- und mittelfristigen Perspektive.* http://www.bmu.de/files/pdfs/allgemein/application/pdf/ifeu_kurzstudie_elektromobilitaet_wasserstoff.pdf [abgerufen im März 2013]

[18] Trost, T., Jentsch, M., Holzhammer, U., Horn, S. (2012): „Die Biogasanalagen als zukünftige CO_2-Produzenten für die Herstellung von erneuerbarem Methan". *gwf-Gas/Erdgas*, 3/2012, 172-179

[19] Bundesnetzagentur (2011): Versorgungsqualität – SAIDI-Wert 2010. http://www.bundesnetzagentur.de/cln_1932/DE/Sachgebiete/ElektrizitaetGas/Sonderthemen/SAIDIWertStrom2010/SAIDIWertStrom2010_node.html [abgerufen im August 2012]

[20] Wissenschaftlicher Beirat der Bundesregierung Globale Umweltveränderungen WBGU (2009): *Kassensturz für den Weltklimavertrag – Der Budgetansatz.* Sondergutachten. http://www.wbgu.de/fileadmin/templates/dateien/veroeffentlichungen/sondergutachten/sn2009/wbgu_sn2009.pdf [abgerufen im August 2012]

[21] PBL Netherlands Environmental Assessment Agency (2013): *Trends in Global CO_2 emissions. 2013 report.* http://edgar.jrc.ec.europa.eu/news_docs/pbl-2013-trends-in-global-co2-emissions-2013-report-1148.pdf [abgerufen im Juni 2014]

[22] DLR, Fraunhofer IWES, Ingenieurbüro für neue Energien (2012): *Langfristszenarien und Strategien für den Ausbau der erneuerbaren Energien in Deutschland bei Berücksichtigung der Entwicklung in Europa und global.* http://www.dlr.de/dlr/Portaldata/1/Resources/bilder/portal/portal_2012_1/leitstudie2011_bf.pdf [abgerufen im Juli 2013]

[23] Henning, H.-M., Palzer, A. (2012): *100 % Erneuerbare Energien für Strom und Wärme in Deutschland.* http://www.ise.fraunhofer.de/de/veroeffentlichungen/veroeffentlichungen-pdf-dateien/studien-und-konzeptpapiere/studie-100-erneuerbare-energien-in-deutschland.pdf [abgerufen im August 2014]

[24] O'Sullivan, M., Edler, D., Nieder, T., Rüther, T., Lehr, U., Peter, F. (2011): *Beschäftigung durch erneuerbare Energien in Deutschland: Ausbau und Betrieb – heute und morgen, erster Bericht zur Bruttobeschäftigung. Bruttobeschäftigung durch erneuerbare Energien in Deutschland im Jahr 2011.* http://www.erneuerbare-energien.de/files/pdfs/allgemein/application/pdf/ee_brutto-beschaeftigung_bf.pdf [abgerufen im Dezember 2012]

[25] Lehr, U., Lutz, C., Edler, D., O'Sullivan, M., Nienhaus, K., Nitsch, J., Simon, S., Breitschopf, B., Bickel, P., Ottmüller, M. (2011): *Kurz- und langfristige Auswirkungen des Ausbaus der erneuerbaren Energien auf den deutschen Arbeitsmarkt. http://www.soko-institut.de/pdf/ee_arbeitsmarkt_bf.pdf* [abgerufen im August 2014]

[26] Anderer, P. et al. (2010): *Das Wasserkraftpotenzial in Deutschland.* http://www.floecks-muehle.com/img/0458c4b05d473b38.pdf

[27] Agora Energiewende (2013a): *Lastmanagement als Beitrag zur Deckung des Spitzenlastbedarfs in Süddeutschland.* http://www.agora-energiewende.de [abgerufen im Dezember 2013]

[28] Agora Energiewende (2013b): *Kostenoptimaler Ausbau der Erneuerbaren Energien in Deutschland.* http://www.agora-energiewende.de [abgerufen im Februar 2014]

[29] Günther, M. (2013): „Primärenergie". In: Archiv für Begriffsgeschichte 55 (2013), 263-271

[30] IPCC (2013): *Climate Change 2013. The Physical Science Basis.* https://www.ipcc.ch/report/ar5/wg1/ [abgerufen im August 2014]

[31] Klingenfeld, D. (2012): „Die 2 °C-Temperaturleitplanke als Koordinate globaler Klimapolitik". In: Keeil, G., Poscher, R. (Hrsg.): Unscharfe Grenzen im Umwelt- und Technikrecht. Umweltrechtliche Studien 44, 151-160

[32] WBGU (1995): *Szenario zur Ableitung globaler CO_2-Reduktionsziele und Umsetzungsstrategien.* Sondergutachten 1995. http://www.wbgu.de/sondergutachten/sg-1995-co2-reduktion/ [abgerufen im April 2014]

[33] Agora Energiewende (2013): Comparing the Cost of Low-Carbon Technologies: What is the Cheapest Option?
http://www.agora-energiewende.de/fileadmin/downloads/publikationen/Analysen/Comparing_Costs_of_Decarbonisationtechnologies/Agora_Analysis_Decarbonisationtechnologies_web_final..pdf [abgerufen im April 2014]

[34] Günther, M., Schmid, J. (2012): „Effizienzgewinne im zukünftigen Energiesystem: Steigerung der Energieeffizienz durch direkte Stromerzeugung". In: BWK 9 (2012), 44-50

[35] Gerhard, N. et al. (2014): „Geschäftsmodell Energiewende".
http://www.fraunhofer.de/content/dam/zv/de/forschungsthemen/energie/Studie_Energiewende_Fraunhofer-IWES_20140-01-21.pdf [abgerufen im Juni 2014]

[36] Günther, M., Bofinger, S., Lange, B. (2013): „Offshore-Windkraft im Gegenwind. Brauchen wir den Strom vom Meer? Und können wir ihn uns leisten?" In: Ingenieurspiegel 4/2013, 15-17

[37] Bundeskartellamt, Bundesnetzagentur (2013): *Monitoringbericht 2013.* http://www.bundesnetzagentur.de/SharedDocs/Downloads/DE/Allgemeines/Bundesnetzagentur/Publikationen/Berichte/2013/131217_Monitoringbericht2013.pdf?__blob=publicationFile&v=14 [abgerufen im August 2014]

[38] DIHK (2014): *Auslandsengagement steigt – besonders in Europa. Auslandsinvestitionen in der Industrie. Frühjahr 2014.*
http://www.dihk.de/branchen/industrie/auslandsinvestitionen/auslandsinvestitionen [abgerufen im August 2014]

[39] DWD (2013): „Veränderungen der Starkniederschläge in Deutschland". 20. Jahreskongress des BWK. http://www.bwk-bb.de/fileadmin/Dokumente/Service/Mitglied/01_Ver%C3%A4nderung_der_Starkniederschl%C3%A4ge_in_Deutschland.pdf [abgerufen im August 2014]

[40] WBGU (2011): *Welt im Wandel. Gesellschaftsvertrag für eine Große Transformation.* Hauptgutachten 2011.
http://www.wbgu.de/fileadmin/templates/dateien/veroeffentlichungen/hauptgutachten/jg2011/wbgu_jg2011.pdf [abgerufen im August 2014]

[41] Luis, M. (2008): „Seasonal precipitation trends in the Mediterranean Iberian Peninsula in the second half oft he 20th century". In: International Journal of Climatology 29, 1312-1323

[42] BMWi (2014): „Das virtuelle Kraftwerk: erneuerbarer Strom zu jeder Zeit". http://www.bmwi-energiewende.de/EWD/Redaktion/Newsletter/2014/14/Meldung/das-virtuelle-kraftwerk-erneuerbarer-strom-zu-jeder-zeit.html [abgerufen im August 2014]

[43] Sterner, M., Specht, M. et al. (2010): „Erneuerbares Methan". In: Solarzeitalter 1, 51-58

[44] WBGU (2008): *Welt im Wandel: Zukunftsfähige Bioenergie und nachhaltige Landnutzung.* Hauptgutachten 2008.
http://www.wbgu.de/fileadmin/templates/dateien/veroeffentlichungen/hauptgutachten/jg2008/wbgu_jg2008.pdf

[45] IPCC (2007): Chapter 8 „Agriculture". *Fourth Assessment Report.* https://www.ipcc.ch/pdf/assessment-report/ar4/wg3/ar4-wg3-chapter8.pdf [abgerufen im August 2014]

[46] Bertram, M., Bongard, S. (2014): *Elektromobilität im motorisierten Individualverkehr.* Springer Vieweg

[47] Fraunhofer ISE: *Stromgestehungskosten Erneuerbare Energien.* Studie November 2013. http://www.ise.fraunhofer.de/de/veroeffentlichungen/veroeffentlichungen-pdf-dateien/studien-und-konzeptpapiere/studie-stromgestehungskosten-erneuerbare-energien.pdf [abgerufen im August 2014]

[48] Schmidt, D. et al.: „Energieeffiziente Gebäude im Strom-Wärme-System". In: FVEE: Themen 2013, 40-43

[49] Trieb, F. et al. (2005): Concentrating Solar Power for the Mediterranean Region. http://www.dlr.de/tt/desktopdefault.aspx/tabid-2885/4422_read-6575/ [abgerufen im August 2014]

[50] Trieb, F. et al. (2007): Solarthermische Kraftwerke für die Meerwasserentsalzung. http://www.dlr.de/dlr/Portaldata/1/Resources/documents/AQUA-CSP_Zusammenfassung.pdf [abgerufen im August 2014]

[51] Trieb, F. et al. (2006): Trans-Mediterranean Interconnetion for Concentrating Solar Power. http://www.dlr.de/tt/Portaldata/41/Resources/dokumente/institut/system/projects/TRANS-CSP_Full_Report_Final.pdf [abgerufen im August 2014]